2024年版

第一種電気工事士

技能試験

公表問題の合格解答

オーム社 編

Ohmsha

公表問題10問と完成施工写真集

第 1 編

技能試験の基礎知識

第 2 編

配線図の整理

第 3 編

基本作業の要点

表紙デザイン：萩原弦一郎(256)　https://www.256inc.co.jp/
表紙イラスト：百舌まめも　　　　https://twitter.com/mozumamemo

令和6年度の
技能試験を受験される皆様へ

　本書は，（一財）電気技術者試験センターより公表された候補問題10問を元に，寸法・使用材料・施工条件等を予想して問題を作成し，解答・解説をしたものです．使用材料の写真，電線・ケーブルの切断寸法，電気回路図（複線図），完成施工写真等を掲げ，施工上のポイントも含めて一目でわかるように簡潔明瞭な解説をしています．さらに，技能試験の学習が本書1冊で間に合うよう，技能試験の基礎知識（第1編）から，単線図から複線図への書き換え（第2編），基本作業の施工手順や欠陥の判断基準（第3編）についても，それぞれ順序立ててわかりやすく解説しています．

　技能試験問題の徹底解説書として，自信をもっておすすめします．実技の練習もできるよう材料一覧表もありますので，ぜひ試験対策に本書をお役立てください．

2024年4月

オーム社

公表問題

No. 1

配線図

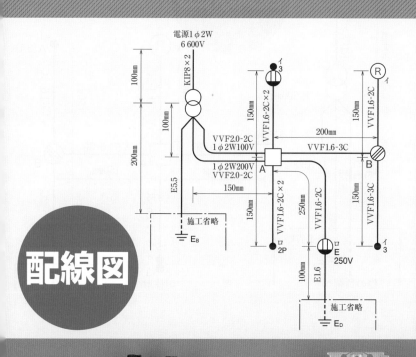

電源1φ2W
6 600V
KIP8×2

VVF2.0-2C
1φ2W100V

1φ2W200V
VVF2.0-2C

VVF1.6-2C×2

VVF1.6-3C

VVF1.6-2C

VVF1.6-2C×2

VVF1.6-2C

VVF1.6-3C

200mm

150mm

150mm

150mm

150mm

150mm

250mm

100mm

100mm

100mm

200mm

100mm

E5.5

施工省略

E_B

A

B

イ 3

R イ

ロ 2P

E 250V

E1.6

イ 3

施工省略

E_D

完成写真

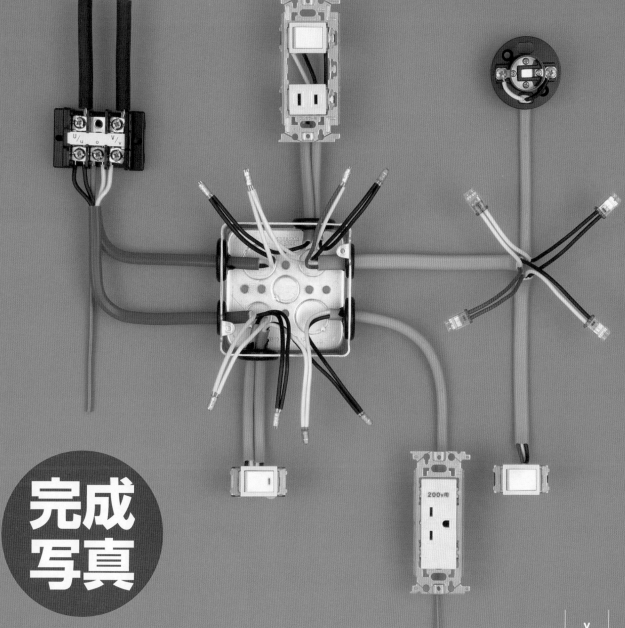

公表問題 No.2

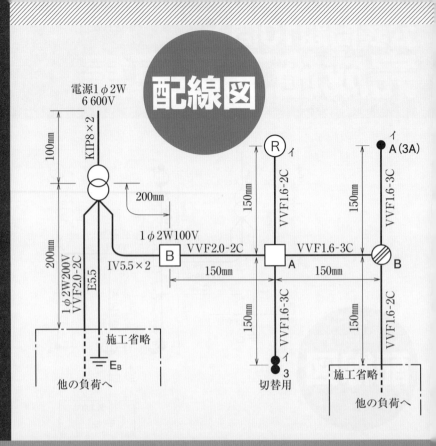

電源1φ2W
6 600V

KIP8×2

100mm

200mm

1φ2W100V

200mm

1φ2W200V
VVF2.0-2C

E5.5

IV5.5×2

B   VVF2.0-2C

施工省略

E_B

他の負荷へ

R イ

150mm

VVF1.6-2C

150mm   VVF1.6-3C

A

VVF1.6-3C

イ
A（3A）

150mm

VVF1.6-3C

VVF1.6-3C

B

150mm

150mm

VVF1.6-3C

イ

3
切替用

150mm

VVF1.6-2C

施工省略

他の負荷へ

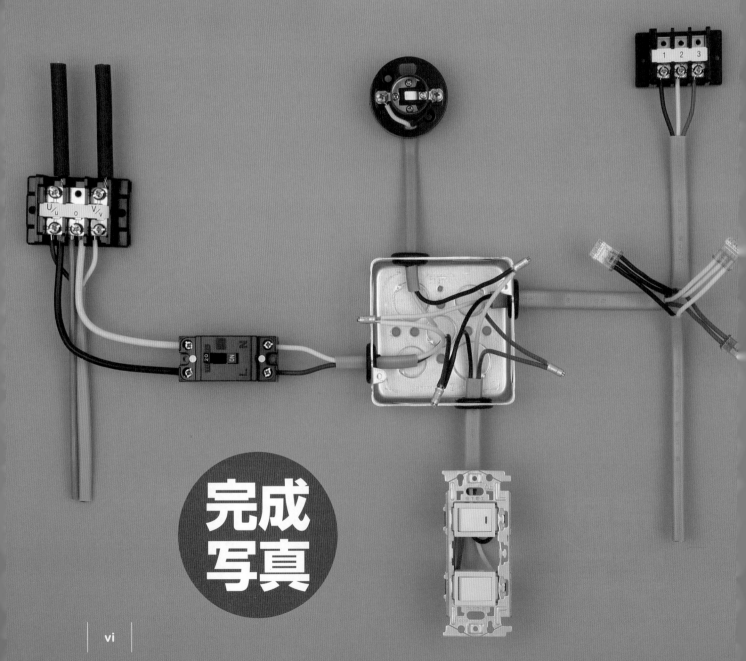

完成写真

vi

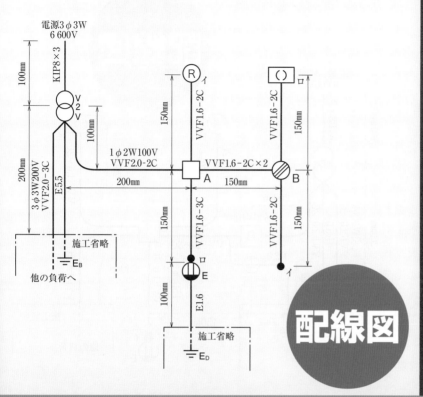

配線図

電源3φ3W
6 600V

KIP8×3

1φ2W100V
VVF2.0-2C

3φ3W200V
VVF2.0-3C

E5.5

施工省略

E_B

他の負荷へ

VVF1.6-2C

VVF1.6-2C×2

VVF1.6-3C

施工省略

E_D

VVF1.6-2C

E1.6

VVF1.6-2C

VVF1.6-2C

A

B

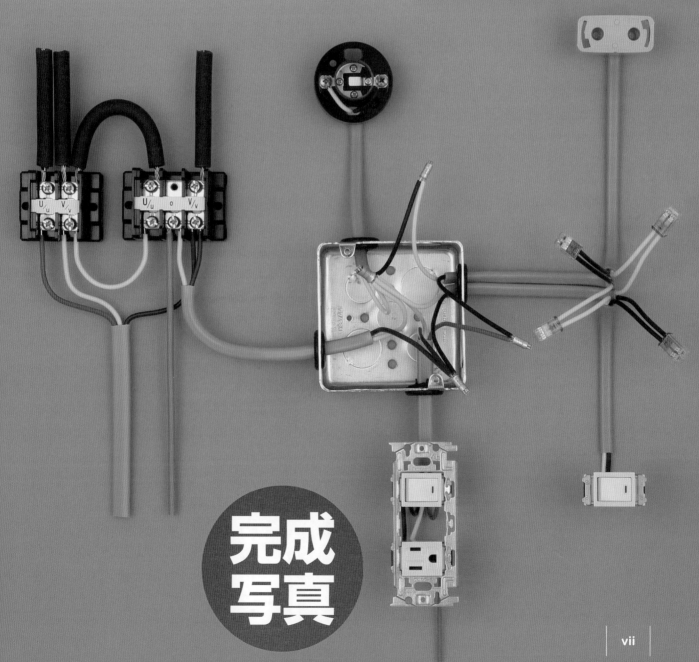

完成
写真

公表問題

No.4

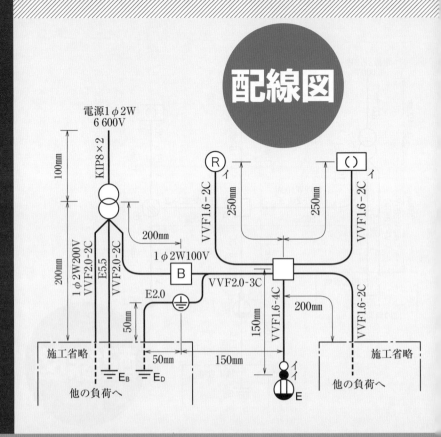

電源1φ2W
6 600V

KIP8×2

1φ2W200V
VVF2.0-2C

100mm

200mm

E5.5

VVF2.0-2C

200mm

1φ2W100V

B

VVF2.0-3C

E2.0

50mm

50mm

施工省略

他の負荷へ

E_B　E_D

R　イ

VVF1.6-2C

250mm

250mm

( )　イ

VVF1.6-2C

VVF1.6-4C

150mm

200mm

VVF1.6-2C

150mm

施工省略

他の負荷へ

イイ

E

完成写真

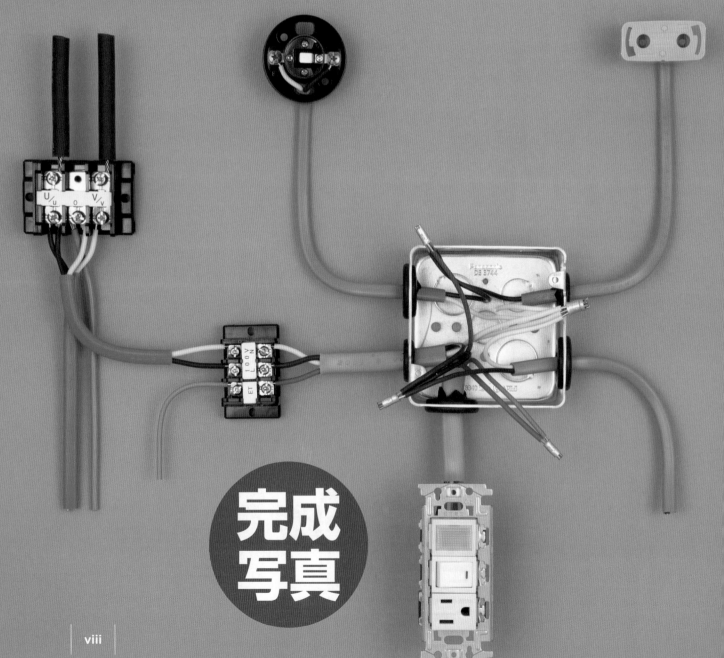

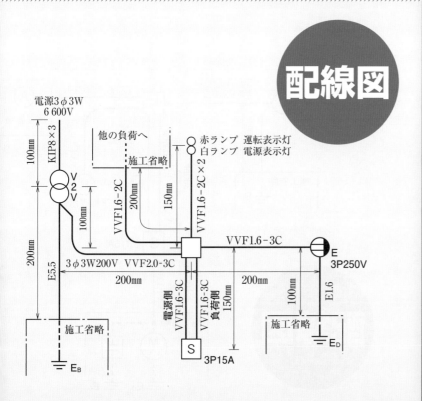

電源3φ3W 6 600V

KIP8×3

他の負荷へ

施工省略

赤ランプ 運転表示灯
白ランプ 電源表示灯

VVF1.6-2C

VVF1.6-2C×2

VVF1.6-3C

E 3P250V

3φ3W200V VVF2.0-3C

E5.5

電源側 VVF1.6-3C

負荷側 VVF1.6-3C

施工省略

E_D

施工省略

E_B

S 3P15A

完成写真

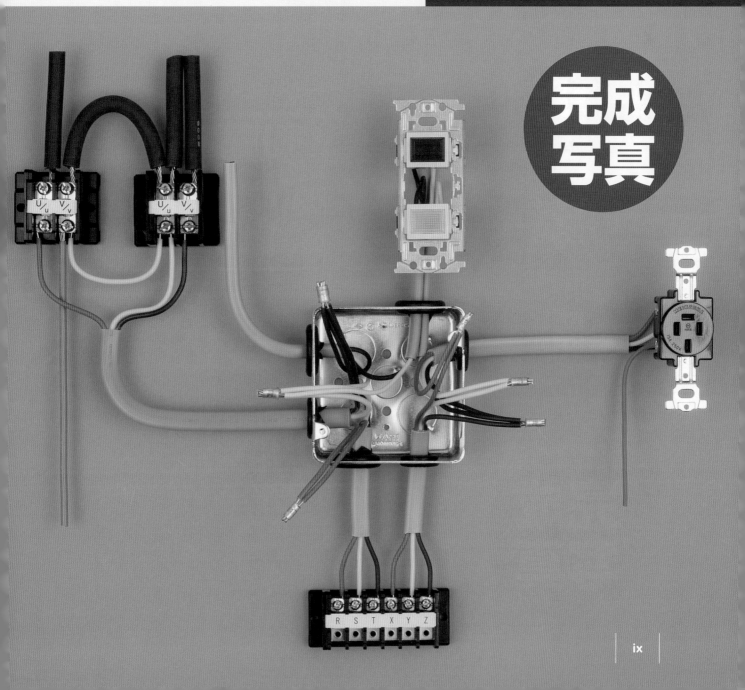

R S T X Y Z

公表問題

No.6

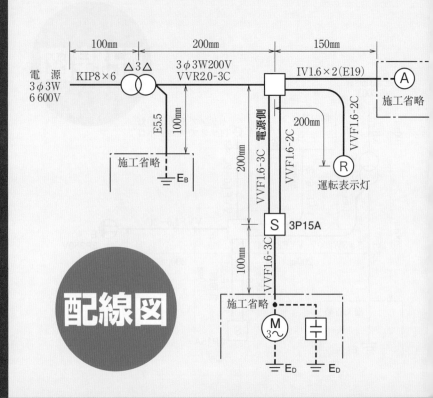

配線図

電源
3φ3W
6 600V

KIP8×6

△3△

3φ3W200V
VVR2.0-3C

E5.5

100mm

施工省略

E_B

100mm 200mm 150mm

IV1.6×2（E19）

Ⓐ
施工省略

電源側

VVF1.6-2C

200mm

Ⓡ
運転表示灯

VVF1.6-2C

VVF1.6-3C

VVF1.6-2C

200mm

Ⓢ 3P15A

VVF1.6-3C

100mm

施工省略

Ⓜ
3~

E_D   E_D

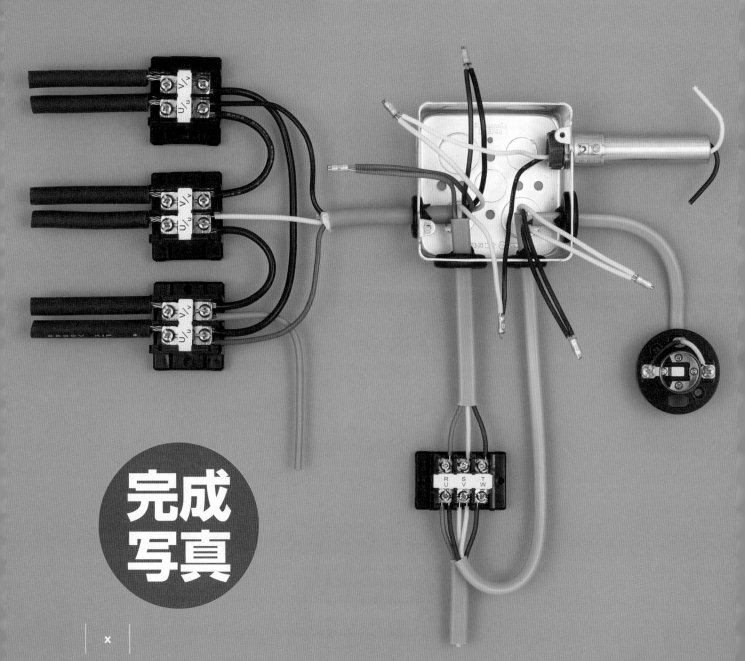

完成写真

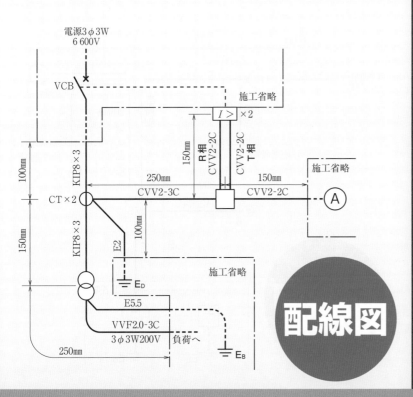

配線図

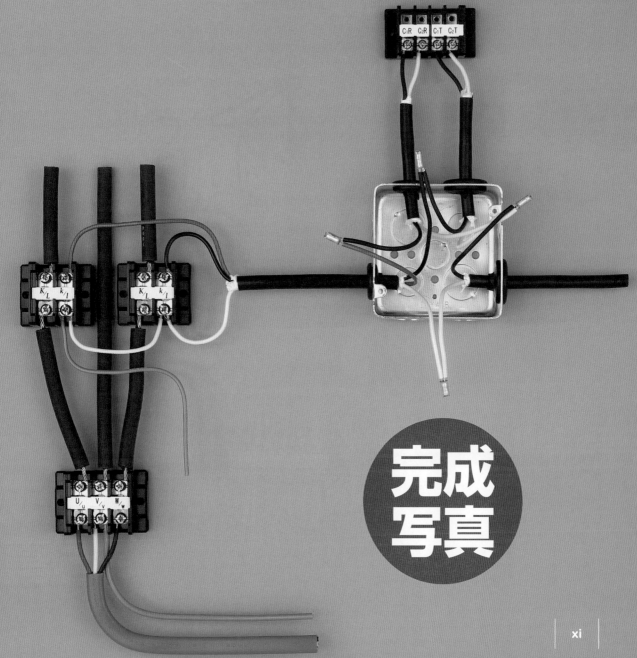

完成写真

公表問題 No. 8

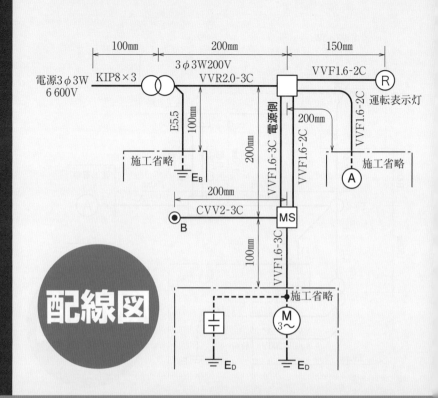

電源3φ3W 6 600V　KIP8×3　3φ3W200V　VVR2.0-3C　VVF1.6-2C　Ⓡ 運転表示灯

E5.5　100mm　100mm

施工省略　Eʙ

200mm

CVV2-3C　200mm　● B

VVF1.6-3C 電源側

VVF1.6-2C　200mm

VVF1.6-2C

施工省略　Ⓐ

MS

VVF1.6-3C　100mm

施工省略

M 3~

Eᴅ　Eᴅ

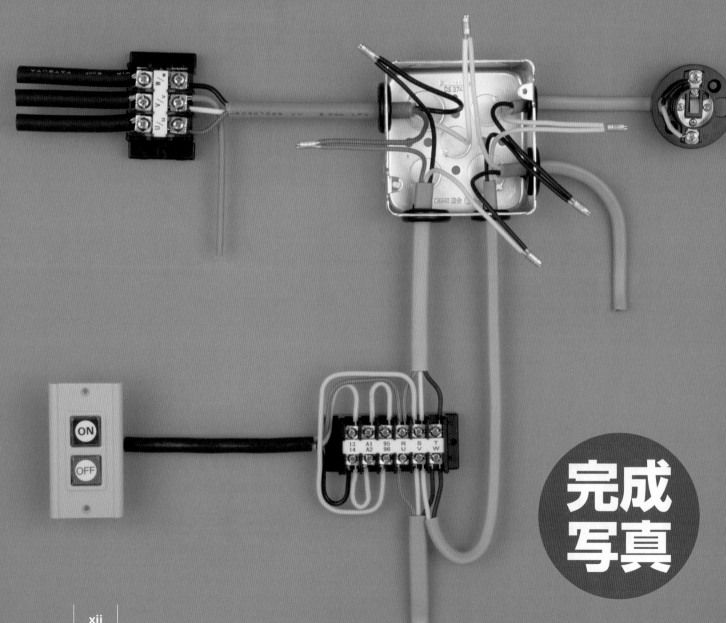

完成写真

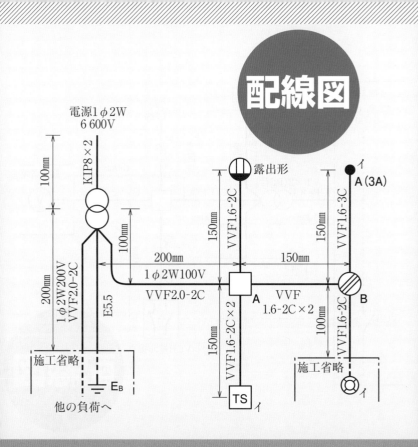

配線図

公表問題

No. 9

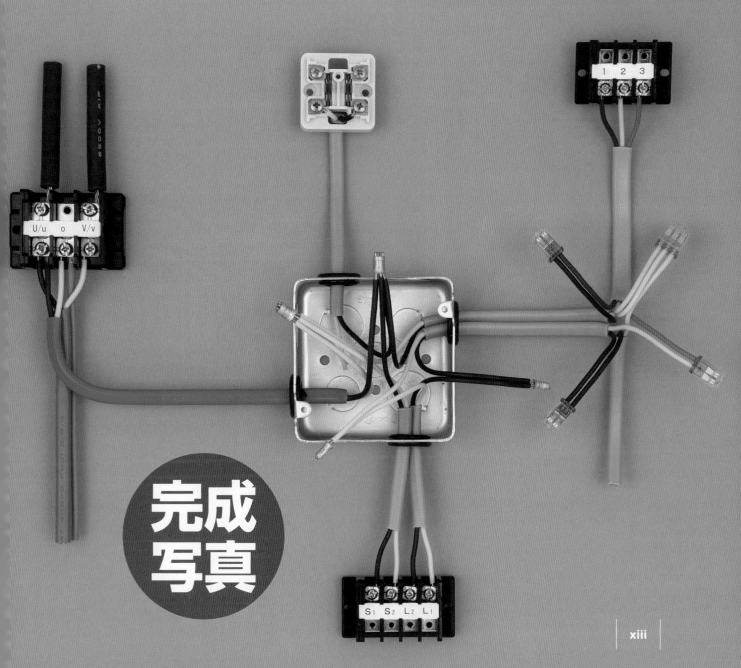

完成写真

配線図

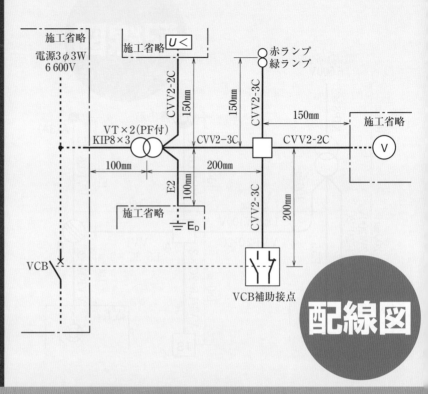

完成
写真

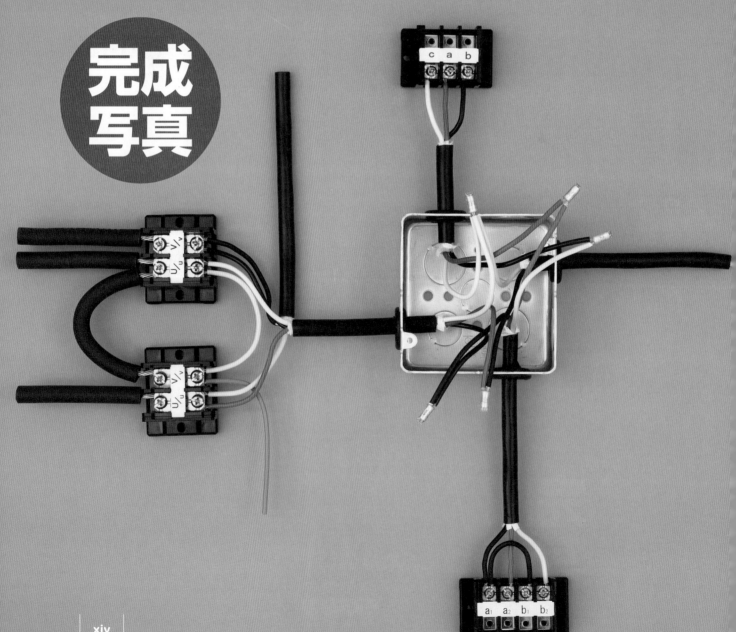

■第一種電気工事士の資格の取得手続きの流れ

上期試験，下期試験の両方の受験申込みが可能です.

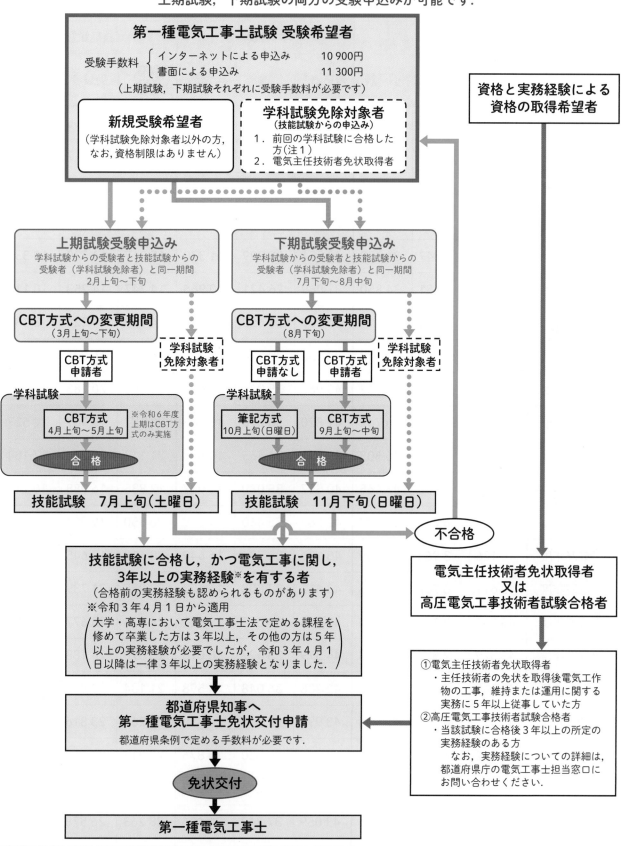

第一種電気工事士試験 受験希望者

受験手数料 { インターネットによる申込み　10 900円
　　　　　　 書面による申込み　　　　　　11 300円

（上期試験，下期試験それぞれに受験手数料が必要です）

新規受験希望者
（学科試験免除対象者以外の方，
なお，資格制限はありません）

学科試験免除対象者
（技能試験からの申込み）
1．前回の学科試験に合格した方(注1)
2．電気主任技術者免状取得者

資格と実務経験による資格の取得希望者

上期試験受験申込み
学科試験からの受験者と技能試験からの受験者（学科試験免除者）と同一期間
2月上旬～下旬

下期試験受験申込み
学科試験からの受験者と技能試験からの受験者（学科試験免除者）と同一期間
7月下旬～8月中旬

CBT方式への変更期間
（3月上旬～下旬）

CBT方式への変更期間
（8月下旬）

CBT方式申請者

学科試験免除対象者

CBT方式申請なし

CBT方式申請者

学科試験免除対象者

学科試験
CBT方式
4月上旬～5月上旬
※令和6年度上期はCBT方式のみ実施

合格

学科試験
筆記方式
10月上旬(日曜日)

CBT方式
9月上旬～中旬

合格

技能試験　7月上旬(土曜日)

技能試験　11月下旬(日曜日)

不合格

技能試験に合格し，かつ電気工事に関し，3年以上の実務経験※を有する者
（合格前の実務経験も認められるものがあります）
※令和3年4月1日から適用
（大学・高専において電気工事士法で定める課程を修めて卒業した方は3年以上，その他の方は5年以上の実務経験が必要でしたが，令和3年4月1日以降は一律3年以上の実務経験となりました.）

電気主任技術者免状取得者又は高圧電気工事技術者試験合格者

①電気主任技術者免状取得者
・主任技術者の免状を取得後電気工作物の工事，維持または運用に関する実務に5年以上従事していた方
②高圧電気工事技術者試験合格者
・当該試験に合格後3年以上の所定の実務経験のある方
　なお，実務経験についての詳細は，都道府県庁の電気工事士担当窓口にお問い合わせください.

都道府県知事へ第一種電気工事士免状交付申請
都道府県条例で定める手数料が必要です.

免状交付

第一種電気工事士

(注1)【学科試験免除の取り扱い】
　　①上期学科試験に合格した場合，学科試験免除の権利は，その年度の下期試験だけに有効となります.
　　②下期学科試験に合格した場合，学科試験免除の権利は，次年度の上期試験だけに有効となります.
　　(注)令和5年度の学科試験合格者は，移行期の特例として，学科試験免除の権利を，令和6年度の上期試験又は下期試験のいずれかに行使することができます.

■第一種電気工事士試験受験者数等の推移

〔単位：人〕

項　目 年　度	申込者			学科試験			技能試験		
	学　科 申込者	学　科 免除者	小　計	申込者*	受験者	合格者	受験有 資格者**	受験者	合格者
平成13年度	29 367	5 119	34 486	29 367	25 838	11 398	16 517	15 555	5 349
平成14年度	30 289	7 571	37 860	30 289	26 310	11 093	18 664	17 517	10 188
平成15年度	31 929	5 201	37 130	31 929	27 242	11 350	16 551	15 504	7 357
平成16年度	30 882	6 198	37 080	30 882	26 009	10 756	16 954	15 767	10 624
平成17年度	30 951	3 847	34 798	30 951	25 999	11 370	15 217	14 539	10 333
平成18年度	31 069	3 781	34 850	31 069	26 421	10 966	14 747	14 253	10 119
平成19年度	30 789	3 725	34 514	30 789	26 658	11 034	14 759	14 220	8 134
平成20年度	33 266	5 252	38 518	33 266	29 114	11 422	16 674	16 096	10 188
平成21年度	40 966	4 696	45 662	40 966	35 924	16 194	20 890	20 183	13 631
平成22年度	41 820	4 922	46 742	41 820	36 670	15 665	20 587	19 907	12 527
平成23年度	39 821	6 484	46 305	39 821	34 465	14 633	21 117	20 215	17 104
平成24年度	40 557	2 908	43 465	40 557	35 080	14 927	17 835	16 988	10 218
平成25年度	42 362	6 231	48 593	42 362	36 460	14 619	20 850	19 911	15 083
平成26年度	45 126	3 963	49 089	45 126	38 776	16 649	20 612	19 645	11 404
平成27年度	43 611	6 782	50 393	43 611	37 808	16 153	22 935	21 739	15 419
平成28年度	45 054	5 149	50 203	45 054	39 013	19 627	24 776	23 677	14 602
平成29年度	44 379	7 594	51 973	44 379	38 427	18 076	25 670	24 188	15 368
平成30年度	42 288	6 536	48 824	42 288	36 048	14 598	21 134	19 815	12 434
令和元年度	43 991	4 915	48 906	43 991	37 610	20 350	25 265	23 816	15 410
令和 2 年度	35 262	6 438	41 700	35 262	30 520	15 876	22 314	21 162	13 558
令和 3 年度	46 144	5 431	51 575	46 144	40 244	21 542	26 973	25 751	17 260
令和 4 年度	43 059	6 577	49 636	43 059	37 247	21 686	28 263	26 578	16 672
令和 5 年度	38 399	7 420	45 819	38 399	33 035	20 361	27 781	26 143	15 834

（注）＊：学科免除者を除く　＊＊：学科免除者＋学科合格者

技能試験の基礎知識

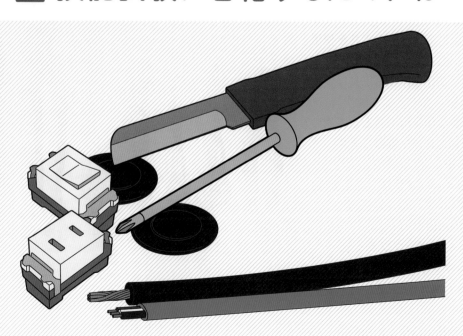

技能試験の実施内容

● 技能試験の出題範囲

第一種電気工事士試験の技能試験は，電気工事士法施行規則により，「次に掲げる事項の全部又は一部について行う」と規定されています．

1 電線の接続
2 配線工事
3 電気機器・蓄電池及び配線器具の設置
4 電気機器・蓄電池・配線器具並びに電気工事用の材料及び工具の使用方法
5 コード及びキャブタイヤケーブルの取付け
6 接地工事
7 電流・電圧・電力及び電気抵抗の測定
8 自家用電気工作物の検査
9 自家用電気工作物の操作及び故障箇所の修理

● 技能試験の出題形式等

試 験 方 法	問題数	試験時間
持参した作業用工具により，配線図で与えられた問題を，支給される材料で一定時間内に完成させる方法で行う．	1題	60分

- 令和6年度の技能試験問題は，候補問題として10問の配線図（単線図）が公表されています．
- 候補10問題のうち，いずれかの1問題が出題されます．
- 候補10問題の配線図では，電源，使用機器・器具が示されていますが，配線工事の種類，使用電線・ケーブルの種類，電線の接続方法，寸法及び「施工条件」等は示されていません．

● 作業用工具・筆記用具

〈指定工具〉

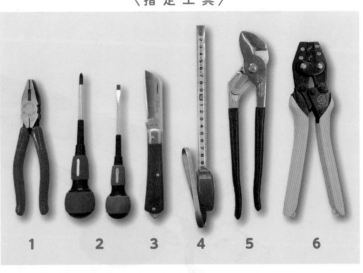

●作業用工具

- 電動工具以外のすべての工具を使用することができます．ただし，改造した工具および自作した工具は使用できません．
- 最低限必要な作業用工具として次の工具（指定工具）を持参します．
    1 ペンチ
    2 ドライバ（プラス，マイナス）
    3 ナイフ
    4 スケール
    5 ウォータポンププライヤ
    6 リングスリーブ用圧着工具
    （JIS C 9711－1982・1990・1997適合品）

●筆記用具

- 筆記用具の制限はなく，色鉛筆，色ボールペン等も使用することができます．

● 技能試験の実施の流れ

技能試験の実施の流れを次に示します.

試験実施の流れ　　**留意事項**

試験開始前の準備

受験票
作業用工具　を机上に出す
筆記用具

- 試験係員の説明をよく聞く.

試験問題
支給材料　の配布

- 試験係員の説明と指示を待つ.

材　料　の　点　検

- 材料の種類・数量・損傷などの確認をする.
- 不足・損傷の場合は申し出る.

試験開始

試験実施中

試験問題を読み取り
複線図を書く

- 配線図,端子台の説明図などと「施工条件」を十分に把握する.
- 単線図を複線図化する.
- ジョイントボックス内の接続点を明らかにしておく.
- 電線の色別を記入する.

施工作業開始

- 材料(部品)の組み立て・取り付け
- 絶縁電線,ケーブルの切断とシース及び絶縁被覆のはぎ取り
- 器具付け
- 電線相互の接続
- その他の作業など

- 基本作業を習得しておく.
- 作業は落ち着いて正確に,そして手早く行う.
- 作業順序の決まりはないが能率よい進め方をマスターしておく.

点　検・手直し・整　形

- 「欠陥」の箇所を見つける.(P.81〜89の「主な欠陥例」を参照)
- 「欠陥」の箇所を手直しする.
- 配線図に従って全体の形を整える.

完　　了

- 残材を片づける.
- 持参工具などを片づける.

試験終了　退場

2

技能試験の実際

過去問題で試験の流れを再現 !!

　過去※に実施された第一種電気工事士技能試験を例に「試験開始前の準備から施工作品の完成まで」の流れを，詳しく述べます.

※ここでは平成 27 年に出題された問題を例に解説します.

1　試験開始前

❶「受験票」「作業用工具」「筆記用具」を机上に置いて，試験係員の説明・指示を待つ

▲ 技能試験会場風景の例

　この写真は，技能試験の開始後の状況で開始前のものではありません. 受験票・作業用工具などを机上に置いて，係員の指示を待ちます. この後に，試験問題（注意事項や支給材料表がおもてになった二つ折りの問題用紙（課題は裏面で見えない））と支給材料箱が配布され，次ページから示すように支給材料の確認に入ります.

❷ 試験問題と支給材料が配布される

1 試験問題の［表面］の《注意事項》を読む.

2 試験係員の指示で,「**支給材料**」の確認をする.

- 試験問題の［表面］の支給材料表と支給材料（実物）を照合する.
- 支給材料の種類, 数量及び損傷などを確認する.
- 支給材料の不足や損傷などがあれば試験係員に申し出る.

● 試験問題［表面］

[表面]　　試験が始まる前にこの頁に書いてあることをよく読んでください.
　　　　（裏面は試験問題になっているので, 指示があるまで見てはいけません）

平成27年度　技能試験［試験時間 60分］

《 注意事項 》
1. 電線接続箇所のテープ巻きは省略し、作品は保護板（板紙）に取り付けないものとします.
2. ケーブル及び絶縁電線の被覆のはぎ取り方法は、直角むき又は鉛筆むきのどちらでもよいものとします.
3. 電源側電線及び省略部分への電線の端末は、切断したままとします.
4. 受験番号札に受験番号及び氏名を記入し、試験終了後、作品にしっかりと取り付けてください. 取り付け位置は、どこでも結構です.
5. **試験終了後は、速やかに作業をやめ、工具をしまってください. 試験終了後も作業を続けている場合は、失格となります.**

《 支給材料等の確認 》
　試験開始前に監督員が指示しますので、指示に従って与えられた材料等を下記の材料表と必ず照合し、材料の不良や不足等があれば監督員に申し出てください.
　ただし、監督員の指示があるまで照合はしないでください.

材　料	
1.　高圧絶縁電線（KIP）、8mm²、長さ約600mm	1本
2.　600Vビニル絶縁ビニルシースケーブル平形（シース青色）、2.0mm、3心、長さ約400mm	1本
3.　600Vビニル絶縁ビニルシースケーブル平形、1.6mm、3心、長さ約500mm	1本
4.　600Vビニル絶縁ビニルシースケーブル平形、1.6mm、2心、長さ約1100mm	1本
5.　600Vビニル絶縁電線、5.5mm²、黒色、長さ約600mm	1本
6.　600Vビニル絶縁電線、5.5mm²、緑色、長さ約200mm	1本
7.　端子台（変圧器の代用）、2P	3個
8.　端子台（開閉器の代用）、3P	1個
9.　ランプレセプタクル（カバーなし）	1個
10.　ジョイントボックス（アウトレットボックス 19mmノックアウト3箇所及び 25mmノックアウト2箇所打抜き済み）	1個
11.　ゴムブッシング（19）	3個
12.　ゴムブッシング（25）	2個
13.　リングスリーブ（小）　　　　　　　　　　（予備品を含む）	7個
・ 受験番号札	1枚
・ ビニル袋	1枚

《 試験中の材料等支給 》
　端子ねじ及びリングスリーブは、作業のやり直し等により不足が生じた場合、申し出（挙手をする）があれば追加支給します. なお、追加支給しても減点の対象とはなりません.
　ただし、その他の材料（電線類、器具等）は追加支給をしませんので、注意してください.

支給された材料箱の中味を確認します.

リングスリーブは予備品を含めて支給されます.

端子ねじ, リングスリーブ, 差込形コネクタ以外の材料支給（追加）はできません.

● 支給材料箱

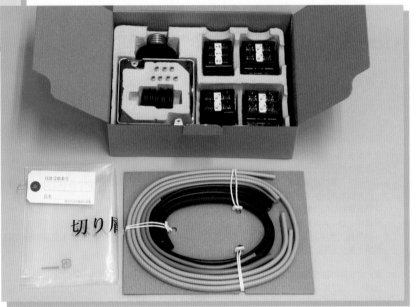

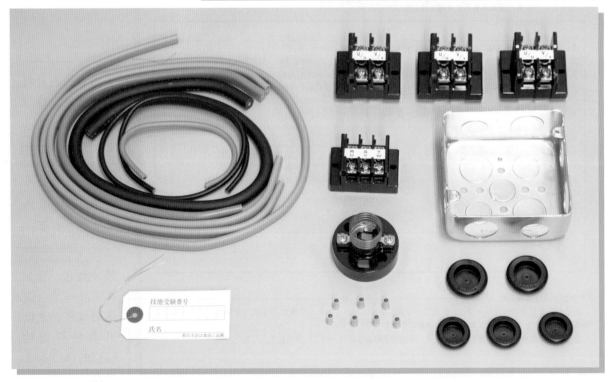

ポイント
- 試験開始後に材料の不足や損傷などを申し出ても支給されない（端子ねじ，リングスリーブ，差込形コネクタは，減点なしで追加支給される）．
- 材料の確認をしながら器具の極性や施工作業方法などを考えておこう．

❶ 試験問題の読み取り

試験問題の「図1．配線図」,「図2．変圧器代用の端子台説明図」,「図3．開閉器代用の端子台説明図」,「図4．変圧器結線図」から，問題全体を把握する．

図1に示す配線工事を、与えられた材料を使用し、＜**施工条件**＞に従って完成させなさい。

ただし、— · — · — で示した部分は施工を省略する。

また、変圧器及び開閉器は端子台で代用する。

図2は「変圧器代用の端子台説明図」を、図3は「開閉器代用の端子台説明図」を、図4は「変圧器結線図」を示す。

ジョイントボックス（アウトレットボックス）の接地工事は省略する。

図1．配線図

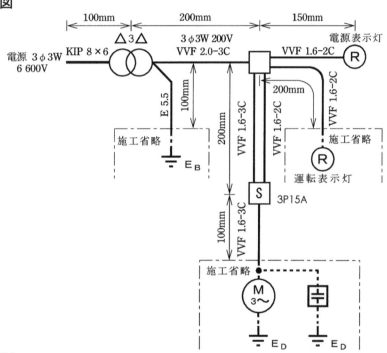

（注）

1．図記号は、原則としてJIS C 0617-1〜13及び JIS C 0303:2000に準拠して示してある。

また、作業に直接関係のない部分等は、省略又は簡略化してある。

2．Ⓡ は、ランプレセプタクルを示す。

図2．変圧器代用の端子台説明図

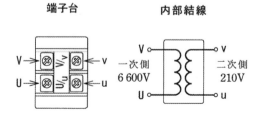

図3．開閉器代用の端子台説明図

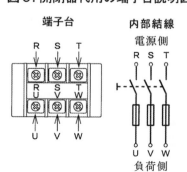

図4．変圧器結線図

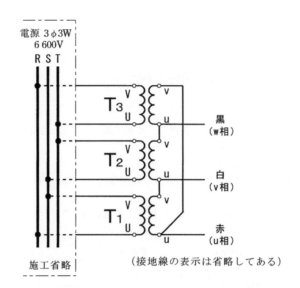

電源 3φ3W
6 600V
R S T

T₃ T₂ T₁

黒（w相）
白（v相）
赤（u相）

施工省略

（接地線の表示は省略してある）

＜ 施工条件 ＞

1．配線及び器具の配置は、**図1**に従って行うこと。

2．変圧器代用の端子台は、**図2**に従って使用すること。

3．開閉器代用の端子台は、**図3**に従って使用すること。

4．変圧器代用の端子台の結線及び配置は、**図4**に従い、かつ、次のように行うこと。
　　①**接地線**は、変圧器 **T₁のv端子**に結線する。
　　②変圧器代用の端子台の二次側端子の**わたり線**は、IV5.5mm²（黒色）を使用する。

5．電源表示灯は、変圧器二次側の**v相とw相間**に、運転表示灯は、開閉器二次側の**U相とV相間**に接続すること。

6．電線の色別（ケーブルの場合は絶縁被覆の色）は、次によること。
　　①接地線は、**緑色**を使用する。
　　②接地側電線は、わたり線を除きすべて**白色**を使用する。
　　③変圧器の二次側の配線は、わたり線を除きu相に**赤色**、v相に**白色**、w相に**黒色**を使用する。
　　④開閉器の負荷側から電動機に至る配線は、U相に**赤色**、V相に**白色**、W相に**黒色**を使用する。
　　⑤ランプレセプタクルの受金ねじ部の端子には、**白色**の電線を結線する。

7．ジョイントボックス内の電線は、必ず接続点を設け、その接続は終端接続とし、リングスリーブによる
　　圧着接続とすること。

8．ジョイントボックスは、**打抜き済みの穴だけをすべて**使用すること。

9．ランプレセプタクルの台座のケーブル引込口は欠かずに、ケーブルを下部（裏側）から挿入すること。

ポイント

・「施工条件」で，重要な箇所にチェックを！
・配線図中に重要と思われる事項を記入（必要最小限）！
・試験問題の読み取りから複線図の作成までは，正確，かつできるだけ短時間に済ま
　せるように！

❷ 複線図を書く

1 問題の「図1. 配線図」の配置により，電源，各機器・器具の略図を書く（**施工条件1**）.

2 単相変圧器3台の一次側の配線（**施工条件4**）.

- 変圧器T_1，T_2，T_3のU，V端子から6線を書く.

3 単相変圧器3台の二次側の配線（**施工条件4**）.

- T_1のv端子〜T_2のu端子，T_2のv端子〜T_3のu端子，T_3のv端子〜T_1のu端子へわたり線を書く.
- T_1のv端子から接地線を書く（**施工条件4**）.

4 変圧器T_1のu端子〜開閉器のR端子，変圧器T_2のu端子〜開閉器のS端子，変圧器T_3のu端子〜開閉器のT端子への3線を書く（**施工条件4**）.

5 開閉器のU,V,W端子から電動機への3線を書く.

6 表示灯の配線（**施工条件5**）.

- 電源表示灯から，アウトレットボックス内のv相とw相に接続する2線を書く.
- 運転表示灯から，開閉器のU相とV相に接続する2線を書く.

7 2.0mmの電線に2.0と記入する.

8 アウトレットボックス内の電線接続点に●印を書き，圧着マークを記入する.

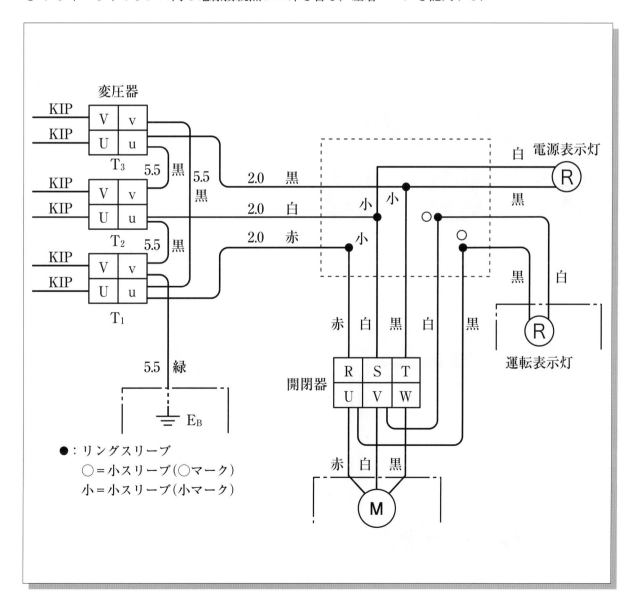

9 電線の色別を書く.

- 電変圧器二次側のわたり線は黒色とする（**施工条件4-②**）.
- 変圧器から開閉器の配線は，u相を赤色，v相を白色，w相を黒色とする（**施工条件6-③**）.
- 開閉器から電動機の配線は，U相を赤色，V相を白色，W相を黒色とする（**施工条件6-④**）.
- 電源表示灯からv相に接続する線は白色とする（**施工条件6-②**）.
- 運転表示灯からV相に接続する線は白色とする（**施工条件6-②**）.
- 表示灯からの配線で色が記入されていない線は，余った線の色の黒色を記入する.

❸ 施工作業開始

次に能率・効率よく進めていく施工作業の流れを示す.

● 材料（部品）の組み立て，取り付け

最初に，材料の組み立て，取り付けができる作業を済ませておくと，材料の飛散などを防げる.

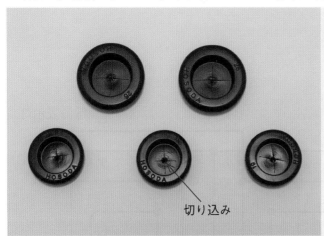

切り込み

1 ゴムブッシングにケーブルを通す切り込みを入れる.

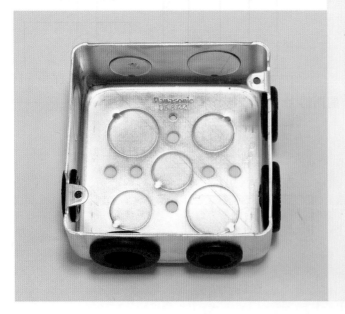

2 アウトレットボックスにゴムブッシングを取り付ける.

- 電線管がある場合は，アウトレットボックスに取り付ける.
- 埋込連用取付枠がある場合は，タンブラスイッチ等を先に取り付けておく.

● 変圧器の一次側の配線をする

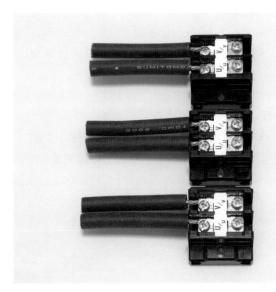

1 KIPを10cmの長さで6本切る.

2 絶縁被覆を20mmはぎ取る.
・段むきとする.

3 線押さえ座金の下に心線を差し込む.

4 ねじを締め付ける.
・ねじは,電線が容易に抜けないようによく締め付ける.

● 変圧器の二次側の配線をする

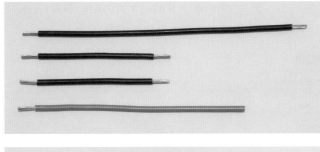

1 わたり線として,IV5.5(黒色)を,13cm 2本,25cm 1本切断する.
・両端の絶縁被覆を15mmはぎ取る.

2 接地線として,IV5.5(緑色)の片方の絶縁被覆を15mmはぎ取る.

3 わたり線及び接地線を端子台に結線する.
・T_1 v端子〜T_2 u端子
(13cmのわたり線)
・T_2 v端子〜T_3 u端子
(13cmのわたり線)
・T_3 v端子〜T_1 u端子
(25cmのわたり線)
・T_1 v端子(緑の接地線)

4 VVF2.0-3Cを端子台に結線できるよう
にする.
- シースを15cmはぎ取る.
- 黒色と赤色の絶縁被覆を15mmはぎ取
る.

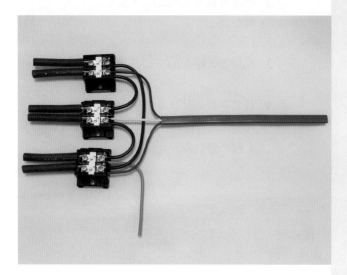

5 端子台に結線する.
- 白色の電線は現物に合わせて切断し,絶
縁被覆を15mmはぎ取って結線する.
- u相－赤色
- v相－白色
- w相－黒色

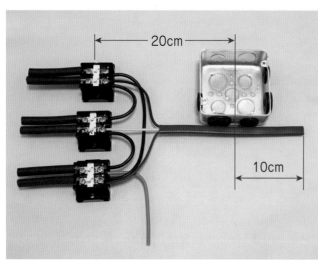

6 アウトレットボックスを,端子台の中心
から20cm離して配置する.

7 アウトレットボックスの中心から10cm
先でケーブルを切断する.

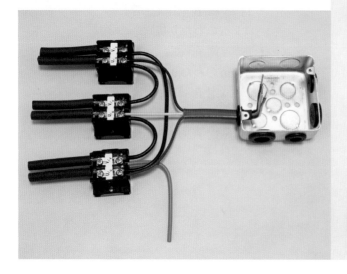

8 電線を接続できるように加工する.
- シースのはぎ取りは13cm
- 絶縁被覆のはぎ取りは3cm

9 アウトレットボックスに挿入して,絶縁
電線を上に曲げる.

● 各器具に電線・ケーブルを結線する

● ランプレセプタクル（電源表示灯）

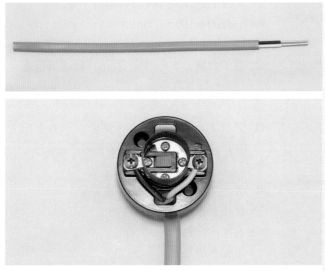

1 VVF1.6-2Cを30cmに切断する.
- 100＋150＋50＝300mm

2 ランプレセプタクル側のシースを45mm
はぎ取り, 絶縁被覆を20mmはぎ取る.
（ケーブルストリッパで輪づくりをする
場合）

3 輪作りをする.

4 ケーブルをランプレセプタクルの台座の
下部から挿入する.
- 白線が受金ねじ部の端子側になるように
する.

5 ねじを締め付ける.

6 ケーブルの形を整えて, アウトレットボ
ックス側のシースを13cm, 絶縁被覆を
3cmはぎ取る.

7 ケーブルをアウトレットボックスに挿入
して, 絶縁電線を上に曲げる.

● 運転表示灯（施工省略）

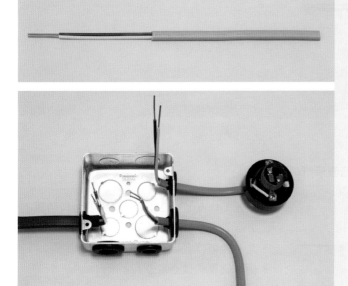

1 VVF1.6-2Cを30cmに切断する.
- 100＋200＝300mm

2 アウトレットボックス側のシースを13cm
はぎ取り, 絶縁被覆を3cmはぎ取る.

3 ケーブルをアウトレットボックスに挿入
して, 絶縁電線を上に曲げる.

4 ケーブルを配線図のとおり90°に曲げて
形を整える.

● 開閉器

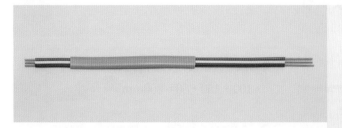

1 アウトレットボックスから開閉器の VVF1.6-3Cを30cmに切断する.
 ・0＋200＋100＝300mm

2 端子台側のシースを5cm，絶縁被覆を 12mmはぎ取る.

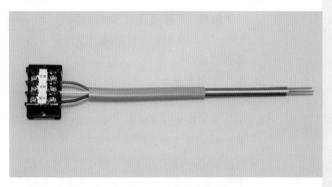

3 アウトレットボックス側のシースを13 cm，絶縁被覆を3cmはぎ取る.

4 ケーブルを端子台に結線する.
 ・R相－赤色
 ・S相－白色
 ・T相－黒色

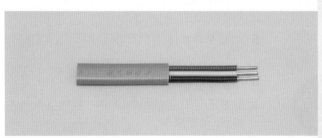

5 開閉器から電動機のVVF1.6-3Cを10 cmに切断する.
 ・100＋0＝100mm

6 端子台側のシースを5cm，絶縁被覆を 12mmはぎ取る.

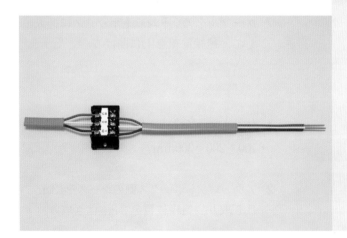

7 ケーブルを端子台に結線する.
 ・U相－赤色
 ・V相－白色
 ・W相－黒色

● 開閉器からアウトレットボックスまでの運転表示灯の配線

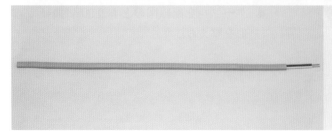

1 残っているVVF1.6-2Cを端子台に結線 できるように加工する.
 ・シースのはぎ取り5cm
 ・絶縁被覆のはぎ取り12mm

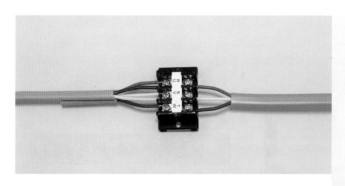

2 端子台に結線する.
- U相−黒色
- V相−白色

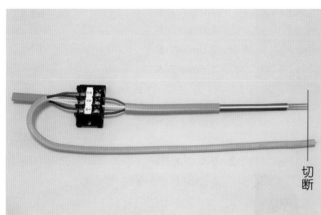

切断

3 ケーブルを曲げて,端子台に結線してある電源側のケーブルVVF1.6-3Cの先端に合わせて切断する.

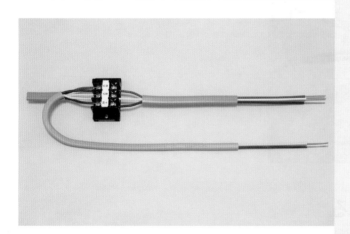

4 シースを13cm,絶縁被覆を3cmはぎ取る.

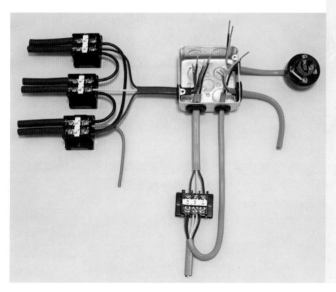

5 VVF1.6-3CとVVF1.6-2Cをアウトレットボックスに挿入して,絶縁電線を上に曲げる.

● 電線を接続する

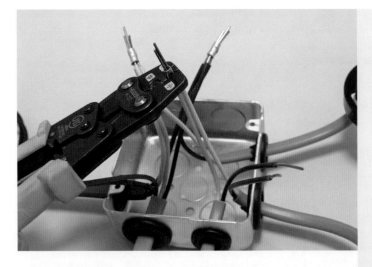

1 リングスリーブで圧着接続する．接続を間違えないよう十分に注意する．

接続電線	ダイス	圧着マーク
1.6mm 2本	1.6×2	○
2.0mm 1本 1.6mm 1本	小	小
2.0mm 1本 1.6mm 2本	小	小

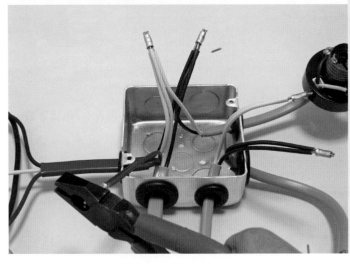

2 リングスリーブの先端の余分な心線を切断して，形を整える．

❹ 点検・手直し・整形をする

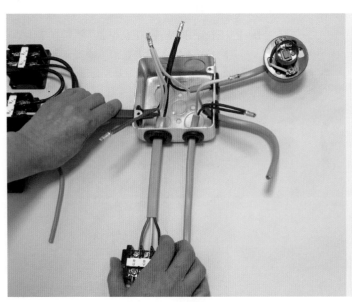

1 一通りの作業が終わったら，施工した作品に誤り，不適切な箇所がないかを点検し，不適切な箇所は手直しをする．

・残りの試験時間に注意し，大きな直しで未完成にならないようにする．

2 問題の「図1．配線図」に従って，全体の形を整える．

❺ 完　成

● 完成施工写真

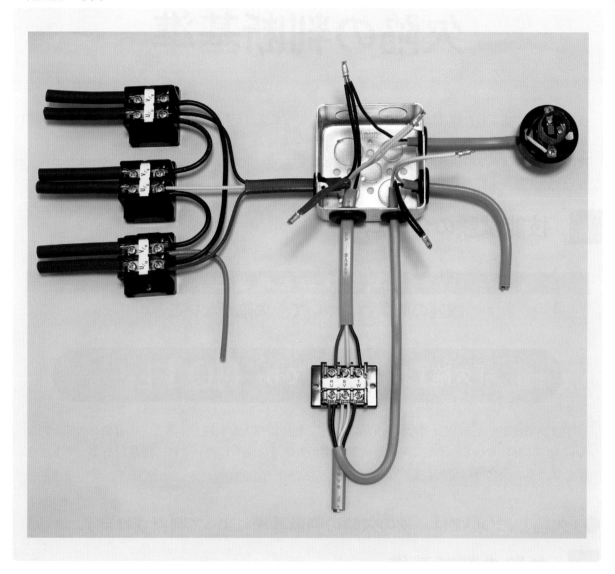

3　試験時間終了後

- 施工作業後の残材及び持参した作業用工具などを片づける.
- 試験係員の指示に従って退場する.

● 施工した作品は，試験判定員によって採点が行われる

3

技能試験の合格基準と欠陥の判断基準

　技能試験で作成された作品は，欠陥の判断基準によって採点が行われたあと，技能試験の合格基準により合否が決められます．

　次に述べる技能試験の合格基準及び欠陥の判断基準は，（一財）電気技術者試験センターより公開されたもので，平成29年度から適用されています．

1　技能試験の合格基準

> ### 技 能 試 験 の 合 格 基 準
> ### 課題の成果物について，欠陥がないこと
>
> ### 「欠陥」は，ひとつでも　NO！！

　平成28年度までは，「電気的な致命的な欠陥」，「施工上重大な欠陥」，「施工上の軽微な欠陥」の3つの欠陥に分けられていましたが，平成29年度からは「欠陥」に統一され，作品にひとつでも「欠陥」があると不合格になります．

●「欠陥」については，次の欠陥の判断基準によって判断されます．

2　欠陥の判断基準

欠　　陥	項　　　　目
全体共通	
1．未完成のもの	
2．配置，寸法，接続方法等の相違	・配線，器具の配置が配線図と相違したもの ・寸法（器具にあっては中心からの寸法）が，配線図に示された寸法の50％以下のもの ・電線の種類が配線図と相違したもの ・接続方法が施工条件に相違したもの
3．誤接続，誤結線のもの	
4．電線の色別，配線器具の極性が施工条件に相違したもの	

欠　陥	項　目
電線の損傷	
1．ケーブル外装（シース）を損傷したもの	・ケーブルを折り曲げたときに絶縁被覆が露出するもの ・外装（シース）縦われが20mm以上のもの ・VVR，CVVの介在物が抜けたもの
2．絶縁被覆の損傷で，電線を折り曲げたときに心線が露出するもの	※リングスリーブの下端から10mm以内の絶縁被覆の傷は欠陥としない
3．心線を折り曲げたときに心線が折れる程度の傷があるもの	
4．より線を減線したもの	
リングスリーブ（E形）による圧着接続部分	
1．リングスリーブ用圧着工具の使用方法等が適切でないもの	・リングスリーブの選択を誤ったもの ・圧着マークが不適正のもの ・リングスリーブを破損したもの ・リングスリーブの先端又は末端で，圧着マークの一部が欠けたもの ・1つのリングスリーブに2つ以上の圧着マークがあるもの ・1箇所の接続に2個以上のリングスリーブを使用したもの
2．心線の端末処理が適切でないもの	・リングスリーブを上から目視して，接続する心線の先端が一本でも見えないもの ・リングスリーブの上端から心線が5mm以上露出したもの ・絶縁被覆のむき過ぎで，リングスリーブの下端から心線が10mm以上露出したもの ・ケーブル外装（シース）のはぎ取り不足で，絶縁被覆が20mm以下のもの ・絶縁被覆の上から圧着したもの ・より線の素線の一部がリングスリーブに挿入されていないもの
差込形コネクタによる差込接続部分	
1．コネクタの先端部分を真横から目視して心線が見えないもの	
2．コネクタの下端部分を真横から目視して心線が見えるもの	
ねじ締め端子の器具への結線部分 **（端子台，配線用遮断器，ランプレセプタクル，露出形コンセント等）**	
1．心線をねじで締め付けていないもの	・単線での結線にあっては，電線を引っ張って外れるもの ・より線での結線にあっては，作品を持ち上げる程度で外れるもの ・巻き付けによる結線にあっては，心線をねじで締め付けていないもの
2．より線の素線の一部が端子に挿入されていないもの	

欠　陥	項　目
3．結線部分の絶縁被覆をむき過ぎたもの	・端子台の高圧側の結線にあっては，端子台の端から心線が20mm以上露出したもの ・端子台の低圧側の結線にあっては，端子台の端から心線が5mm以上露出したもの ・配線用遮断器又は押しボタンスイッチ等の結線にあっては，器具の端から心線が5mm以上露出したもの ・ランプレセプタクル又は露出形コンセントの結線にあっては，ねじの端から心線が5mm以上露出したもの
4．絶縁被覆を締め付けたもの	
5．ランプレセプタクル又は露出形コンセントへの結線で，ケーブルを台座のケーブル引込口を通さずに結線したもの	
6．ランプレセプタクル又は露出形コンセントへの結線で，ケーブル外装（シース）が台座の中に入っていないもの	
7．ランプレセプタクル又は露出形コンセント等の巻き付けによる結線部分の処理が適切でないもの	・心線の巻き付けが不足（3/4周以下）したもの ・心線の巻き付けで重ね巻きしたもの ・心線を左巻きにしたもの ・心線がねじの端から5mm以上はみ出したもの ・カバーが締まらないもの
ねじなし端子の器具への結線部分（埋込連用タンブラスイッチ（片切，両切，3路，4路），埋込連用コンセント，パイロットランプ，引掛シーリングローゼット等）	
1．電線を引っ張って外れるもの	
2．心線が差込口から2mm以上露出したもの	※引掛シーリングローゼットにあっては，1mm以上露出したものは欠陥とする
3．引掛シーリングローゼットへの結線で，絶縁被覆が台座の下端から5mm以上露出したもの	
金属管工事部分	
1．構成部品が正しい位置に使用されていないもの	※金属管，ねじなしボックスコネクタ，ボックス，ロックナット，絶縁ブッシング，ねじなし絶縁ブッシングを構成部品という
2．構成部品間の接続が適切でないもの	・管を引っ張って外れるもの ・絶縁ブッシングが外れているもの ・管とボックスとの接続部分を目視して隙間があるもの
3．ねじなし絶縁ブッシング又はねじなしボックスコネクタの止めねじをねじ切っていないもの	

欠　陥	項　目
4．ボンド工事を行っていない又は施工条件に相違してボンド線以外の電線で結線したもの	
5．ボンド線のボックスへの取り付けが適切でないもの	・ボンド線を引っ張って外れるもの ・巻き付けによる結線部分で，ボンド線をねじで締め付けていないもの ・接地用取付ねじ穴以外に取り付けたもの
6．ボンド線のねじなしボックスコネクタの接地用端子への取り付けが適切でないもの	・ボンド線をねじで締め付けていないもの ・ボンド線が他端から出ていないもの ・ボンド線を正しい位置以外に取り付けたもの
合成樹脂製可とう電線管工事部分	
1．構成部品が正しい位置に使用されていないもの	※合成樹脂製可とう電線管，コネクタ，ボックス，ロックナットを構成部品という
2．構成部品間の接続が適切でないもの	・管を引っ張って外れるもの ・管とボックスとの接続部分を目視して隙間があるもの
取付枠部分	
1．取付枠を指定した箇所以外で使用したもの	
2．取付枠を裏返しにして，配線器具を取り付けたもの	
3．取付けがゆるく，配線器具を引っ張って外れるもの	
4．取付枠に配線器具の位置を誤って取り付けたもの	・配線器具が1個の場合に，中央以外に取り付けたもの ・配線器具が2個の場合に，中央に取り付けたもの ・配線器具が3個の場合に，中央に指定した器具以外を取り付けたもの
その他	
1．支給品以外の材料を使用したもの	
2．不要な工事，余分な工事又は用途外の工事を行ったもの	
3．支給品（押しボタンスイッチ等）の既設配線を変更又は取り除いたもの	
4．ゴムブッシングの使用が適切でないもの	・ゴムブッシングを使用していないもの ・ボックスの穴の径とゴムブッシングの大きさが相違しているもの
5．器具を破損させたもの	※ランプレセプタクル，引掛シーリングローゼット又は露出形コンセントの台座の欠けについては欠陥としない

＊主な欠陥例を，P.81〜89に写真で示してあります．

4

技能試験に合格するためには

　技能試験に合格するためには，次の3項目を確実に実行できるようにしなければなりません.

● 単線図から複線図を書けるようにすること

　公表された問題のすべてについて，配線図は電線の本数に関係なく1本の線で書かれた単線図で示されます. 間違いなく配線するためには，実際の電線の本数で示される複線図に直す必要があります. 複線図を書くことは，義務づけられていませんが，複線図を書くことによって，作業の途中で迷ったときの道しるべになります. また，作品が完成した後に，配線のチェックにも使用できます.

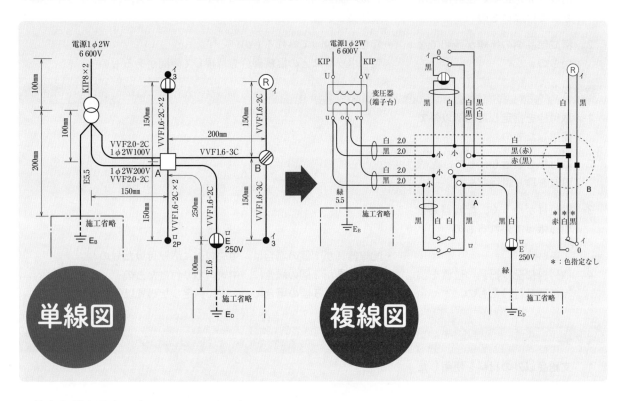

● 基本作業を確実に身につけていること

　合否を決定する欠陥の判断基準は，基本作業を身につけているかどうかをチェックする内容になっています. **電線の接続方法，器具への結線方法，電線の色の選定**など，正しい作業を身につけることが何よりも大切なのはいうまでもありません.

● 作品を時間内に完成させること

　時間内に完成させないと採点の対象になりません.

　基本作業を身につけたら，できるだけ速く作業を進められる練習をしましょう. ケーブルストリッパなどの便利な工具を使用したり，スピードアップを図る裏技を身につけると，作業時間を大幅に短縮することができます.

　どうしても作業が遅い方は，見栄えを犠牲にしても，完成させることに力を注いでください. できた作品が，きれいかきたないかによって，判定に変わりはありません.

第 2 編

配線図の整理

1 電気回路（配線図）の整理

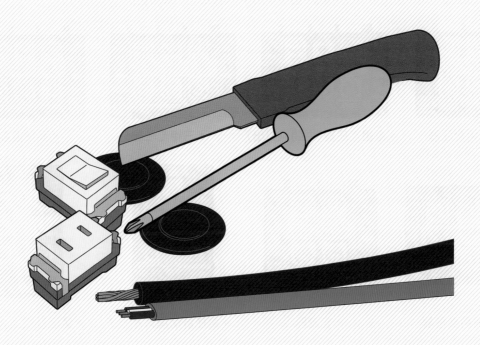

1 電気回路（配線図）の整理

単線図から複線図へ

技能試験で行われる配線工事は，過去の試験問題の「配線図」から，次のように大別される．
1. **高圧配線工事**：高圧受電設備で使用される変圧器，遮断器，計器用変圧器，変流器などの高圧機器の配線工事
2. **電灯配線工事**：自動点滅器，タイムスイッチを含む電灯・コンセントなどの配線工事
3. **動力配線工事**：三相誘導電動機の運転・停止回路の配線工事や動力用コンセントなどの配線工事

試験問題の「配線図」は単線図で示されているが，単線図を複線図に書き換え，電線の色別やジョイントボックス内の電線の接続点を明らかにすることにより，施工作業をスムーズに進めることができ，しかも，誤結線のない施工作品を仕上げることができる．

試験問題の「配線図」で示される機器・器具のうち，大型・高価なものは実物ではなく端子台（**下図**）を代用して配線作業を行う．

端子台で代用する機器・器具の取り扱いについては，「機器・器具代用の端子台説明図」と「施工条件」の中で示されている．複線図に書き換える場合は，その説明・指示事項に注意して，機器・器具の端子への結線，電線の色別など誤結線のないようにしなければならない．

1 高圧回路（高圧配線工事）

［端子台代用の機器・器具］

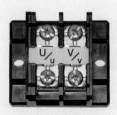
●単相変圧器

●単相変圧器（中間点引出）

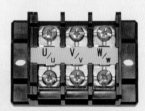
●三相変圧器

●高圧遮断器

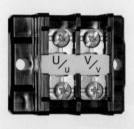
●計器用変圧器

●変流器

●電圧計切換スイッチ

●電流計切換スイッチ

● 単相変圧器（1台）の結線

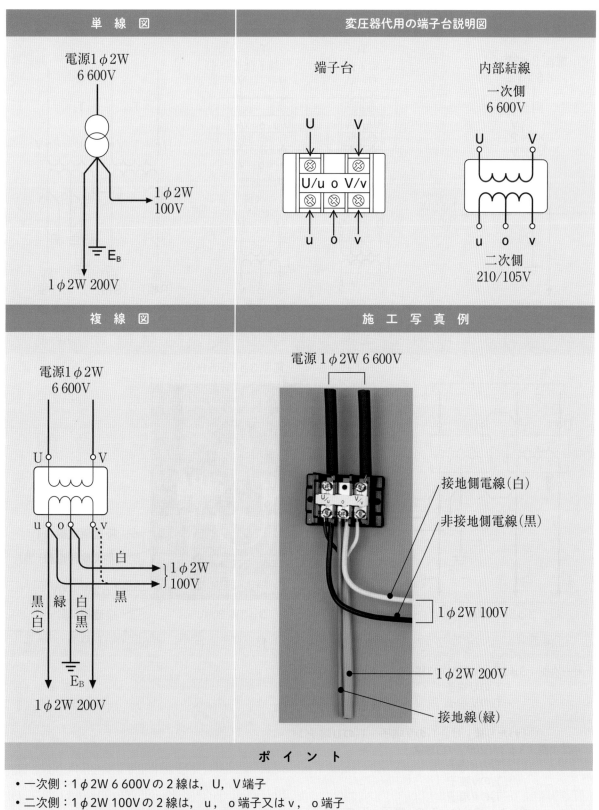

単 線 図	変圧器代用の端子台説明図

単線図

電源1φ2W
6 600V

1φ2W
100V

E_B

1φ2W 200V

変圧器代用の端子台説明図

端子台

U　V

U/u o V/v

u　o　v

内部結線

一次側
6 600V

U　　V

u　o　v

二次側
210/105V

複 線 図	施 工 写 真 例

複線図

電源1φ2W
6 600V

U　V

u　o　v

白

1φ2W
100V

黒

黒
（白）

緑

白
（黒）

E_B

1φ2W 200V

施工写真例

電源1φ2W 6 600V

接地側電線（白）

非接地側電線（黒）

1φ2W 100V

1φ2W 200V

接地線（緑）

ポ イ ン ト

- 一次側：1φ2W 6 600Vの2線は，U，V端子
- 二次側：1φ2W 100Vの2線は，u，o端子又はv，o端子
  - o端子は，接地側電線で白色線を使用
  - 1φ2W 200Vの2線は，u，v端子
- 二次側のB種接地工事：o端子で緑色線を使用

● 単相変圧器(2台)のV−V結線(電灯・動力用)

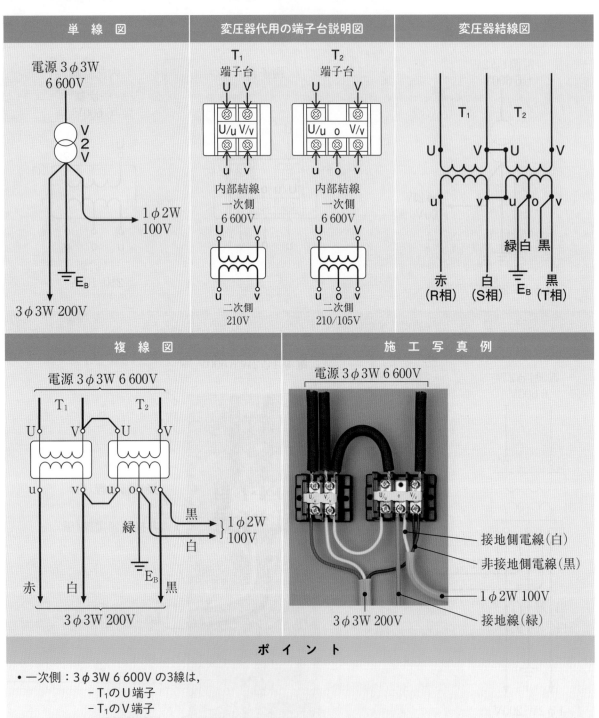

単 線 図	変圧器代用の端子台説明図	変圧器結線図

単線図

電源 3φ3W
6 600V

1φ2W
100V

3φ3W 200V

変圧器代用の端子台説明図

T₁ 端子台　　T₂ 端子台

内部結線
一次側
6 600V

二次側
210V

内部結線
一次側
6 600V

二次側
210/105V

変圧器結線図

T₁　T₂

緑白黒

赤　　白　　　　黒
(R相)　(S相)　(T相)

複 線 図	施 工 写 真 例

複線図

電源 3φ3W 6 600V

T₁　T₂

黒
1φ2W
緑　　100V
白

赤　　白　　　　黒

3φ3W 200V

施工写真例

電源 3φ3W 6 600V

接地側電線(白)
非接地側電線(黒)
1φ2W 100V
接地線(緑)

3φ3W 200V

ポ イ ン ト

- 一次側：3φ3W 6 600V の3線は，
  - T₁のU端子
  - T₁のV端子
  - T₂のV端子
  「わたり線」は，T₁のV端子〜T₂のU端子
- 二次側：3φ3W 200V の3線は，
  - T₁のu端子
  - T₁のv端子
  - T₂のv端子
  「わたり線」は，T₁のv端子〜T₂のu端子
  1φ2W 100V の2線は，T₂のv，o端子
  T₂のo端子は，接地側電線で白色線を使用
- 二次側のB種接地工事：T₂のo端子で緑色線を使用

● 三相変圧器（1台）の結線

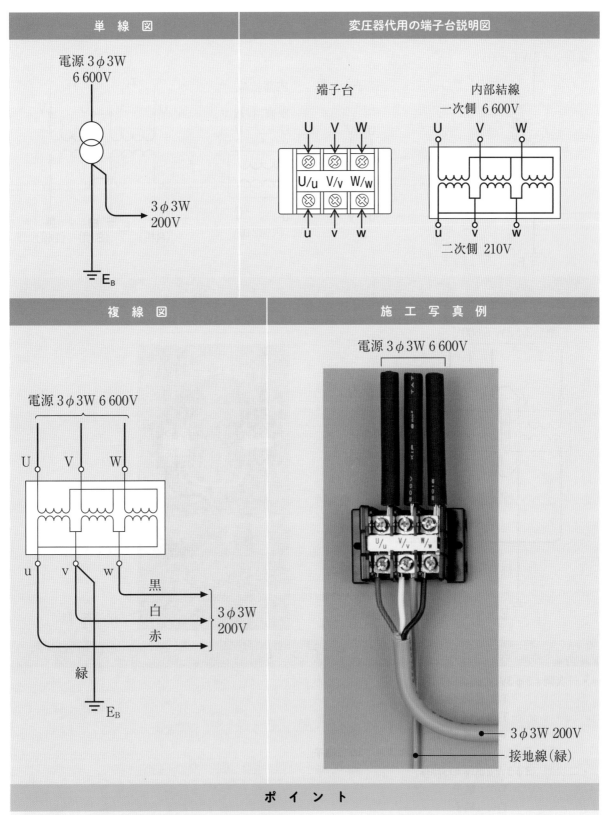

| 単 線 図 | 変圧器代用の端子台説明図 |

電源 3φ3W
6 600V

3φ3W
200V

E_B

端子台　　　　　内部結線
一次側　6 600V

U V W　　　　　　U V W

U/u V/v W/w

u v w　　　　　　u v w

二次側　210V

| 複 線 図 | 施 工 写 真 例 |

電源 3φ3W 6 600V

U V W

u v w

黒
白　　3φ3W
　　　200V
赤

緑

E_B

電源 3φ3W 6 600V

3φ3W 200V
接地線（緑）

ポ イ ン ト

- 一次側：3φ3W 6 600Vの3線は，U，V，W端子
- 二次側：3φ3W 200Vの3線は，u，v，w端子
- 二次側のB種接地工事：v端子で緑色線を使用

● 単相変圧器(2台)のV−V結線(動力用)

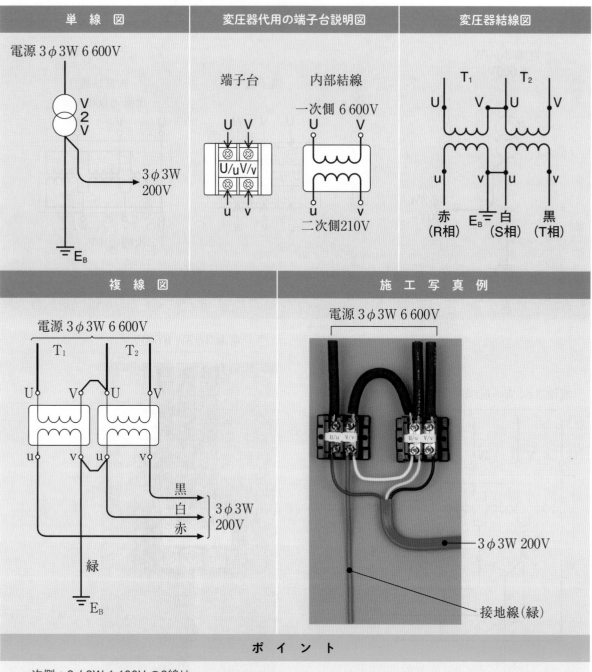

単 線 図

電源 3φ3W 6 600V

V2V

3φ3W
200V

E_B

変圧器代用の端子台説明図

端子台

U V

U/u V/v

u v

内部結線

一次側 6 600V

U V

u v

二次側210V

変圧器結線図

T_1   T_2

U V U V

u v u v

赤   白   黒
(R相) E_B (S相)   (T相)

複 線 図

電源 3φ3W 6 600V

T_1   T_2

U V U V

u v u v

黒
白 3φ3W
赤 200V

緑

E_B

施 工 写 真 例

電源 3φ3W 6 600V

3φ3W 200V

接地線(緑)

ポ イ ン ト

- 一次側：3φ3W 6 600V の3線は，
  - T_1のU端子
  - T_2のU端子
  - T_2のV端子

  「わたり線」は，T_1のV端子〜T_2のU端子

- 二次側：3φ3W 200V の3線は，
  - T_1のu端子
  - T_2のu端子
  - T_2のv端子

  「わたり線」は，T_1のv端子〜T_2のu端子

- 二次側のB種接地工事：T_1のv端子で緑色線を使用

● 単相変圧器(3台)の△－△結線

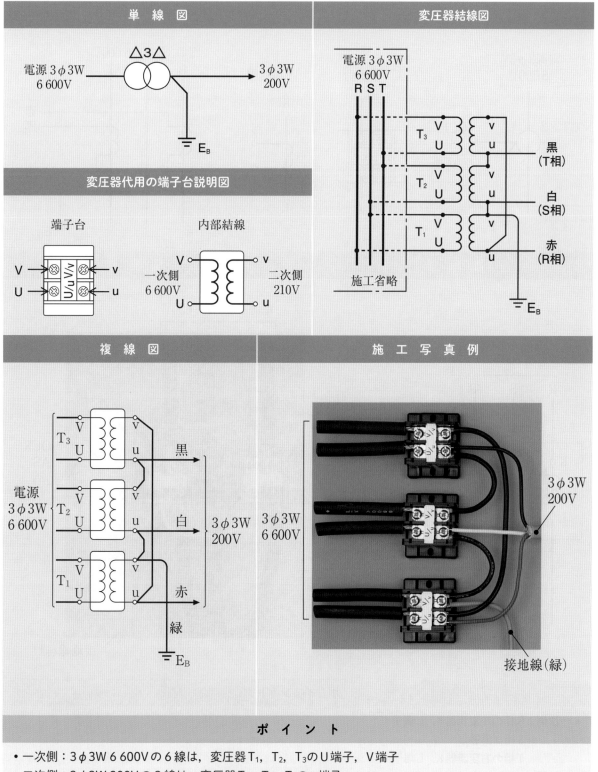

単線図

電源 3φ3W 6 600V — △3△ — 3φ3W 200V E_B

変圧器結線図

電源 3φ3W 6 600V R S T — T_3 / T_2 / T_1 — 黒(T相) 白(S相) 赤(R相) 施工省略 E_B

変圧器代用の端子台説明図

端子台 — V U / v u

内部結線 — 一次側 6 600V V U / 二次側 210V v u

複線図

電源 3φ3W 6 600V — T_3 / T_2 / T_1 — 黒 白 赤 → 3φ3W 200V 緑 E_B

施工写真例

3φ3W 6 600V 3φ3W 200V 接地線(緑)

ポ イ ン ト

- 一次側：3φ3W 6 600Vの6線は，変圧器T_1，T_2，T_3のU端子，V端子
- 二次側：3φ3W 200Vの3線は，変圧器T_1，T_2，T_3のu端子
  「わたり線」は，変圧器T_1のv端子～変圧器T_2のu端子
  変圧器T_2のv端子～変圧器T_3のu端子
  変圧器T_3のv端子～変圧器T_1のu端子
- 二次側のB種接地工事：変圧器T_1のv端子で緑色線を使用

● 変流器（2台）の結線

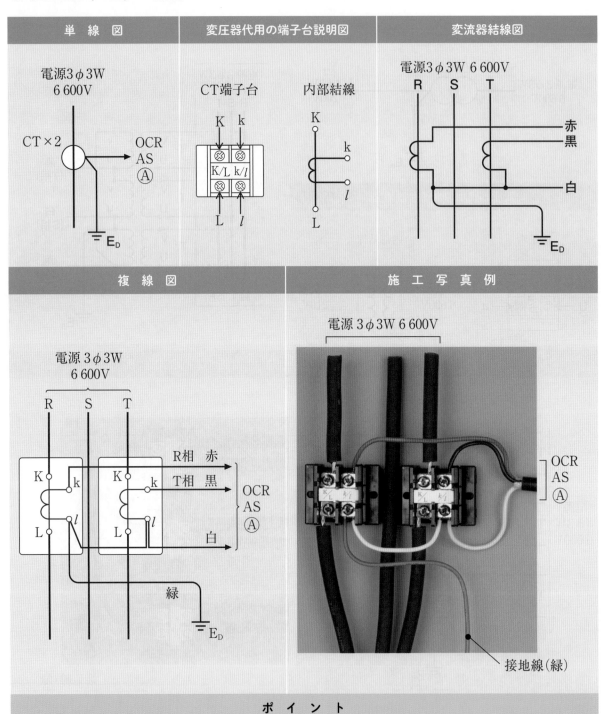

| 単　線　図 | 変圧器代用の端子台説明図 | 変流器結線図 |

電源3φ3W
6 600V

CT×2　　　OCR
AS
Ⓐ

Eᴅ

CT端子台　　　内部結線

K　k

K/L　k/l

L　l

K
k
l
L

電源3φ3W 6 600V
R　S　T

赤
黒

白

Eᴅ

| 複　線　図 | 施　工　写　真　例 |

電源3φ3W
6 600V
R　S　T

K　　k　　K　　k

R相　赤
T相　黒

OCR
AS
Ⓐ

L　　l　　L　　l

白

緑

Eᴅ

電源3φ3W 6 600V

OCR
AS
Ⓐ

接地線（緑）

ポ　イ　ン　ト

- 一次側：R相の左変流器K，L端子
　　　　　S相は素通し
　　　　　T相の右変流器K，L端子
- 二次側：R相の左変流器k端子から1線
　　　　　T相の右変流器k端子から1線
　　　　　右変流器l端子から1線
　　　　　「わたり線」は，左変流器l端子〜右変流器l端子
- 二次側のD種接地工事：左変流器l端子で緑色線を使用

● 計器用変圧器(2台)のV−V結線

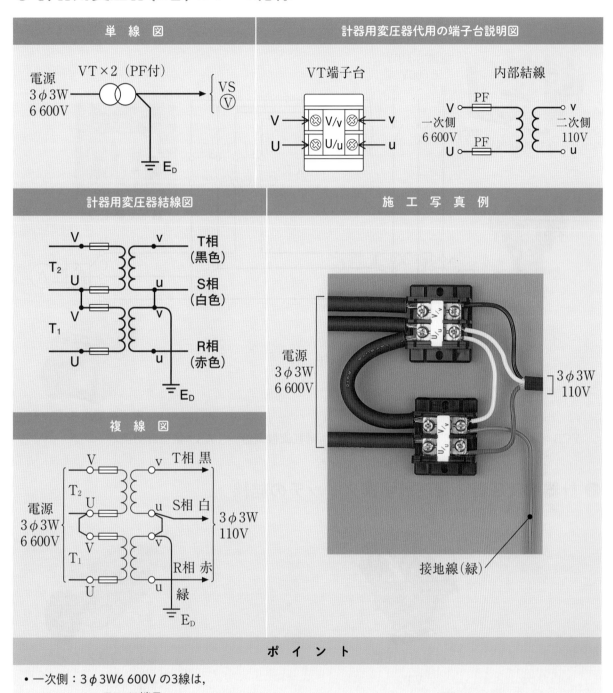

単 線 図	計器用変圧器代用の端子台説明図

電源
3φ3W
6 600V
VT×2（PF付）
VS
Ⓥ
E_D

VT端子台
V → ⊗ V/v ⊗ ← v
U → ⊗ U/u ⊗ ← u

内部結線
一次側
6 600V
V PF v
U PF u
二次側
110V

計器用変圧器結線図

T_2
V v T相（黒色）
U u S相（白色）
T_1
V v
U u R相（赤色）
E_D

複線図

電源
3φ3W
6 600V
T_2
V v T相 黒
U u S相 白
T_1
V v
U u R相 赤
緑
E_D
3φ3W
110V

施 工 写 真 例

電源
3φ3W
6 600V
3φ3W
110V
接地線（緑）

ポ イ ン ト

- 一次側：3φ3W6 600V の3線は，
  - T_1のU端子
  - T_2のU端子
  - T_2のV端子

  「わたり線」は，T_1のV端子〜T_2のU端子
- 二次側：3φ3W 110V の3線は，
  - T_1のu端子
  - T_2のu端子
  - T_2のv端子

  「わたり線」は，T_1のv端子〜T_2のu端子
- 二次側のD種接地工事：T_1のv端子で緑色線を使用

● 変流器・過電流継電器・電流計切換スイッチの結線

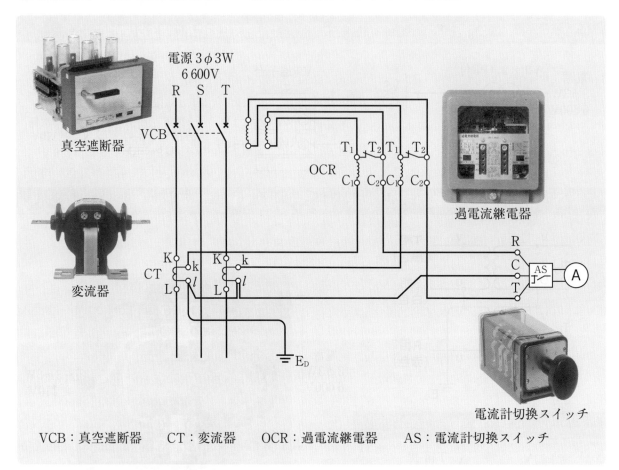

VCB：真空遮断器　　CT：変流器　　OCR：過電流継電器　　AS：電流計切換スイッチ

● 計器用変圧器・電圧計切換スイッチの結線

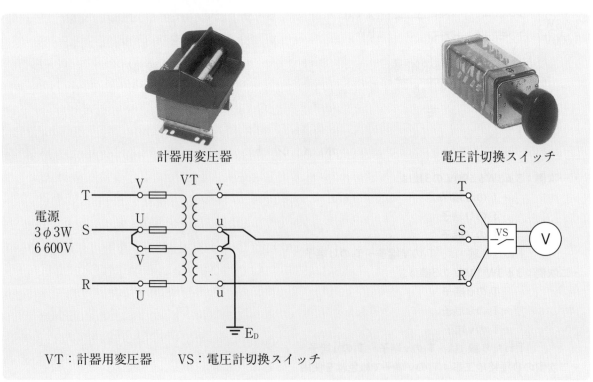

VT：計器用変圧器　　VS：電圧計切換スイッチ

2 電灯回路（電灯配線工事）

［端子台代用の機器・器具］

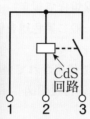

● 自動点滅器

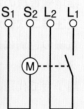

● タイムスイッチ（4端子）

［実物の機器・器具］

● 配線用遮断器

● ランプレセプタクル

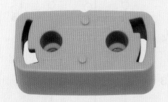

● 引掛シーリングローゼット

● 露出形コンセント

● 埋込連用コンセント

● 埋込連用接地極付コンセント

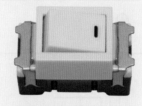

● 埋込連用片切スイッチ

● 埋込連用両切スイッチ

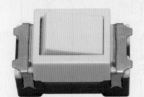

● 埋込連用3路スイッチ

● 埋込連用4路スイッチ

● 埋込連用パイロットランプ

● 基本回路・複合回路

- 電灯配線の電源は，単相2線式100V（1φ2W 100V）である．
- 1φ2W 100Vの電源には，**接地側電線と非接地側電線**がある．
- **接地側電線の電線の色別は，白色線を使用する**（内線規程で規定）．
- **変圧器二次側からの非接地側電線の電線の色別は，一般に黒色線を使用する．**
- 電線の色別は，絶縁被覆の色を使用する．
- タイムスイッチ，自動点滅器などの器具は，端子台で代用されている．
- 端子台で代用される器具については，「器具代用の端子台説明図」，「器具の内部結線」などが示される．

次図に電灯配線の基本回路（**イ～リ**）と複合回路（**ヌ～カ**）を示す．電灯配線では，電源の2線間（非接地側電線と接地側電線）に，電灯，点滅器，コンセント，自動点滅器などが接続されている．その接続の順序，各器具の極性を理解していれば問題の配線図（単線図）を複線図に書き直すことができる．実際の試験問題では，基本回路を2～3個組み合わせて出題される．

複合回路では，「100V負荷側の展開接続図」として**ヌ～カ**のような電源2線間の回路の接続が示されているので，その指示回路で複線図の書き換えを行わなければならない．

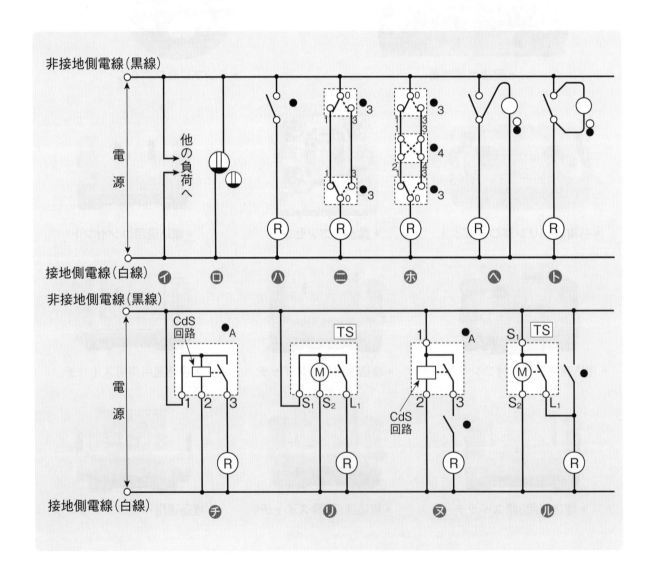

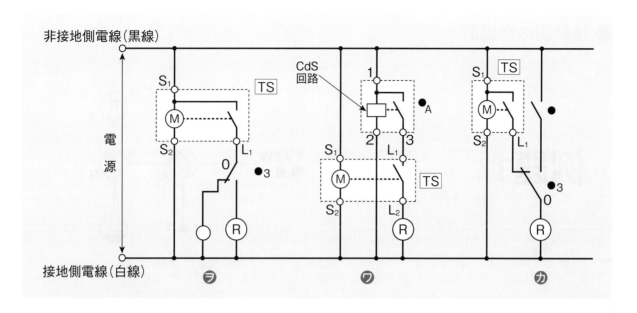

イ：他の負荷への電源送り回路

ロ：コンセント回路，確認表示灯（パイロットランプ）の常時点灯回路

ハ：電灯1灯の点滅回路

ニ：3路スイッチによる電灯の2カ所点滅回路

ホ：3路スイッチと4路スイッチによる電灯の3カ所点滅回路

ヘ：電灯と確認表示灯（パイロットランプ）の同時点滅回路

ト：電灯と確認表示灯（パイロットランプ）の異時点滅回路

チ：自動点滅器による電灯の点滅回路

リ：タイムスイッチによる電灯の点滅回路

ヌ：自動点滅器と片切スイッチの動作による電灯の点滅回路

ル：タイムスイッチ又は片切スイッチによる電灯の点滅回路

ヲ：タイムスイッチと3路スイッチの切り換えによる確認表示灯（パイロットランプ）又は電灯の点滅回路

ワ：自動点滅器とタイムスイッチの動作による電灯の点滅回路

カ：3路スイッチの切り換えで，タイムスイッチ又は片切スイッチによる電灯の点滅回路

● 複線図の書き換え手順・要領

（1）　問題の配線図（単線図）の配置に従って，電源及び器具の略図を書く．

・電源の非接地側電線は点滅器側に，接地側電線は電灯（負荷）側に配置して書いておくと，線の交差が少なくなり図が見やすい．

（2）　基本回路のイ，ロがある場合は，最初に，それらに電源の2線を書く．

（3）　次にハ～カのいずれかがある場合は，その回路の電源からの非接地側電線から接地側電線に向かって配線経路に従って各器具への接続を順次に書いていく．

（4）　ジョイントボックスやアウトレットボックス内の電線の接続点に●印を付ける（接続点を明らかにする）．

（5）　電線の色別を記入する（「施工条件」に注意する）．

・電源の接地側電線に直接接続されている線は，すべて白色にする．

・電源の非接地側電線に直接接続されている線は，すべて黒色にする．

・上記以外の線は，余った線の色にする．

● 複線図の作成例

例題1

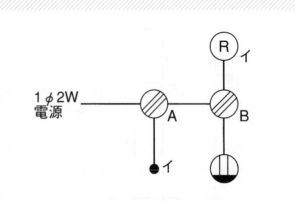

手順1

電源及び各器具の配置略図を書く（図1）.

手順2

基本回路▣より，電源からコンセントに2線を書く（図2）.

手順3

基本回路▲より，非接地側電線から接地側電線までの接続を配線経路に従って書く（図3）.
- 非接地側電線（ジョイントボックスAにある）
 －①→点滅器イ－②→電灯Ⓡ－③→接地側電線
 （ジョイントボックスBにある）

手順4

ジョイントボックス内の電線の接続点に●印を付ける（図4）.

手順5

各電線の色別を記入する（図4）.
- 接地側電線に直接接続されている線は，白色線
- 非接地側電線に直接接続されている線は，黒色線
- 上記以外の線は，余った線の色

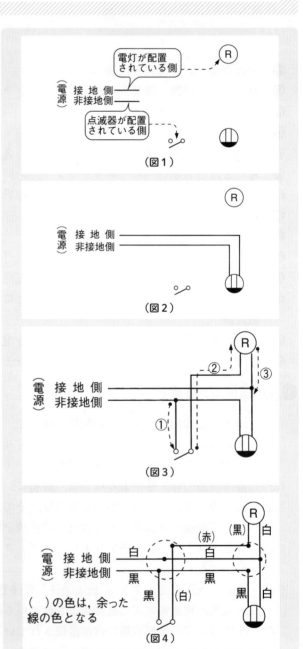

例題2

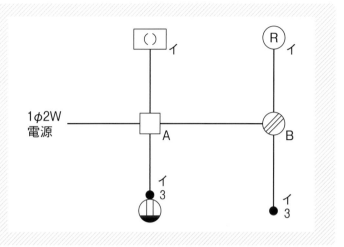

1φ2W 電源

手順1

電源及び各器具の配置略図を書く（図1）.

手順2

基本回路◙より，電源からコンセントに2線を書く（図1）.

手順3

基本回路▣より，非接地側電線から，接地側電線までの接続を配線経路に従って書く（図2）.

- 非接地側電線（コンセントから「わたり線」を取る）−①→3路スイッチの「共通端子0」
- 「わたり端子1，3」−②→他方の3路スイッチの「わたり端子1，3」
- 「共通端子0」−③→2灯の電灯−④→接地側電線（アウトレットボックスAにある）

手順4

ボックス内の電線の接続点に●印を付ける（図3）.

手順5

各電線の色別を記入する（図3）.

- 接地側電線に直接接続されている線は，白色線
- 非接地側電線に直接接続されている線は，黒色線
- 上記以外の線は，余った線の色

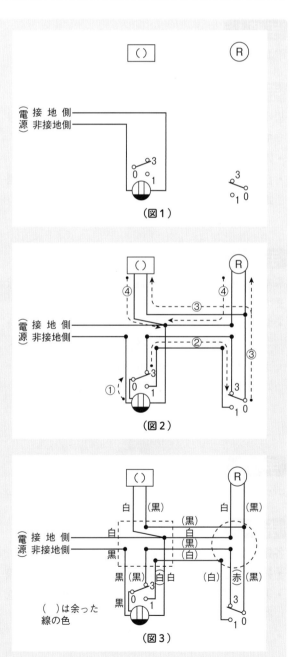

例題3

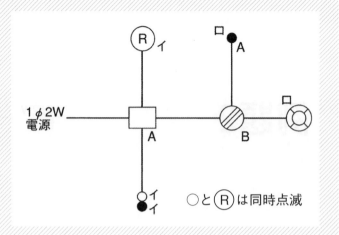

1φ2W 電源

○と(R)は同時点滅

手順1

電源及び各器具の配置略図を書く（図1）.

手順2

基本回路**チ**より，非接地側電線から，接地側電線までの接続を配線経路に従って書く（図1）.

- 電源－①→自動点滅器の端子1，2
- 自動点滅器の端子3－②→屋外灯－③→接地側電線（ジョイントボックスBにある）

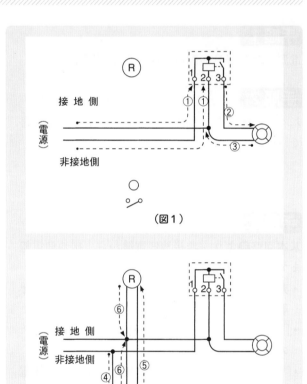

（図1）

手順3

基本回路**ヘ**より，非接地側電線から，接地側電線までの接続を配線経路に従って書く（図2）.

- 非接地側電線（アウトレットボックスAにある）－④→点滅器イ－⑤→確認表示灯（パイロットランプ）○，電灯(R)－⑥→接地側電線（アウトレットボックスAにある）

（図2）

手順4

ボックス内の電線の接続点に●印を付ける（図3）.

手順5

各電線の色別を記入する（図3）.

- 接地側電線に直接接続されている線は，白色線
- 非接地側電線に直接接続されている線は，黒色線
- 上記以外の線は，余った線の色

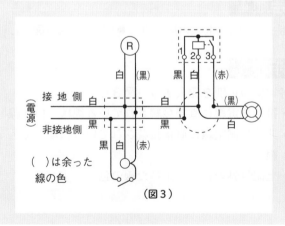

（ ）は余った線の色

（図3）

38　第2編　配線図の整理

3　動力回路（電動機などの動力配線工事）

　動力回路では，❶3極開閉器による動力回路，❷電磁開閉器，押しボタンスイッチによる三相誘導電動機の運転・停止回路が出題されている．
- 電動機などの動力配線の電源は，三相3線式200V（3φ3W 200V）である．
- 3極開閉器，電磁開閉器などの器具は，「端子台」で代用されている．
- 「端子台」で代用される器具では，「器具代用の端子台説明図」，「器具の内部結線」などが示される．

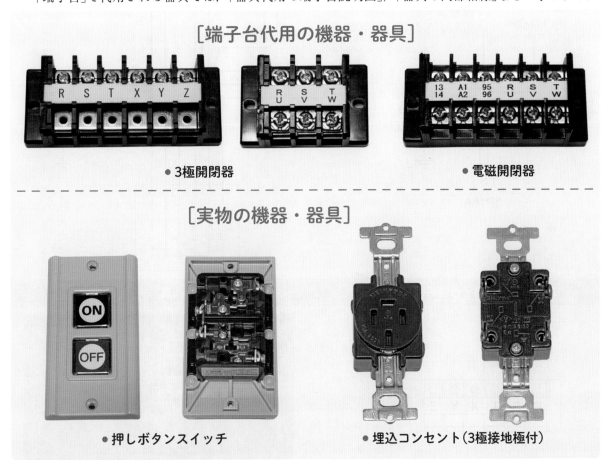

［端子台代用の機器・器具］

- 3極開閉器
- 電磁開閉器

［実物の機器・器具］

- 押しボタンスイッチ
- 埋込コンセント（3極接地極付）

● 電動機の制御回路

　電動機の運転で，電磁開閉器（電磁接触器）を使用した回路では，制御回路図が示されるので，制御回路図の理解が必要となる．
　制御回路図は，次の約束で書かれている．
- 図記号は電気用図記号（JIS C 0617），各機器は電気技術文書（JIS C 1082）の文字記号又は自動制御器具番号（JEM 1090）の番号が使われている．
- 制御電源は，図の上下2線（縦書き）又は左右2線（横書き）で書かれている．一般には，縦書きが多い．
- 制御回路は，動作順序を重点に書かれている．したがって，各機器の機能は切り離されて書かれている．
- 各機器の切り離された機能には，同一の文字記号又は番号を記して同一機器であることを示している．
- 動作順序は，原則として，左から右へ，上から下へと書かれている．
- 各機器は，すべて動作していない状態（外部入力は無し）で書かれている．

● 3極開閉器による動力用コンセント（接地極付）の入・切回路

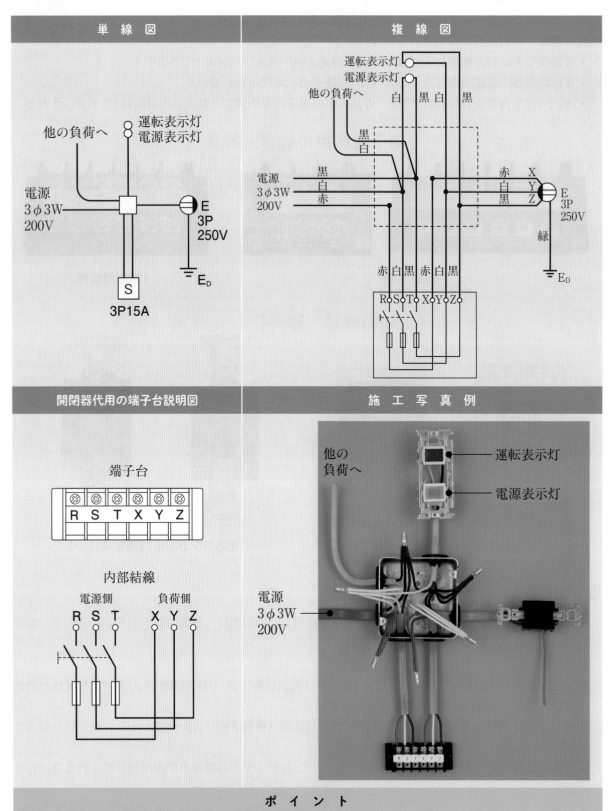

単線図	複線図

開閉器代用の端子台説明図

端子台

内部結線

電源側　　負荷側
R　S　T　　X　Y　Z

施 工 写 真 例

ポイント

- 「施工条件」での電源のR，S，T相における電線の色別指定に注意する．
- 「施工条件」での電源〜開閉器〜コンセントの各端子における組み合わせの指定に注意する．
- 「施工条件」での他の負荷及び表示灯の接続の指定に注意する．

● 3極開閉器による電動機の運転・停止回路

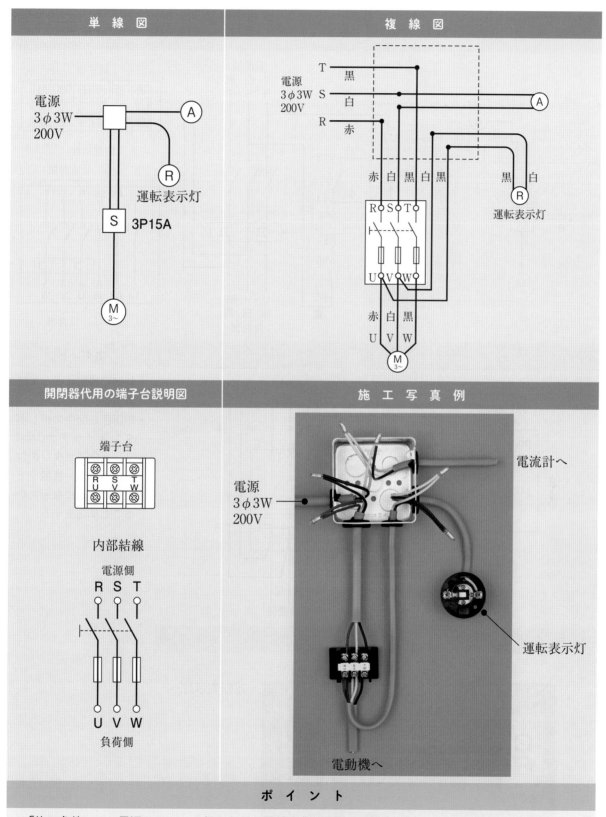

単線図

電源
3φ3W
200V

Ⓐ

Ⓡ
運転表示灯

Ⓢ 3P15A

Ⓜ
3～

複線図

電源
3φ3W
200V

T 黒
S 白
R 赤

Ⓐ

赤 白 黒 白 黒

R S T

U V W

黒 白

Ⓡ
運転表示灯

赤 白 黒
U V W

Ⓜ
3～

開閉器代用の端子台説明図

端子台

| R | S | T |
| U | V | W |

内部結線

電源側
R S T

U V W
負荷側

施 工 写 真 例

電流計へ

電源
3φ3W
200V

運転表示灯

電動機へ

ポ イ ン ト

- 「施工条件」での電源のR, S, T相における電線の色別指定に注意する.
- 「施工条件」での電源～開閉器～電動機の各端子における組み合わせの指定に注意する.
- 「施工条件」での電流計及び運転表示灯の接続の指定に注意する.

● 電磁開閉器，押しボタンスイッチによる電動機の運転・停止回路

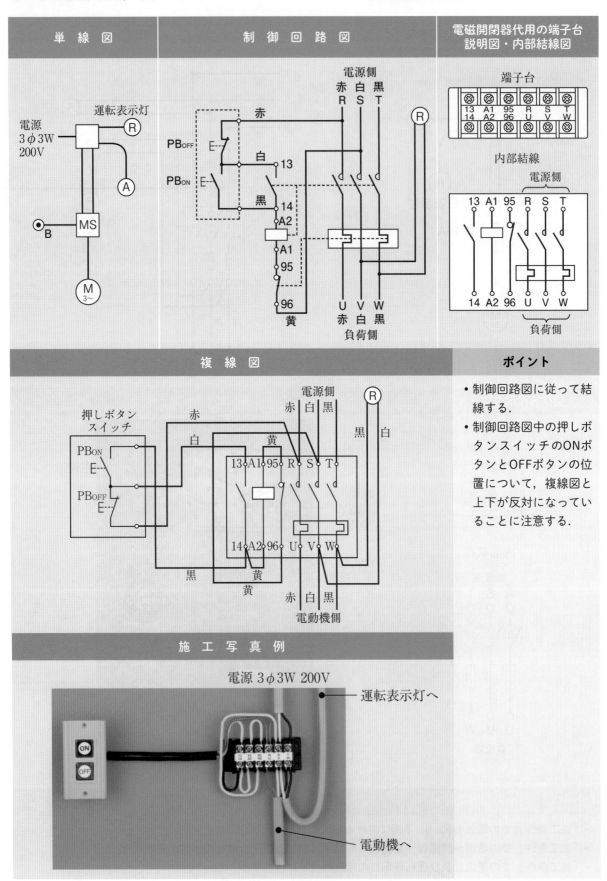

単　線　図	制　御　回　路　図	電磁開閉器代用の端子台 説明図・内部結線図

ポイント

- 制御回路図に従って結線する．
- 制御回路図中の押しボタンスイッチのONボタンとOFFボタンの位置について，複線図と上下が反対になっていることに注意する．

複　線　図

施　工　写　真　例

電源 3φ3W 200V

運転表示灯へ

電動機へ

基本作業の要点

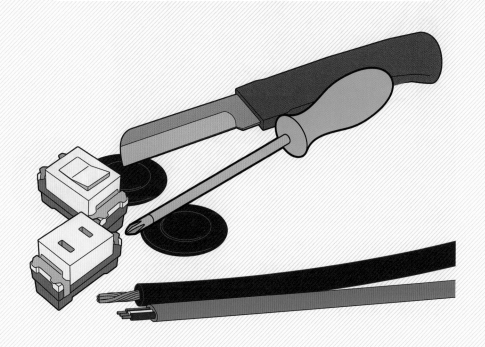

課題寸法の考え方

1 寸法とは

技能試験問題の配線図には，寸法が示されています．

これは，ケーブルのシース（外装）の長さや器具の端からジョイントボックスまでの寸法を示すものではなく，次のものを示します．

- 器具の中心からアウトレットボックス，VVF用ジョイントボックスの中心
- アウトレットボックスの中心からVVF用ジョイントボックスの中心
- 電線の端から器具，アウトレットボックス，VVF用ジョイントボックスの中心

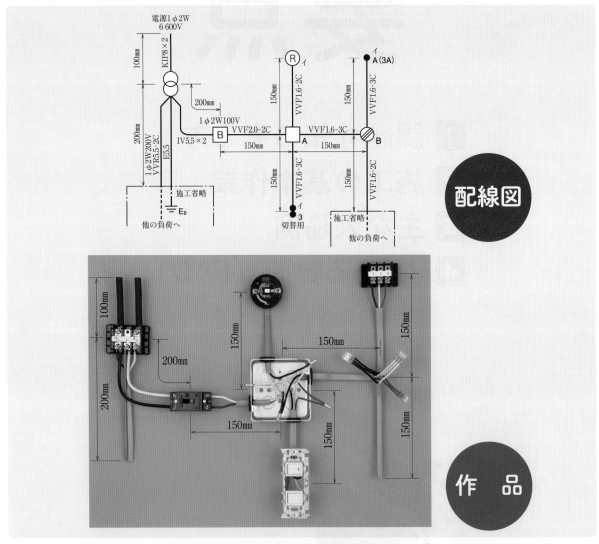

シースのはぎ取り寸法や作業の進め方等には，多少の差異がありますが，あまり気にすることはありません．寸法で欠陥になるものは，示された寸法の50％以下の場合です．

重要なことは，「寸法が示された寸法の50％を超えるようにして，欠陥にならないようにする」「やりやすい作業で，速く作業を進める」ことの2点です．

● 作業手順による違い

　作品を示された寸法に作成するための作業手順は，次の方法があります．
- ケーブルを必要な長さに切断してから，器具付けをする方法
- ケーブルに器具付けをしてから，必要な長さに切断する方法

● ケーブルを必要な長さに切断してから，器具付けをする方法

　配線図に「示された寸法」に，「器具に結線するのに必要な長さ」と「電線を接続するのに必要な長さ」を加え，必要な長さを計算してケーブルを切断します．ケーブルを切断した後に，電線を器具に結線して，VVF用ジョイントボックスやアウトレットボックスで，電線を接続できるように加工します．

　前ページのランプレセプタクルに結線するケーブルは，次の手順で加工します．

1 支給されたVVF1.6-2Cを，計算した必要な長さに切断する．

　　必要な長さ＝示された寸法150mm＋器具に結線するのに必要な長さ50mm

　　　　　　　　　　　　　　　　＋電線を接続するのに必要な長さ100mm＝300mm

2 ランプレセプタクルに結線して，電線を接続できるようにする．

● ケーブルに器具付けをしてから，必要な長さに切断する方法

　支給されたケーブルを器具に結線してから，電線を接続できるように切断します．

　前ページのランプレセプタクルに結線するケーブルは，次の手順で加工します．

1 支給されたVVF1.6-2Cを，ランプレセプタクルに結線する．

2 ランプレセプタクルの中心から示された寸法150mmに，電線を接続するのに必要な100mmを加えた値で電線を切断して，電線を接続できるようにする．

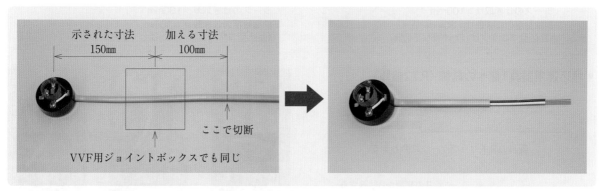

● 作業手順による特徴

作業手順	特　徴
必要な長さに切断してから，器具付けをする	・狭いところでも作業しやすい． ・寸法の計算は簡単である． ・示された寸法と多少の誤差が生じる場合がある．
ケーブルに器具付けをしてから，必要な長さに切断する	・長いままケーブルを扱うので作業しにくい． ・切断する寸法を計算する必要がない． ・示された寸法のとおりに作ることができる．

ケーブルの寸法取り／シースと絶縁被覆のはぎ取り

初心者が作業をするときの目安となるように，低圧配線回路のケーブルを切断する寸法及びシースと絶縁被覆のはぎ取り寸法の出し方を示します．

● ケーブルの切断寸法

課題の寸法は，器具やボックスの中心から中心で示されています．ケーブルを切断する寸法は，配線図に示された寸法に次の表の値を加えたものとします．

ケーブルを接続するボックス・結線する器具		加算する寸法
ジョイントボックス	VVF用ジョイントボックス アウトレットボックス	100mm
埋込器具（スイッチボックス）	埋込連用スイッチ 埋込連用コンセント 埋込連用パイロットランプ	1箇所 50mm
露出配線器具・照明器具	露出形コンセント ランプレセプタクル 引掛シーリングローゼット	
埋込連用器具でわたり線を必要とする場合	一般の場合	100mm
	黒線のわたり線が2本必要な場合	150mm
端子台（1個） 配線用遮断器	タイムスイッチの代用 自動点滅器の代用 その他の代用	加算しない

● ケーブルのシースと絶縁被覆のはぎ取り寸法

●VVF用ジョイントボックス内での接続（P.61参照）

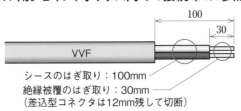

シースのはぎ取り：100mm
絶縁被覆のはぎ取り：30mm
（差込型コネクタは12mm残して切断）

●アウトレットボックス内での接続（P.62参照）

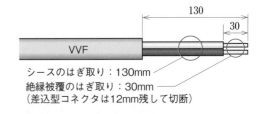

シースのはぎ取り：130mm
絶縁被覆のはぎ取り：30mm
（差込型コネクタは12mm残して切断）

●埋込連用器具1個への結線（P.72参照）

器具のストリップゲージに合わせる

※器具の側面から結線する
場合は75mmとする．

●埋込連用器具2個以上への結線（P.73参照）
（一般の場合）

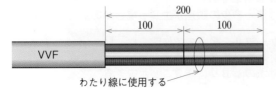

わたり線に使用する

（黒色のわたり線が2本必要な場合）

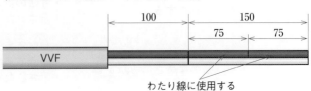

わたり線に使用する

● 露出形器具等への結線

1 ランプレセプタクル（P.65〜66参照）

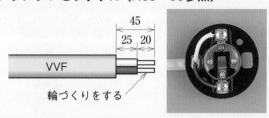

45
25　20

VVF

輪づくりをする

2 露出形コンセント（P.67〜68参照）

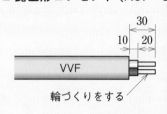

30
10　20

VVF

輪づくりをする

3 引掛シーリングローゼット（P.69〜70参照）

30
5

VVF

パナソニック製は10

4 配線用遮断器（P.75参照）

50

VVF

12

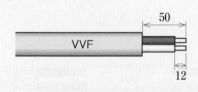

5 端子台（小）（P.76参照）

50

VVF

12

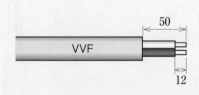

6 端子台（大）（P.77参照）

KIP
20

高圧側

⊗		⊗
U/u	o	V/v
⊗		⊗

端子台　大

低圧側

15　　　15

50

変圧器代用の端子台で
2つの端子台へ配線
50×2＝100mm
3つの端子台へ配線
50×3＝150mm

ケーブル　　絶縁電線

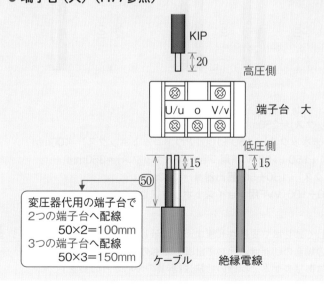

● ケーブルの切断寸法・シースと絶縁被覆のはぎ取り例

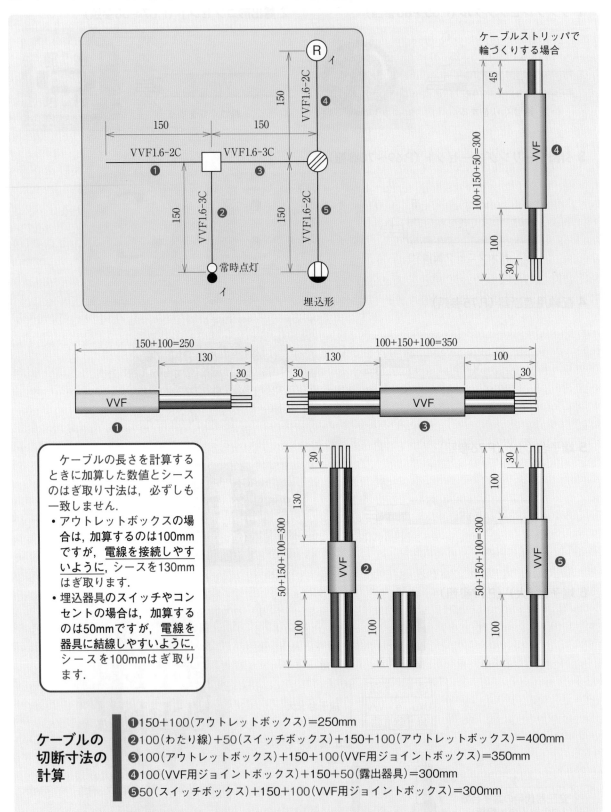

ケーブルの長さを計算するときに加算した数値とシースのはぎ取り寸法は，必ずしも一致しません.
- アウトレットボックスの場合は，加算するのは100mmですが，<u>電線を接続しやすいように</u>，シースを130mmはぎ取ります.
- 埋込器具のスイッチやコンセントの場合は，加算するのは50mmですが，<u>電線を器具に結線しやすいように</u>，シースを100mmはぎ取ります.

ケーブルの切断寸法の計算

❶150＋100（アウトレットボックス）＝250mm
❷100（わたり線）＋50（スイッチボックス）＋150＋100（アウトレットボックス）＝400mm
❸100（アウトレットボックス）＋150＋100（VVF用ジョイントボックス）＝350mm
❹100（VVF用ジョイントボックス）＋150＋50（露出器具）＝300mm
❺50（スイッチボックス）＋150＋100（VVF用ジョイントボックス）＝300mm

（注）ケーブルは必要長さを総合した長さで，1本もしくは2本で支給されます.上に示した切断寸法の計算は，長いまま支給されたケーブルを，左上図のような課題の場合の切断寸法として計算したものです.
（注）「シースの残った部分の長さ」＝「課題の寸法」ではありません.課題の寸法は「器具の中心からの長さ」です.

3 仕上がり寸法の決め方

● 絶縁電線・ケーブルの切断寸法とシース・絶縁被覆のはぎ取り寸法

　試験問題の施工作品を仕上げるための作業手順は，決められてはいません．

　各自の施工しやすい手順で行い，試験時間内で施工作品が完成すればよいのです．

　しかし，その都度，作業手順が異なるのではなく，一定の作業手順を各自でマスターしておくと作業をスムーズに進めることができます．

　絶縁電線・ケーブルの切断，シース・絶縁被覆のはぎ取りの寸法を決める方法を大別すると，

　1 絶縁電線・ケーブルの切断，シース・絶縁被覆のはぎ取りの各寸法の割り出しをはじめに決める方法

　2 各器具への結線の施工作業を進めながら絶縁電線・ケーブルの切断，シース・絶縁被覆の各寸法を決めていく方法

とがあります．どちらの方法で行っても，仕上がり寸法の誤差はほとんどありません．

　各自で，どちらの方法で施工するか決めておくのがよいでしょう．

　1の方法は公表問題（No.1〜No.10の問題）の中で「材料の寸法出し」（絶縁電線・ケーブルの切断寸法）の所に記した方法です．

　ここでは，上記の**2**の施工作業を進めながら決めていく方法について述べます．

● 器具とジョイントボックス（VVF用ジョイントボックス，アウトレットボックス）間のケーブル・絶縁電線の切断寸法とシース・絶縁被覆のはぎ取り寸法

● ケーブルの場合

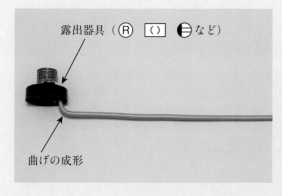

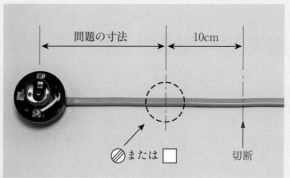

1 器具にケーブルを結線して曲げの成形をする．

2 器具の中心＋（問題の指定寸法）＋10cmの箇所でケーブルを切断する．

3 ボックス側のケーブルのシースをはぎ取る．はぎ取り寸法は，

　　・VVF用ジョイントボックスの場合：**10cm***

　　・アウトレットボックスの場合：**13cm***　　　　　　　　　　　　*寸法の違いについては，P.51を参照

　■ボックス内の絶縁被覆のはぎ取り寸法は，

　　・リングスリーブによる圧着接続の場合：**3cm**

　　・差込形コネクタによる接続の場合：**3cm**はぎ取る→ストリップゲージに合わせて切る．

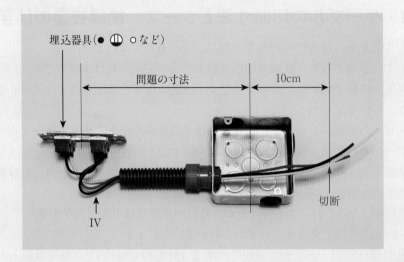

1 器具にIV線を接続してスイッチボックスに収まる曲げの成形をして,電線管に通線する.

2 ボックスの中心+10cmの箇所でIV線を切断する.

■ ボックス内の絶縁被覆のはぎ取り寸法は,

- リングスリーブによる圧着接続の場合:3cm
- 差込形コネクタによる接続の場合:3cmはぎ取る→ストリップゲージに合わせて切る.

● ジョイントボックス(VVF用ジョイントボックス,アウトレットボックス)間のケーブル切断寸法とシースのはぎ取り寸法

● VVF用ジョイントボックス間の場合

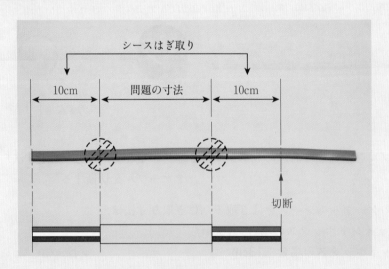

1 (問題の指定寸法)+20cmでケーブルを切断する.

2 シースの両端をはぎ取る.はぎ取り寸法は,

- 両端:10cm

● VVF用ジョイントボックスとアウトレットボックスの場合

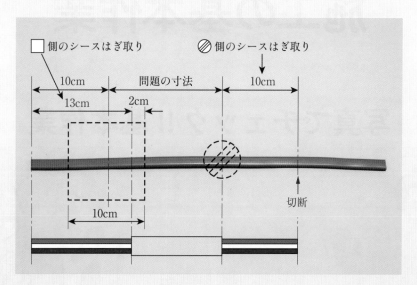

1 （問題の指定寸法）＋20cmでケーブルを切断する．

2 シースをはぎ取る．はぎ取り寸法は，
- VVF用ジョイントボックスの場合：**10cm**＊
- アウトレットボックスの場合：**13cm**＊

＊ VVF用ジョイントボックスとアウトレットボックスの場合のシースはぎ取り寸法の違い
- VVF用ジョイントボックスの場合，ボックス内の電線接続部にシース端が寄り集まった形で収まるため，シースのはぎ取りは，10cmとしている．
- アウトレットボックスの場合，ボックスの幅が約10cmあり，シース端がボックス内に約2cm入った形で収まるため，シースのはぎ取りは13cmとしている．

　前述の切断・シースのはぎ取り寸法の決め方**1**，**2**は，標準的なものである．その寸法に従って施工すれば，今までの経験では，支給材料の長さで不足したことはない．
　ただし，
- 器具付け部分やジョイントボックス内の電線接続部分でケーブルシースのはぎ取りを必要以上の長さで行ったとき
- 問題の指定寸法より，長い寸法で仕上がったとき

などの場合には，支給材料の長さでは不足することとなるので十分注意すること（絶縁電線・ケーブルの材料の追加支給はされない）．
　欠陥の判断基準では，問題の寸法の50％を超える寸法の仕上がりであれば欠陥とはならないので，
　　上記の**1**の寸法計算で電線・ケーブルの長さが不足する場合
　　　　　　2の作業方法で電線・ケーブルの長さが不足する心配がある場合
は，問題の寸法の箇所を少し短く（例えば，3cm程度）する．また，埋込器具部分やジョイントボックス内の電線接続部分のシースのはぎ取りを少し短く（例えば，2cm程度）するなど，全体的に少し短めに仕上げるという考え方をするとよい．

2

施工の基本作業

写真でチェック!! 基本作業

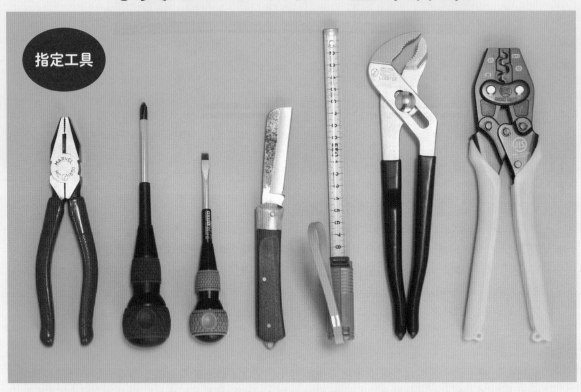

指定工具

● あると便利な工具

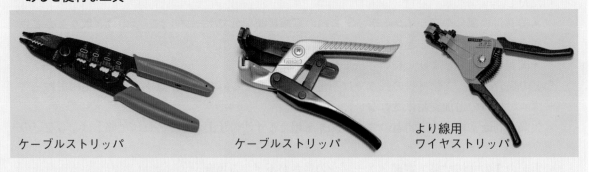

ケーブルストリッパ　　　　　ケーブルストリッパ　　　　より線用
　　　　　　　　　　　　　　　　　　　　　　　　　　　　ワイヤストリッパ

技能試験問題の施工作品を完成させるには，電線接続作業，ケーブル作業，合成樹脂管作業，金属管作業，機器・器具の取り付け・結線作業など多くの作業を正しい施工方法で，しかも手早く行う知識・技能を十分に習得しなければなりません．

　ここでは，各種施工方法について，実際の作業写真を示しながら説明します．

※ P.258に掲載のQRコードからインターネット（YouTube）にアクセスすると，一部の基本作業の様子を確認することができます．併せて活用ください．

1 VVFケーブルのシースのはぎ取り

● ナイフによる方法

1

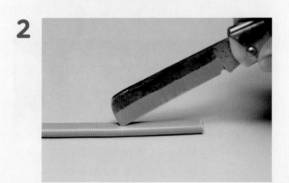

シースの周囲にナイフの刃を入れる.

2

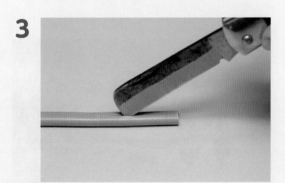

刃先をケーブルの中心に入れる.

3

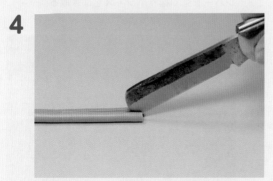

2mm程度押し込み,先端方向に移動させる.

4

先端手前の3cmのところで刃を深く差し込む.

5

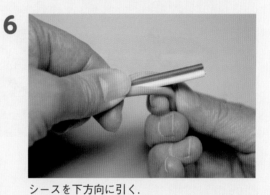

シースと絶縁電線に振り分ける.

6

シースを下方向に引く.

7

シースを引きちぎる.

8

電線が多少曲がるので,まっすぐ伸ばす.

● ケーブルストリッパによる方法 1

1

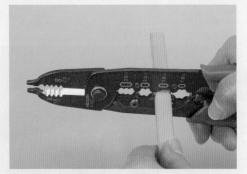

ケーブルを適切な刃の位置に入れる.

2

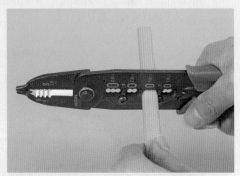

ケーブルストリッパの柄をしっかり握る.

3

柄を少し開く.

4

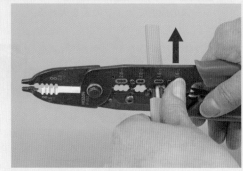

ケーブルを持っている方の親指でケーブルストリッパを押し, シースをはぎ取る.

● ケーブルストリッパによる方法 2

1

ケーブルストリッパの内側の刃に, シースをはぎ取りたい長さではさむ.

2

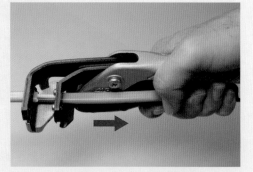

レバーを強く握り, シースをはぎ取る.

3

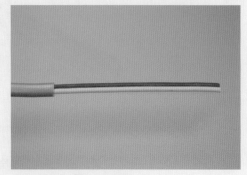

シースをはぎ取って完了.

2 VVR・CVVケーブルのシースのはぎ取り

1

VVRの場合は，シースの内部が抜けないように，ケーブルの端を曲げる．

2

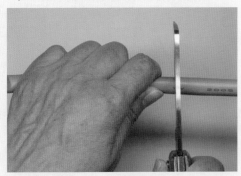

シースの周囲にナイフの刃を入れる．

3

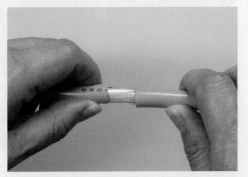

シースを引っ張って抜き取る．抜き取れない場合は，**4**〜**6**の手順ではぎ取る．

4

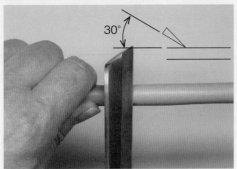

ナイフの刃を約30°の角度で入れる．

5

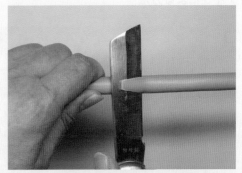

ケーブルの先端まで，中にある介在物に沿ってシースをそぎ取る．

6

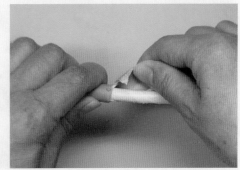

根元のシースをはぎ取る．

7

介在物をペンチで根元から切り取る．

8

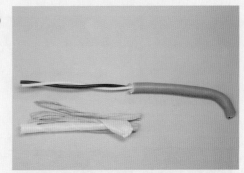

介在物を切り取って完成．

3 絶縁電線の絶縁被覆のはぎ取り

● ナイフによる方法

1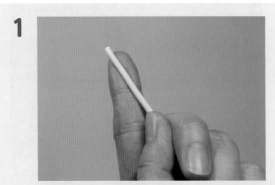

絶縁電線の下に指を添える.

2

ナイフの刃を30°の角度で入れる.

3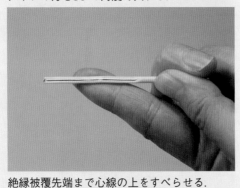

絶縁被覆先端まで心線の上をすべらせる.

4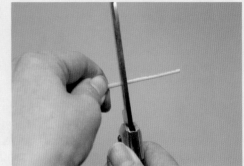

根元に刃を直角に当て，半周する.

5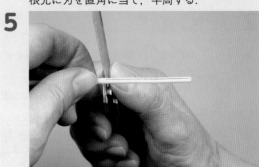

裏側も半周する.

6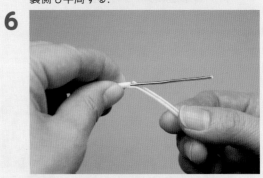

絶縁被覆先端を握り，引きちぎる.

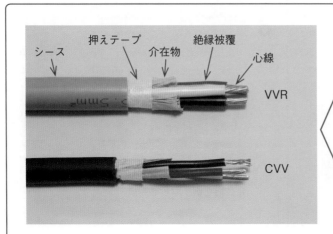

シース　押えテープ　絶縁被覆
　　　　　　介在物　　心線
VVR

CVV

VVR：600V ビニル絶縁ビニルシース
　　　ケーブル丸形

CVV：制御用ビニル絶縁ビニルシース
　　　ケーブル

● ケーブルストリッパによる方法1

1

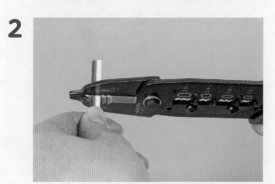

絶縁電線を適当な刃の位置に入れる.

2

ケーブルストリッパの柄をしっかり握る.

3

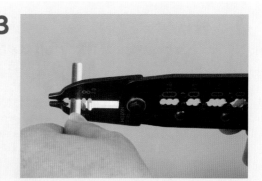

柄を少し開く.

4

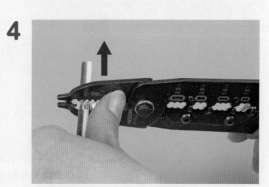

絶縁電線を持っている方の親指でケーブルスト
リッパを押し,絶縁被覆をはぎ取る.

● ケーブルストリッパによる方法2

1

ケーブルストリッパの外側の刃に,絶縁被覆を
はぎ取りたい長さではさむ.

2

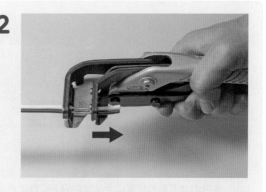

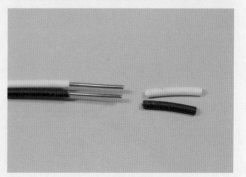

レバーを強く握り,絶縁被覆をはぎ取る.

● より線用ワイヤストリッパによる方法

1

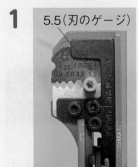
5.5（刃のゲージ）

はぎ取り寸法

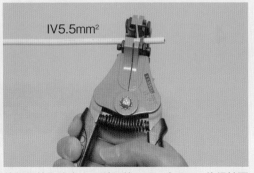
IV5.5mm²

絶縁電線を適合する断面積の刃に合わせ，絶縁被覆をはぎ取りたい長さではさむ．

2

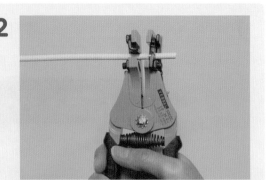

レバーを強く握って，絶縁被覆をはぎ取る．

4 高圧絶縁電線（KIP）の絶縁被覆のはぎ取り

1

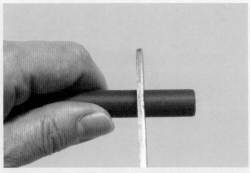

KIPのはぎ取り位置にナイフの刃を直角に当てる．

2

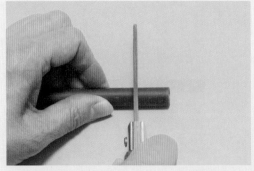

ナイフでKIPを押し転がしながら，心線の近くまで刃を入れる．

3

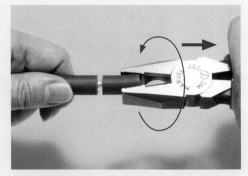

絶縁被覆をペンチで挟んで，心線のより方向に回しながら引き抜く．

5 リングスリーブによる電線接続

1

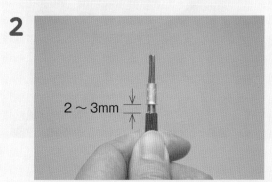

絶縁被覆を3cmはぎ取る.

2

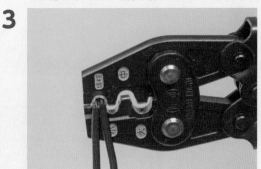

2〜3mm

絶縁被覆の先端を揃え，リングスリーブの広がった方を下にして心線に挿入する.

3

圧着ペンチの適合したダイスに，リングスリーブを入れる.

4

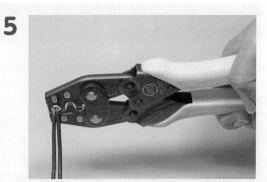

親指で絶縁被覆をかまないように押さえる.

5

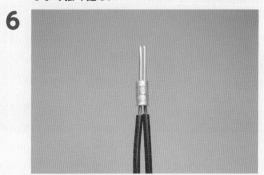

圧着ペンチの柄をダイスが自然に開くようになるまで強く握る.

6

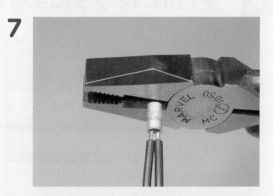

刻印を確認する.

7

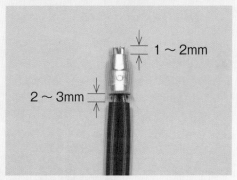

1〜2mm

2〜3mm

ペンチで心線の先端を1〜2mm残して切り落とす.

● 電線の組み合わせ・リングスリーブ・圧着ペンチの関係

電線の太さ・本数		リングスリーブ	圧着ペンチ	
			ダイス	マーク
1.6mm または 2 mm²	2本	小	1.6×2	○
	3〜4本			
2.0mm または 3.5mm²	2本	小	小	小
2.0mm× 1本 + 1.6mm×（1〜2）本				
3.5mm²× 1本 + 1.6mm×（1〜2）本				
2.0mm× 1本 + 1.6mm×（3〜5）本		中	中	中
2.0mm× 2本 + 1.6mm×（1〜3）本				
5.5mm²× 1本 + 1.6mm×（1〜3）本				
5.5mm²× 1本 + 2.0mm×（1〜2）本				
5.5mm²×2本				

リングスリーブ用圧着ペンチ

6 差込形コネクタによる電線接続

1

絶縁被覆を3cmはぎ取る.

2

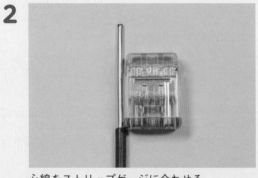

心線をストリップゲージに合わせる.

3

ストリップゲージ（約12mm）の長さに合わせて切断する.

4

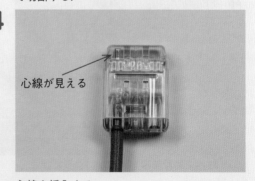

心線が見える

心線を挿入する.
心線が先端から見えるのを確認する.

● リングスリーブの場合

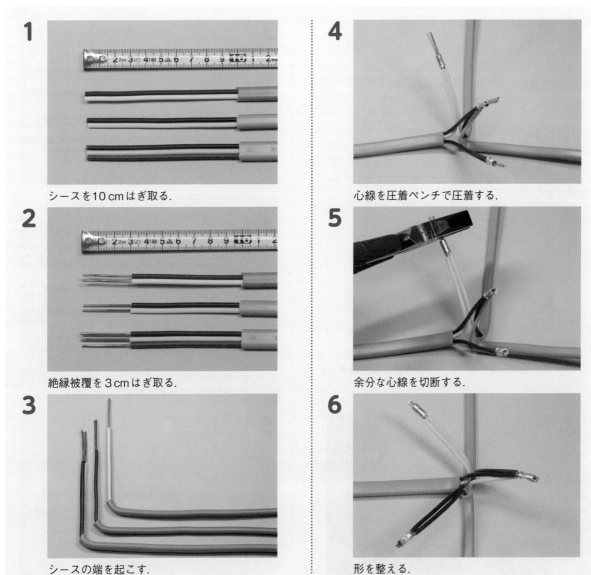

1 シースを10cmはぎ取る.

2 絶縁被覆を3cmはぎ取る.

3 シースの端を起こす.

4 心線を圧着ペンチで圧着する.

5 余分な心線を切断する.

6 形を整える.

● 差込形コネクタの場合

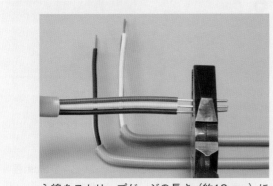

心線をストリップゲージの長さ（約12mm）に合わせて切断する.

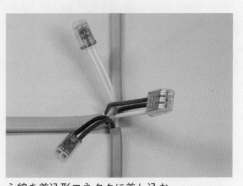

心線を差込形コネクタに差し込む.

1

ゴムブッシングに，ケーブルを通す切り込みを入れる．

2

ゴムブッシングを，ノックアウトに取り付ける．ゴムブッシングには，裏表はない．一般的には，上のように取り付ける．

3

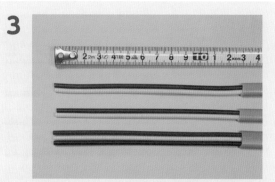

ケーブルのシースを13 cmはぎ取る．

4

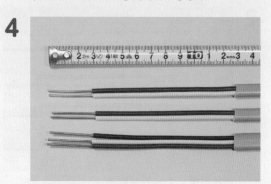

絶縁被覆を3 cmはぎ取る．

5

ケーブルをアウトレットボックスに引き込んで，線心を起こす．

6

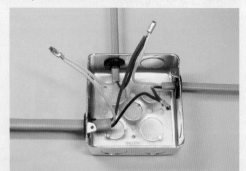

心線を圧着ペンチで圧着し，シースを2 cm程度ボックス内に挿入して，形を整える．

輪づくり

● ペンチによる方法

1
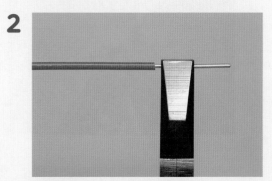
絶縁被覆を3cmはぎ取る.

2

絶縁被覆の端から3mm程度すきまを開けてペンチではさむ.

3
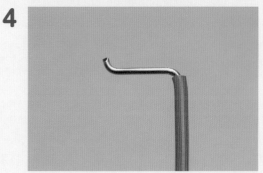
心線をクランク状に折り曲げる.

4
先端2mm程度曲がったところを残して切り落とす.

5

ペンチを持つ手を外側に90°ねじる.

6

ペンチの先端で心線の先端をはさむ.

7

円弧を描くようにして手首を元に戻す.

8

きれいな輪になるように仕上げる.

● ケーブルストリッパによる方法

1

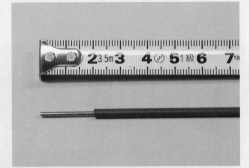

絶縁被覆を2cmはぎ取る.

2

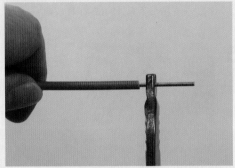

絶縁被覆の端から3mm程度すきまを開けてケーブルストリッパではさむ.

3

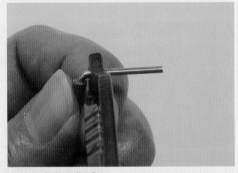

心線を直角に曲げる.

4

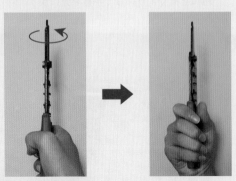

腕を外側に180°ねじる.

5

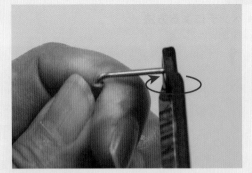

心線の先端を挟んで,左側にねじる.

6

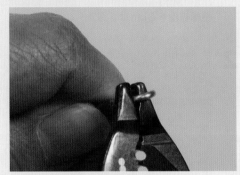

心線を1回巻き付ける.

7

形を整える.

1

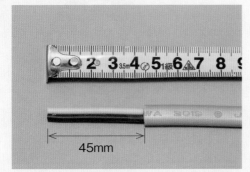

45mm

シースを45mmはぎ取る.

2

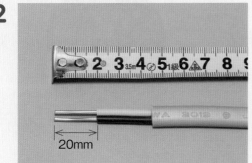

20mm

絶縁被覆を20mmはぎ取る.

3

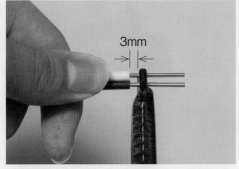

3mm

絶縁被覆の先端より3mm程度すきまを開けて
ストリッパで挟む.

4

心線を直角に曲げる.

5

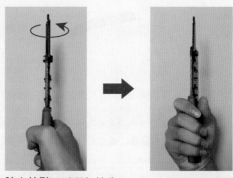

腕を外側に180°ねじる.

6

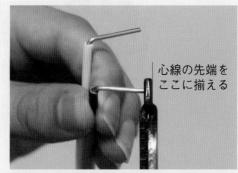

心線の先端を
ここに揃える

心線の先端をストリッパの先端の右端に揃え
て, しっかりと挟む.

7

ストリッパの先端に心線を巻き付ける.

8

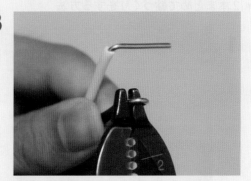

完全に巻き付ける.

9

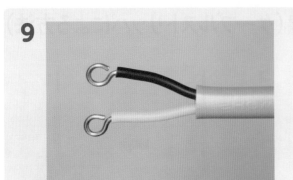

他の心線も同様に輪づくりをして，形を整える．

10

ランプレセプタクルのねじを外す．

11

受金ねじ部
の端子

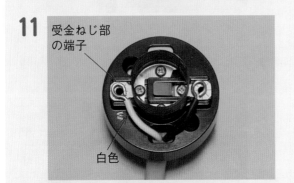

白色

極性に注意して電線を振り分ける．

12

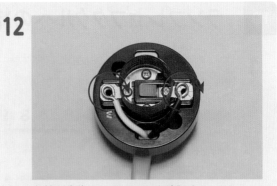

心線が右巻きになることを確認する．

13

ねじを締め付ける．

14

ケーブルの形を整える．

● 2本まとめて輪づくりをする方法

1

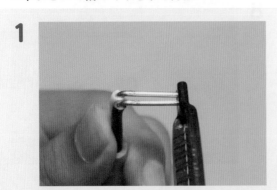

ストリッパで2本の心線の先端を挟む．

2

右側に巻き付けるようにねじる．

11 露出形コンセントへの結線（ケーブルストリッパによる方法）

1

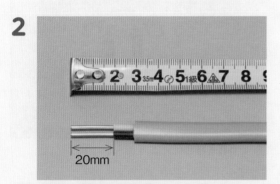

ケーブルのシースを30mmはぎ取る.

2

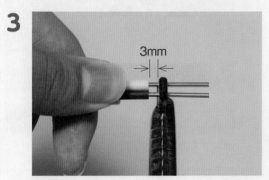

先端から20mm絶縁被覆をはぎ取る.

3

絶縁被覆の先端より3mm程度すき間を開けて
ストリッパで挟む.

4

心線を直角に曲げる.

5

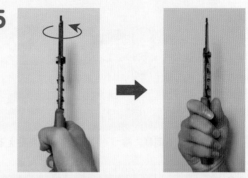

腕を外側に180°ねじる.

6

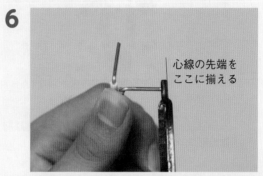

心線の先端を
ここに揃える

心線の先端をストリッパの先端の右端に揃え
て，しっかりと挟む.

7

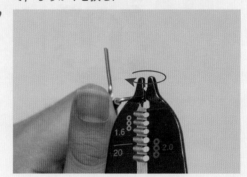

ストリッパの先端に心線を巻き付ける.

8

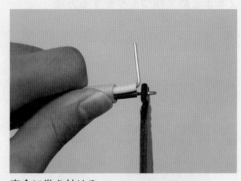

完全に巻き付ける.

9

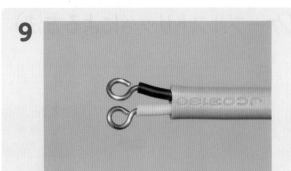

他の心線も同様に輪づくりをして，形を整える．

10

露出形コンセントのねじを外す．

11

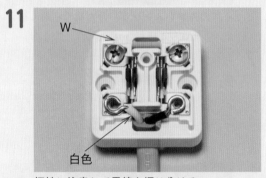

W

白色

極性に注意して電線を振り分ける．

12

心線が右巻きになることを確認する．

13

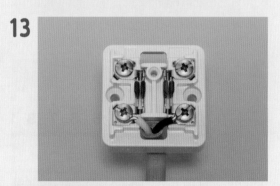

ねじを締め付ける．

14

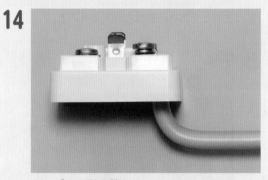

ケーブルの形を整える．

● 2本まとめて輪づくりをする方法

1

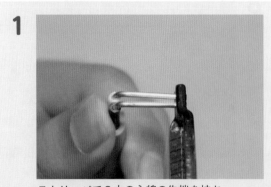

ストリッパで2本の心線の先端を挟む．

2

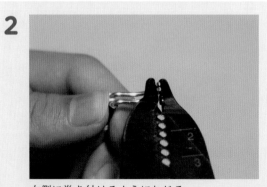

右側に巻き付けるようにねじる．

12 引掛シーリングローゼットへの結線

● 引掛シーリングローゼット（角形）の場合

1

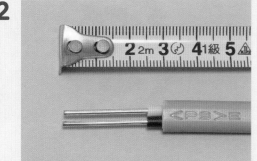

シースを3cmはぎ取る.

2

絶縁被覆を5mm残してはぎ取る.

3

ストリップゲージに合わせる.

4

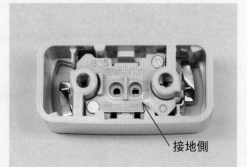

ストリップゲージの長さで，心線を切断する.

5

接地側

極性があるので確認する.

6

極性を合わせて，心線を挿入する.

7

奥まで完全に差し込む.

8

ケーブルの形を整える.

●引掛シーリングローゼット（丸形）の場合

1

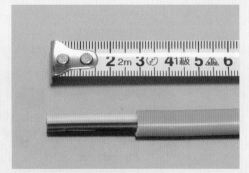

シースを3cmはぎ取る.

2

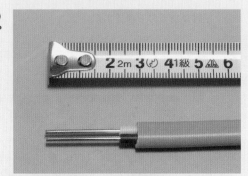

絶縁被覆を5mm残してはぎ取る.

3

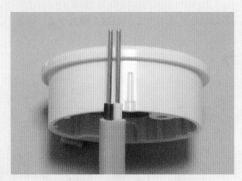

ストリップゲージに合わせる.

4

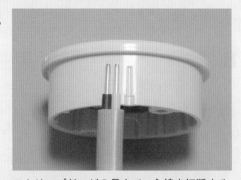

ストリップゲージの長さで，心線を切断する.

5

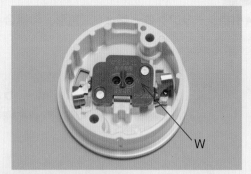

W

極性があるので確認する.

6

極性を合わせて，心線を挿入する.

7

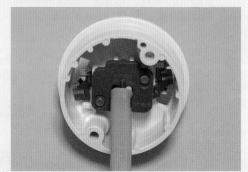

奥まで完全に差し込む.

8

ケーブルの形を整える.

13 埋込連用取付枠への配線器具の取り付け

1

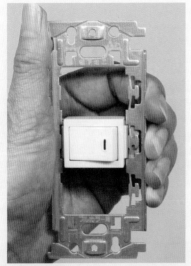

埋込連用取付枠の表裏と上下に注意して，枠の裏から器具をはめ込む．

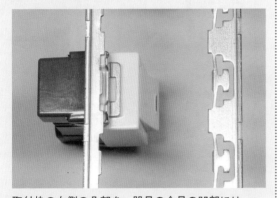

取付枠の左側の凸部を，器具の金具の凹部にはめ込む．

2

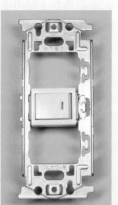

埋込連用取付枠の右側にある金具の穴にマイナスドライバを差し込んで，左右に回して器具を固定する．

● 配線器具の取り外し方

変形した取付枠の右側にある金具をマイナスドライバで元に戻し，器具を取り外す．

● 埋込連用取付枠に配線器具を取り付ける位置

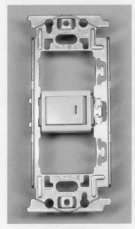

1個の場合

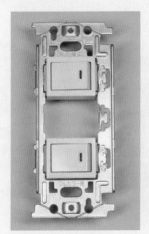

2個の場合

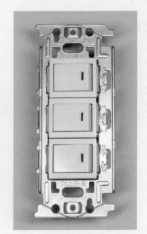

3個の場合

14 埋込連用器具への結線

● 配線器具が1個の場合

1

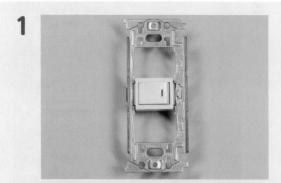

埋込連用取付枠の中央に配線器具を取り付ける.

2

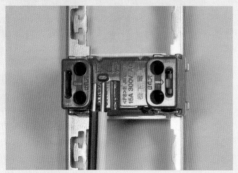

シースを10 cmはぎ取る.

3

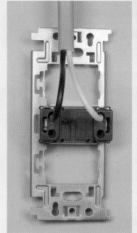

絶縁被覆の先端を,ストリップゲージに合わせてはぎ取る.

4

心線を器具の端子に差し込む.

5

ケーブルの形を整える.

● 電線の取り外し方

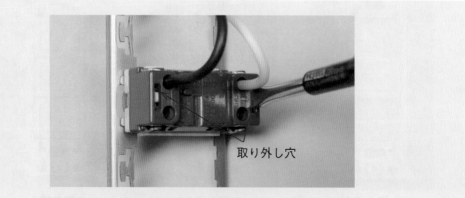

取り外し穴

器具の取り外し穴にマイナスドライバを差し込んで,電線を引っ張る.

● 配線器具が2個の場合

1

埋込連用取付枠の上下に配線器具を取り付ける.

2

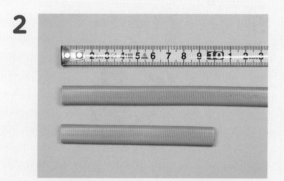

わたり線用にケーブルを10 cm確保する.

3

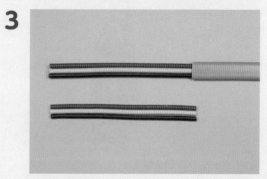

わたり線用のケーブルのシースと器具に結線するケーブルのシースを10 cmはぎ取る.

4

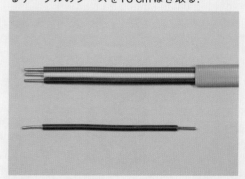

器具のストリップゲージに合わせて，電線の絶縁被覆をはぎ取る.

5

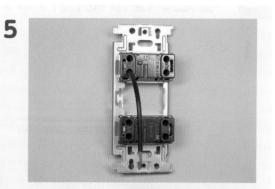

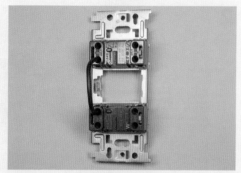

器具間にわたり線を結線する.

6

他の電線も結線する.

7

ケーブルの形を整える.

15 埋込3極接地極付コンセントへの結線

1

10cm

シースを10cmはぎ取る.

2

ケーブルと絶縁電線の絶縁被覆をストリップゲージに合わせてはぎ取る.

3

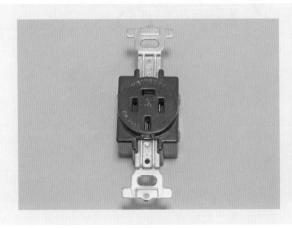

ケーブルの心線を端子に差し込んでねじを締め付ける. X:赤, Y:白, Z:黒

4

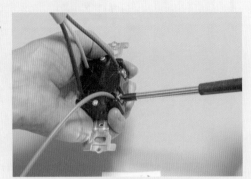

接地線を接地端子に差し込んで締め付ける.
⏚:緑

5

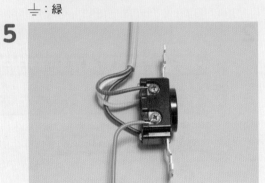

ケーブルの形を整える.

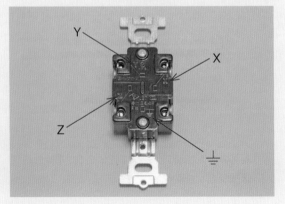

16 配線用遮断器への結線

1

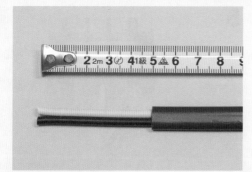

シースを5cmはぎ取る.

2

絶縁被覆を12mmはぎ取る.

3

配線用遮断器の端子に電線を結線しやすいように形を整える.

4

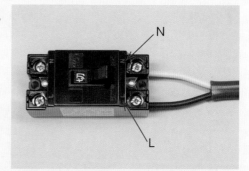

N端子に白色の電線,L端子に黒色の電線の心線を差し込んで,端子ねじを締め付ける.

配線用遮断器の端から,心線が見えるか見えない程度がよい.

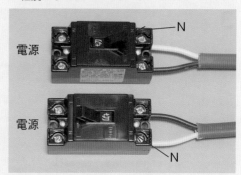

電源側はどちらでもよい.一般的には,写真の上のように結線する.

17 端子台（小）への結線

1

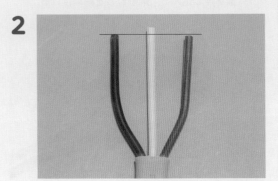

シースを5cmはぎ取る.

2

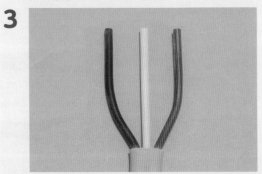

結線しやすいように形を整える（中央の電線が他の電線より少し長くなる）.

3

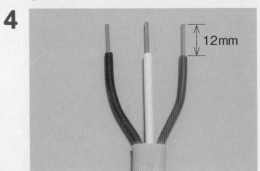

中央の電線を, 他の電線の長さにそろえて切断する.

4

絶縁被覆を12mmはぎ取る.

5

心線を端子の座金の下に差し込む.

6

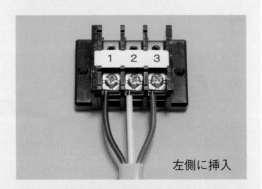

端子ねじを締め付ける.

左側に挿入

右側に挿入

心線の挿入は, 端子ねじの左右どちらでもよい.

18 端子台（大）への結線

● 変圧器の高圧側

1

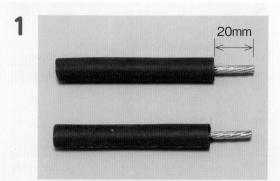

20mm

KIPの絶縁被覆を20mmはぎ取る.

2

KIPの心線を端子の座金の下に差し込んで，端子ねじを締め付ける.

3

残りのKIPも結線する.

4

完成.

● 変圧器の低圧側

1

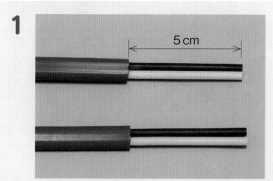

5cm

シースを5cmはぎ取る.

2

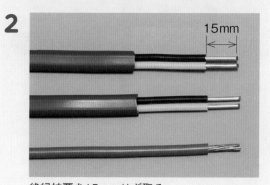

15mm

絶縁被覆を15mmはぎ取る.

3

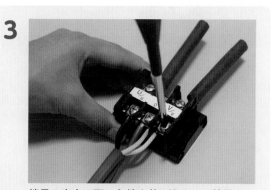

端子の座金の下に心線を差し込んで，端子ねじを締め付ける.

4

完成.

1

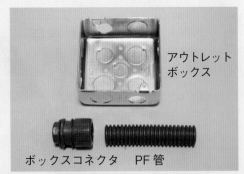

アウトレット
ボックス

ボックスコネクタ　PF管

材料.

2

PF管をボックスコネクタに差し込む.

3

ロックナットを外す.

4

ボックスコネクタをアウトレットボックスの外
側から挿入する.

5

ロックナットを取り付ける.

6

ボックスコネクタを持って，しっかり締め付け
る.

7

完成.

ねじなし電線管とアウトレットボックスの接続

1

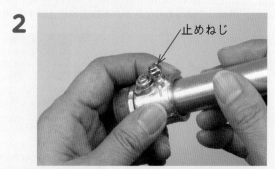

アウトレットボックス

ねじなし絶縁
ブッシング

ねじなしボック
スコネクタ

ねじなし電線管　　　絶縁ブッシング

材料.

2

止めねじ

ねじなしボックスコネクタの止めねじをゆるめ，ねじなし電線管を挿入して，ドライバで締め付ける.

3

ウォータポンププライヤで，止めねじの頭部がねじ切れるまで締め付ける.

4

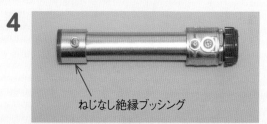

ねじなし絶縁ブッシング

反対側にねじなし絶縁ブッシングを取り付け，止めねじの頭部がねじ切れるまで締め付ける（省略される場合もある）.

5

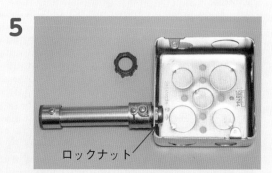

ロックナット

ねじなしボックスコネクタをアウトレットボックスのノックアウトの外側から挿入して，ロックナットを内側から取り付ける.

6

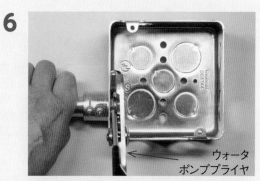

ウォータ
ポンププライヤ

ロックナットをウォータポンププライヤで締め付ける.

7

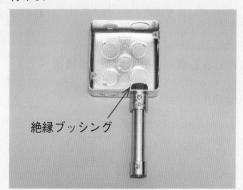

絶縁ブッシング

絶縁ブッシングを取り付けて完成.

21 ボンド線の取り付け

1

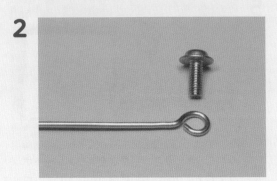

接地用取付ねじ

ボンド線（裸軟銅線）

材料.

2

ボンド線の片方の先端に輪づくりをする.

3

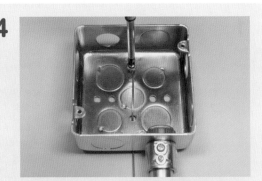

ボンド線の反対側を，アウトレットボックスの底にある穴からボックスの外に出す（どの穴でもよい）.

4

アウトレットボックスの底にねじが切ってある穴（接地用取付ねじ穴）があるので，接地用取付ねじで輪づくりしたボンド線をねじ止めする.

5

ねじなしボックスコネクタの接地用端子ねじをプラスドライバでゆるめ，ボンド線をねじから3mm程度出して締め付ける.

6

完成.

● ねじなしボックスコネクタの構造

接地用端子ねじ　　　止めねじ

接地用端子ねじ　　　止めねじ

3

主な欠陥例

技能試験の合格の基準は，課題作品の成果物について電気的に施工上の「**欠陥**」がないことです．したがって，「欠陥」がひとつでもあると不合格になります．

受験者の皆様が電気工事士として最低限習得すべき技能レベルとその水準を理解することにより，電気工事士としての技術力及び安全意識を向上する目的として，「欠陥」の判断基準が公表されています．

「欠陥」とは，**1 未完成**，**2 配置・寸法相違**，**3 回路の誤り**，**4 電線の色別・配線器具の極性が施工条件に相違**したものなどです．すべてを紹介することはできませんが，過去問題の施工条件等を参考にして，主な欠陥例を写真で掲げます．

❶ 未完成・誤配線・誤結線

1 未完成

2 誤接続

3 誤結線

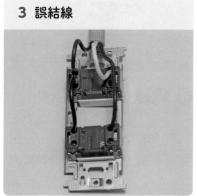

❷ 寸法の相違

● **示された寸法の50%以下のもの**

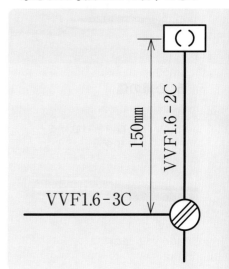

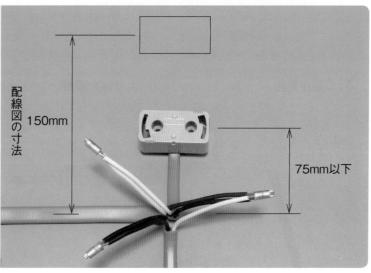

❸ 電線の色別の相違

1 ランプレセプタクル

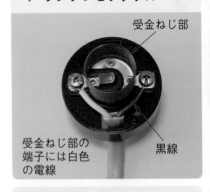

受金ねじ部

受金ねじ部の
端子には白色
の電線

黒線

2 埋込連用コンセント

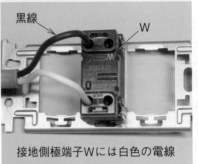

黒線

W

接地側極端子Wには白色の電線

3 引掛シーリングローゼット

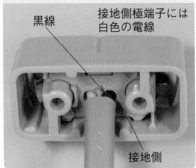

黒線

接地側極端子には
白色の電線

接地側

4 露出形コンセント

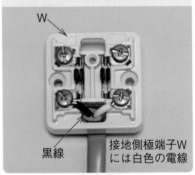

W

黒線

接地側極端子W
には白色の電線

5 接地極付コンセント

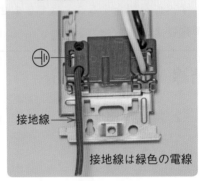

接地線

接地線は緑色の電線

6 配線用遮断器

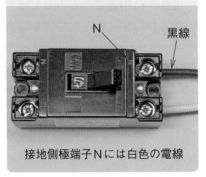

N

黒線

接地側極端子Nには白色の電線

❹ 電線の損傷

1 ケーブルの縦われ

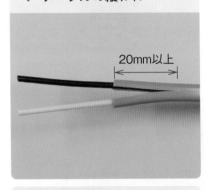

20mm以上

2 絶縁被覆が露出

絶縁被覆が見える

3 介在物の抜け

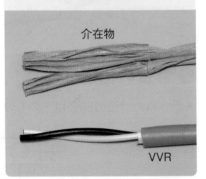

介在物

VVR

4 心線が露出

心線が見える

5 より線を減線

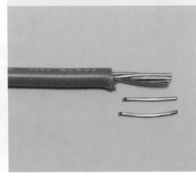

6 心線の傷

心線を折り曲げると
折れる傷

❺ リングスリーブによる圧着接続

1 スリーブ選択の誤り

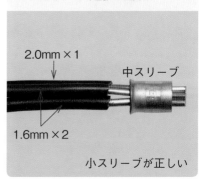

2.0mm×1
中スリーブ
1.6mm×2
小スリーブが正しい

2 圧着マークの不適切

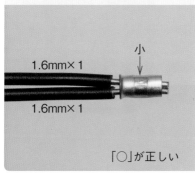

小
1.6mm×1
1.6mm×1
「○」が正しい

3 2つ以上の圧着マーク

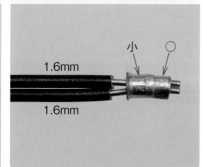

小 ○
1.6mm
1.6mm

4 圧着マークの欠け

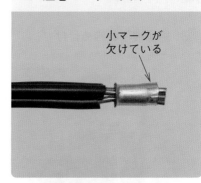

小マークが
欠けている

5 リングスリーブの破損

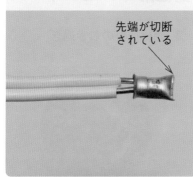

先端が切断
されている

6 1箇所の接続に2個以上の
リングスリーブを使用

7 心線の先端が見えない

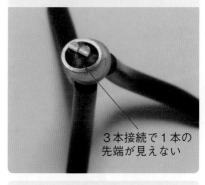

3本接続で1本の
先端が見えない

8 先端の露出が長い

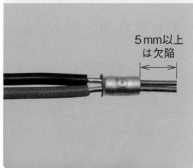

5mm以上
は欠陥

9 絶縁被覆のむき過ぎ

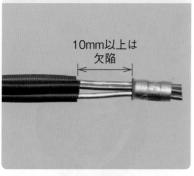

10mm以上は
欠陥

10 シースのはぎ取り不足

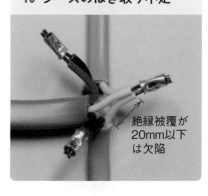

絶縁被覆が
20mm以下
は欠陥

11 絶縁被覆の上から圧着

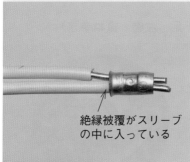

絶縁被覆がスリーブ
の中に入っている

12 より線の素線の一部が挿入
されていない

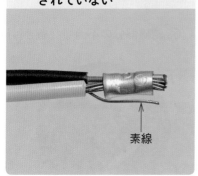

素線

❻ 差込形コネクタによる接続

1 心線の挿入不足

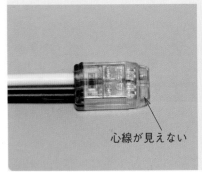

心線が見えない

心線が見えない

2 心線の露出

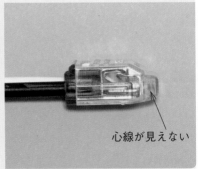

心線が見える

❼ ランプレセプタクル・露出形コンセントへの結線

1 ねじの締め付け不足

ねじを締め付けていない

2 絶縁被覆のむき過ぎ

5mm以上は欠陥

3 絶縁被覆の締め付け

絶縁被覆を締め付けている

4 台座の上から結線

5 ケーブルのシースが台座に入っていない

シースが台座の中に入っていない

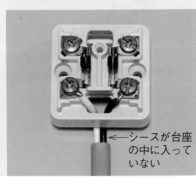

シースが台座の中に入っていない

6 結線部分の不適切（巻き付け不足・左巻・重ね巻き）

3/4周以下

左巻

重ね巻き

7 カバーが締まらない

 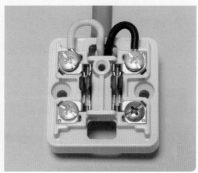

❽ 引掛シーリングローゼットへの結線

1 心線の挿入不足

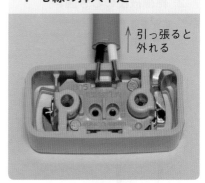

↑ 引っ張ると
外れる

2 心線の露出

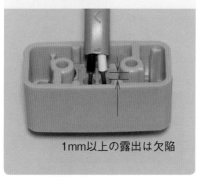

1mm以上の露出は欠陥

3 シースのはぎ取り過ぎ

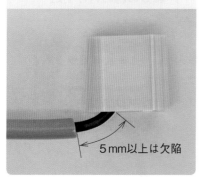

5mm以上は欠陥

❾ 埋込連用器具の取り付け・結線

1 取付枠を裏側にして取り付け

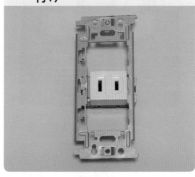

2 取付枠に器具の位置を誤って取り付け

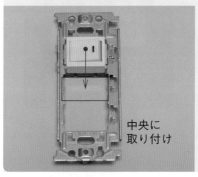

中央に
取り付け

上下に
取り付け

3 電線の挿入不足

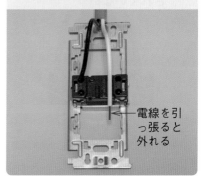

電線を引
っ張ると
外れる

4 心線の露出

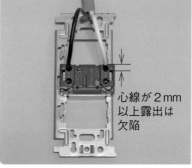

心線が2mm
以上露出は
欠陥

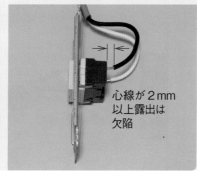

心線が2mm
以上露出は
欠陥

❿ 配線用遮断器への結線

1 ねじの締め付け不足

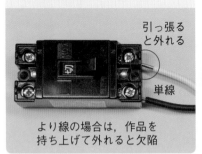

引っ張ると外れる

単線

より線の場合は，作品を持ち上げて外れると欠陥

2 絶縁被覆のむき過ぎ

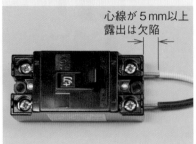

心線が5mm以上露出は欠陥

3 絶縁被覆の締め付け

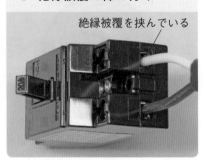

絶縁被覆を挟んでいる

⓫ 端子台への結線

1 ねじの締め付け不足

引っ張ると外れる

単線

より線

作品を持ち上げると外れる

2 絶縁被覆のむき過ぎ

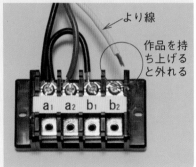

（高圧側）端子台の端から20mm以上は欠陥

（低圧側）端子台の端から5mm以上は欠陥

3 より線の素線の一部が挿入されていない

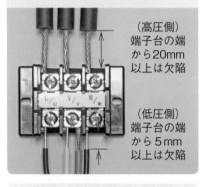

素線

素線

4 絶縁被覆の締め付け

絶縁被覆をはさんでいる

⓬ 押しボタンスイッチ

1 ねじの締め付け不足

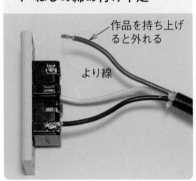

作品を持ち上げると外れる

より線

2 絶縁被覆のむき過ぎ

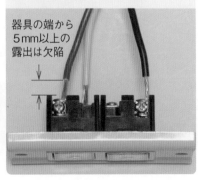

器具の端から5mm以上の露出は欠陥

3 より線の素線の一部が挿入されていない

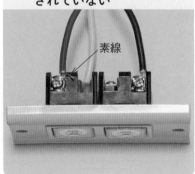

素線

4 既設配線が取り除かれている

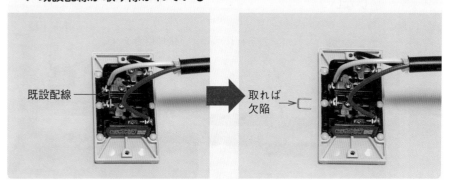

既設配線　取れば欠陥

⑬ ゴムブッシング

1 使用していない

ゴムブッシング使用なし

2 大きさの相違

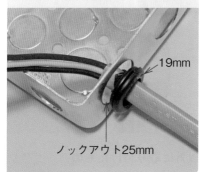

19mm

ノックアウト25mm

⑭ 金属管工事

1 ボックスとボックスコネクタを接続していない

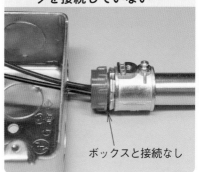

ボックスと接続なし

2 ボックスコネクタと管を接続していない

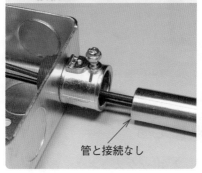

管と接続なし

3 ロックナットがボックスの外側

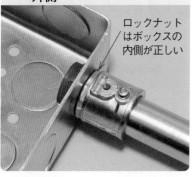

ロックナットはボックスの内側が正しい

4 ロックナットを使用していない

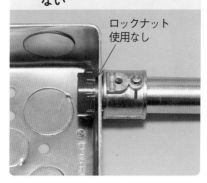

ロックナット使用なし

5 絶縁ブッシングの外れ

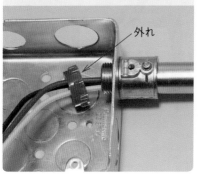

外れ

6 絶縁ブッシングを使用していない

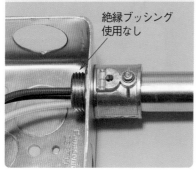

絶縁ブッシング使用なし

7 ボックスと管との接続がゆるい

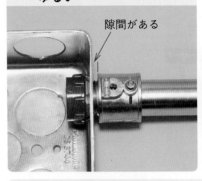

隙間がある

8 止めねじをねじ切っていない

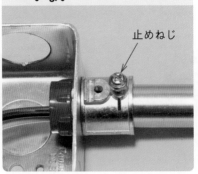

止めねじ

9 ボンド線のゆるみ

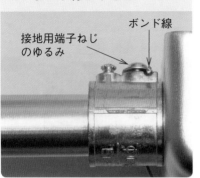

接地用端子ねじのゆるみ　ボンド線

10 ボンド線の挿入不足

ボンド線が他端に出ていない

ボンド線が他端に出ていない

11 ボンド線を接地用取付ねじ穴以外に取り付けたもの

⓯ 合成樹脂製可とう電線管工事

1 ボックスとボックスコネクタを接続していない

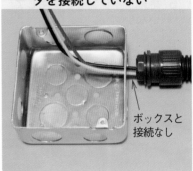

ボックスと接続なし

2 ボックスコネクタと管を接続していない

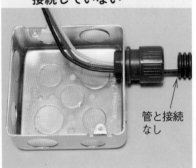

管と接続なし

3 ロックナットの外れ

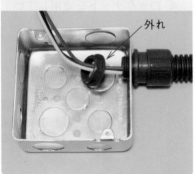

外れ

4 管を引っ張って外れる

引くと外れる →

5 ロックナットの締め付け不足

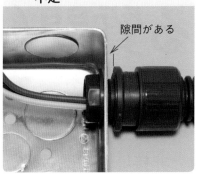

隙間がある

⑯ 器具破損

1 ねじの頭を切断したもの

2 埋込連用器具の破損

⑰ 欠陥とならない破損

台座の欠損

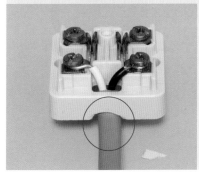

よくある質問（FAQ）

Q ❶ 片切スイッチには，非接地側電線（黒色）はどちらに接続したらよいのでしょうか？

A 　片切スイッチの裏側には，片切スイッチの記号である$\boxed{ \diagdown }$等が表示されています．充電部分が露出したナイフスイッチでは，感電防止を考慮して，電源側に固定極を結線し，負荷側には可動極を結線します．

　しかし，片切スイッチは，充電部分が合成樹脂で覆われていますので感電の心配はなく，**非接地側の「黒色」の電線はどちらの端子穴に結線しても結構です．**

　スイッチの裏面の図記号は，片切スイッチを表すものだと考えてください．

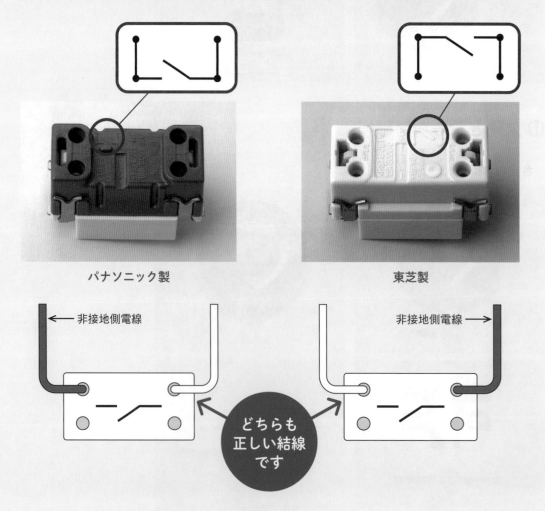

パナソニック製　　　　　　　　　　　　　　東芝製

← 非接地側電線　　　　　　　　　　　　　　非接地側電線 →

どちらも
正しい結線
です

❷ 「非接地側点滅」とは，どのような意味でしょうか?

A
　単相2線式100Vの配線は，電源側の変圧器でB種接地工事を施した端子からの**接地側電線**と，接地していない端子からの**非接地側電線**とがあります．技能試験では，**接地側電線は白色，変圧器二次側からの非接地側電線は黒色**と示されています．

　「非接地側点滅」とは，変圧器二次側からの非接地側電線の途中にスイッチを施設して，電灯を点滅する方式のことです．

　内線規程では，変圧器二次側からの非接地側電線のことを電圧側電線といい，「点滅器は電路の電圧側に施設するのがよい」とされています．技能試験でも，点滅器は非接地側点滅とするものとして出題されています．

　点滅器をこの非接地側電線に施設することにより，スイッチを「切」にすると，照明器具のランプを交換するときの感電や漏電事故を防止することができます．

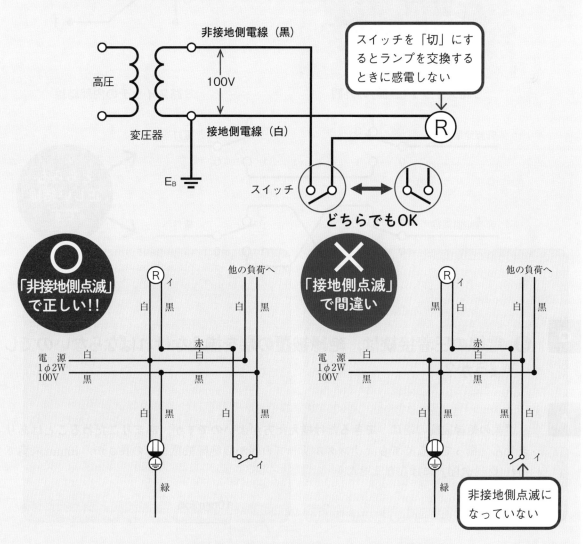

　問題の施工条件には，「**変圧器二次側から点滅器までの非接地側電線は，すべて黒色を使用する**」と，記載されています．

Q ❸ 3路スイッチの配線で，端子の番号を揃える必要はあるのでしょうか？

A 配線が正しく行われていれば，番号を揃える必要はありません．

　3路スイッチの裏面には，写真のように端子に「0」「1」「3」の番号が付けてあり，内部結線は図のようになっています．配線が正しく行われていれば，**2つのスイッチの「1」「3」の番号は揃えても揃えなくても結構です**．

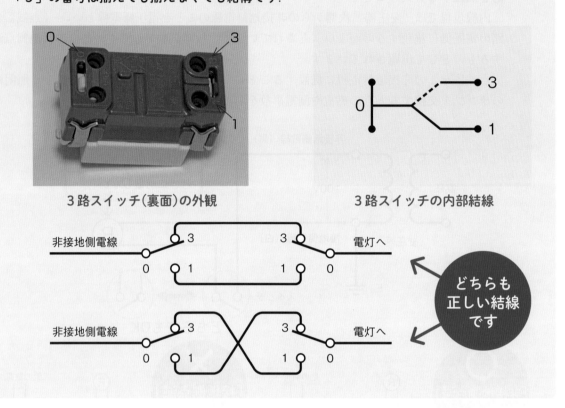

3路スイッチ(裏面)の外観　　　　　　　3路スイッチの内部結線

どちらも正しい結線です

Q ❹ 電線の圧着接続は，絶縁被覆の端を揃えなければならないのでしょうか？

A 電線の絶縁被覆の端は，**できるだけ揃えた方がよいのですが，あまりこだわることはありません**．揃っていなくても，リングスリーブの端から絶縁被覆までの長さが，10mm未満であれば，「欠陥」にはなりません．

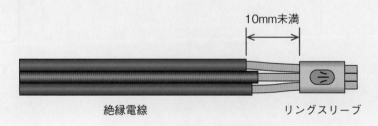

絶縁電線　　　　　　　　　　　リングスリーブ

Q ❺ 電線の導体の傷は，どの程度まで許容されますか？

A 　絶縁被覆をはぎ取るときに，**ナイフで傷がつく程度では心配する必要はありません．**ペンチを使って絶縁被覆をはぎ取る場合は，傷が深くなることがありますので注意が必要です．

　絶縁電線の絶縁被覆のはぎ取りには，ナイフかワイヤストリッパ（もしくはケーブルストリッパ）を使用するべきです．

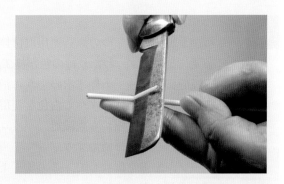

Q ❻ 寸法で，ケーブルのシースの寸法が50％以下になると「欠陥」になるのでしょうか？

A 　寸法は，器具の中心から器具の中心や器具の中心からボックスの中心までを表します．シースの長さは一般的に示された寸法より短くなり，**ケーブルのシース（外装）の長さが，課題（単線図）の寸法の50％以下になっても欠陥にはなりません．**器具の中心から器具の中心までの寸法が50％以下になりますと，「欠陥」になりますので注意しましょう．

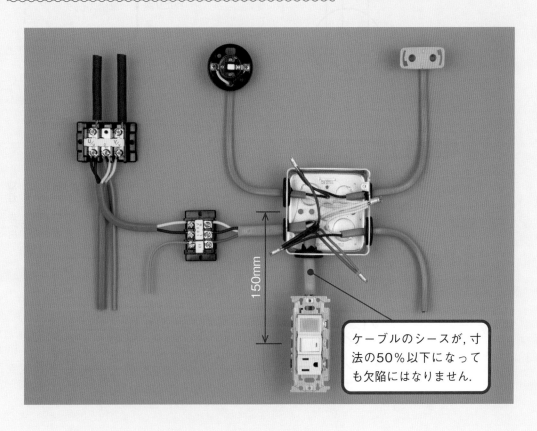

150mm

ケーブルのシースが，寸法の50％以下になっても欠陥にはなりません．

❼ スイッチやコンセントのわたり線の色を，どうしたらよいかわかりません.

A　わたり線は，ひとつの埋込連用取付枠にスイッチやコンセントを2個以上取り付ける場合に必要になります．**わたり線の色が施工条件で示されたら，それに従わなければなりません.**
　一般的には，施工条件で次のように指定されます．

- 接地側電線は，すべて**白色**を使用する．
- 変圧器二次側から点滅器，パイロットランプ及びコンセントに至る非接地側電線は，すべて**黒色**を使用する．

　ケーブル配線を例にして，この施工条件に従って配線すると次のようになります（いずれの図も器具の裏から見たものです）．

スイッチとコンセント

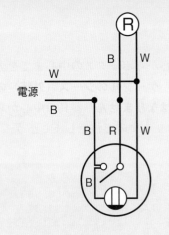
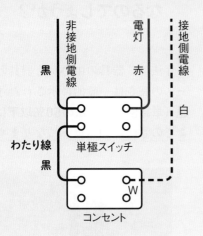

スイッチ2個

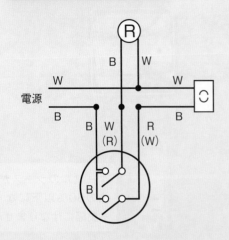
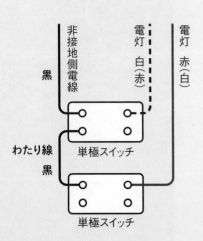

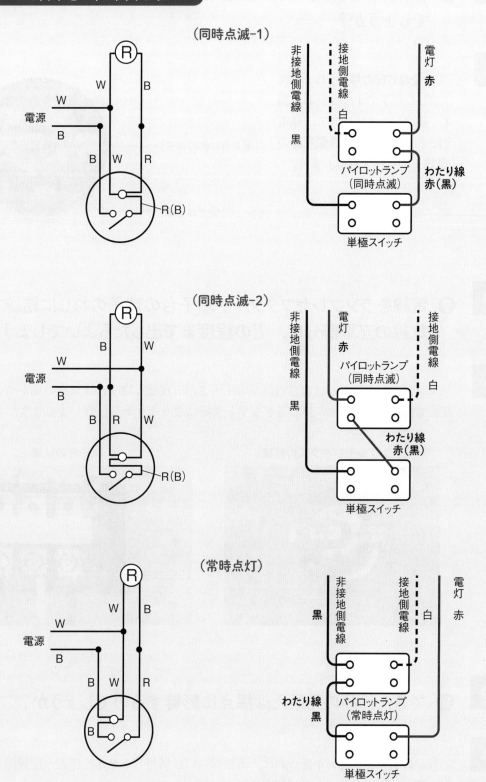

（同時点滅-1）

（同時点滅-2）

（常時点灯）

Q ❽ ランプレセプタクルの「受金ねじ部の端子」とは，どの部分のことでしょうか？

A 「受金ねじ部の端子」は，写真に示した端子です．受金ねじ部は，接触しやすい部分で，感電を防止するために**接地側電線の**「**白色**」の電線を結線します．

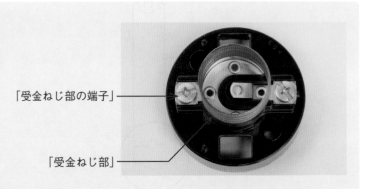

「受金ねじ部の端子」

「受金ねじ部」

Q ❾ 電線をランプレセプタクルや端子台の端子のねじに結線する場合，電線の充電部分は，どの程度まで出したらよいでしょうか？

A ランプレセプタクルはねじの端から1〜2mm程度，端子台は座金の端から1〜2mm程度まで出します．あまり出し過ぎますと欠陥になりますから注意しましょう．

ランプレセプタクルの結線

1〜2mm

端子台の結線

1 2 3

1〜2mm

Q ❿ できた作品の見栄えは採点に影響するのでしょうか？

A 作品の見栄えが良いか悪いかは，直接採点には影響しません．課題の配線図と施工条件どおり正しく施工されていれば問題ありません．

Q ⓫ 圧着接続で，ダイスの位置を間違えて圧着したら，その上から適正なダイスでやり直せますか？

A　ダイスの位置を間違えたら，その上から適正なダイスで圧着をやり直すことは認められていません．

　（一財）電気技術者試験センターから公表されている「技能試験における欠陥の判断基準」では，「１つのリングスリーブに２つ以上の圧着マークのあるもの」は「欠陥」に該当します．

　また，（一財）電気技術者試験センターから公表されている「技能試験の概要と注意すべきポイント」でも，圧着の際には「**押し間違えて２度圧着しないようにする**」と述べられています．

　圧着のダイスを間違えたら，速やかに接続箇所を切断して，もう一度適正なダイスで圧着して接続してください．

> ダイスの位置を間違えて圧着した 接続箇所を切断してやり直す

Q ⓬ 圧着接続で，リングスリーブの先端はペンチで切りっぱなしでよいのでしょうか？

A　圧着接続で，**リングスリーブの先端に出た電線は，ペンチで切り落とすだけで結構です**．実際の仕事では，ビニルテープを巻く際に先端でビニルテープが破れないように，ヤスリで突起を削り落として丸く仕上げなければなりません．

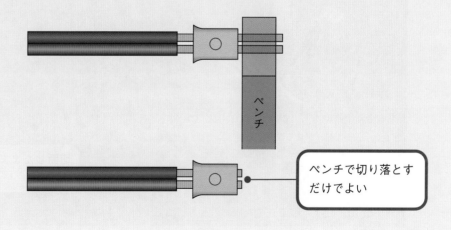

ペンチで切り落とすだけでよい

Q ⓭ 差込形コネクタの外し方を教えてください. また, 外した差込形コネクタは, 再使用できますか?

A 　接続のやり直しを行う場合は, 差込形コネクタの下部から電線を切断して, 追加支給された新たな差込形コネクタを用いて, 正しく接続し直してください.

　電線を外して再使用しますと, 心線に傷が付いて折れてしまう可能性がありますので, やめましょう.

　差込形コネクタから電線を外すには, コネクタを左右に回しながら電線1本を引っ張ります. すぐには外れませんが, しばらく続けると外れます. 複数の電線を外すには, 1本ずつ外します (電線が2〜3本の場合は, まとめて同時に外すことも可能です).

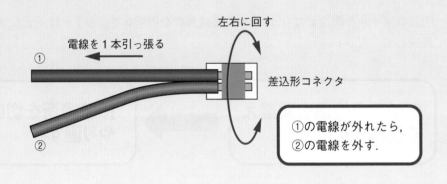

電線を1本引っ張る ①

②

左右に回す

差込形コネクタ

①の電線が外れたら, ②の電線を外す.

Q ⓮ 配線の省略部分は, どのような処理をしたらよいのでしょうか?

A 　寸法に合わせて**ケーブルや絶縁電線を切断する**だけで結構です.

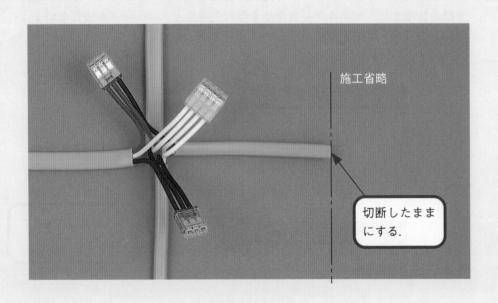

施工省略

切断したままにする.

Q ⑮ 器具から電線を外す方法がわかりません.

A 　無理に器具から電線を外そうとしますと，器具が破損してしまいます．注意しましょう．基本的には，**電線外し穴にマイナスドライバを差し込んで取り外します**.

　主な器具から，電線を外す方法を示します.

● **取り外しに必要な工具**

　マイナスドライバは，刃先の幅が5.5mmのものが適します．また，器具から電線を外すことができるプレートはずしキもパナソニックから販売されています.

マイナスドライバ	プレートはずしキ

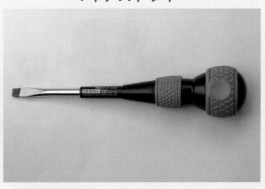 

● **埋込器具**

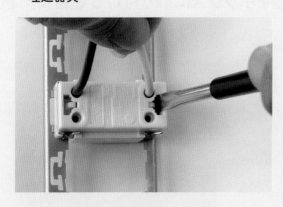 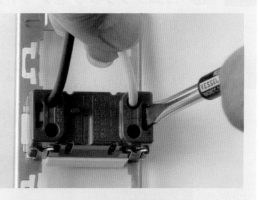

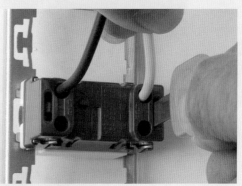

　器具の両端にある電線外し穴に，マイナスドライバまたはプレートはずしキを差し込んで，電線を引き抜きます.

　器具がパナソニック製の場合は，プレートはずしキを使用したほうが，器具の破損を防止できます。

● 引掛シーリングローゼット

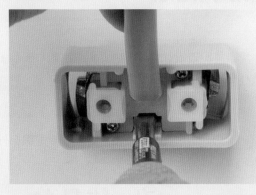 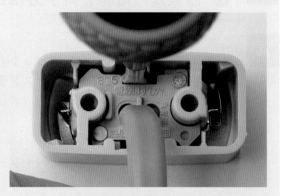

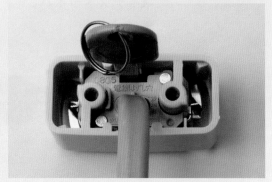

器具の中央上端または下端にある電線外
し穴に，マイナスドライバ又はプレートは
ずしキを差し込んで，電線を引き抜きます.

Q ❶ ゴムブッシングをアウトレットボックスに取り付ける場合に，裏表
があるのでしょうか？

A ゴムブッシングは，**どのように取り付けても結構です**.
　ただし，ケーブルをアウトレットボックスの外側から差し込む場合，左側のように取り付
けると，ケーブルを通すときに，ゴムブッシングが外れにくくなります.

ゴムブッシングの形状

Q ⑰ 問題に示された寸法は，実際はどの寸法を示すのでしょうか？

A 　問題に示された図の寸法は，器具の中心，ボックスの中心，電線の中心，電線の切り端間の寸法を表します．

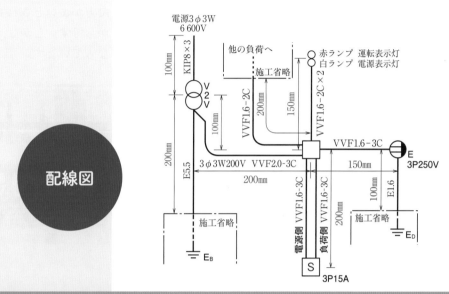

配線図

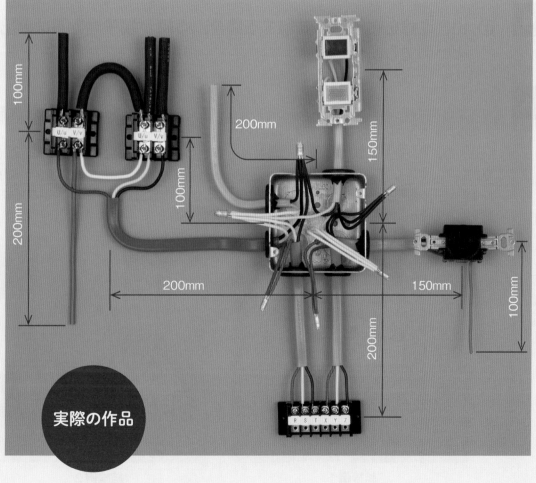

実際の作品

Q ⑱ 端子台の端子に1本の電線を結線する場合，端子の左右どちらに差し込んだらよいのでしょう？

A 　どちらに結線しても結構です．
　一般的には，端子台に向かって左側に差し込んで結線した方がよいとされています．それは，端子のねじを締め付けるときに，心線が奥に入り込むからです．しかし，試験では適正に結線してあれば，左右どちらに差し込んでもよいことになっています．

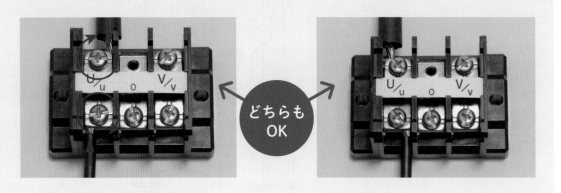

Q ⑲ KIP電線を端子台に結線する場合，心線が端子台からはみ出てもよいのでしょうか？

A 　端子台に電線を結線する場合は，心線の先端を座金の先端から1mm程度出し，絶縁被覆と座金の間を1〜2mm程度あけるのが原則です．
　しかし，高圧絶縁電線（KIP）は絶縁被覆が厚く，端子台の溝に絶縁被覆が入らなくて，原則通りにできない場合があります．試験では高圧絶縁電線（KIP）の絶縁被覆が端子台の端までで，心線が少々長くなっても欠陥とはなりません．低圧側には，ビニル絶縁電線（IV）等を結線しますので，原則通り結線しなければなりません．

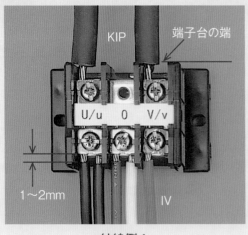

結線例1

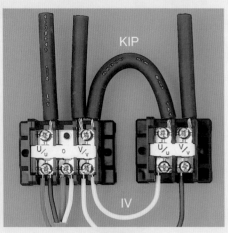

結線例2

⑳「変圧器結線図」で示された高圧側配線で，高圧絶縁電線（KIP）をどの端子に結線したらよいのでしょうか？

A 「変圧器結線図」で，どのように示されたかで異なります．

（1）結線する端子が指定された場合

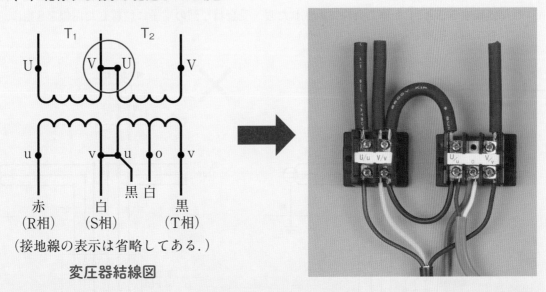

変圧器結線図

（接地線の表示は省略してある．）

　このように示された場合は，**中央の高圧絶縁電線（KIP）を，変圧器T₁の端子Vに結線し**なければなりません．

（2）結線する端子が指定されない場合

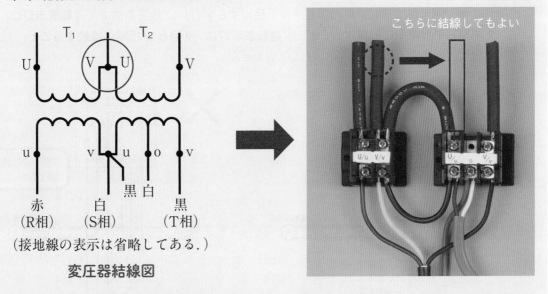

変圧器結線図

（接地線の表示は省略してある．）

　この場合は，**中央の高圧絶縁電線（KIP）を，変圧器T₁の端子V又は変圧器T₂の端子U**に結線することを示しています．

㉑「電源表示灯」と「運転表示灯」は，どのような原則に基づいて結線すればよいのでしょうか？

A 　「電源表示灯」は，スイッチの開閉と関係なく，開閉器の電源側に電圧が加わっている場合に，表示灯が点灯するものです．したがって，表示灯は**開閉器より電源側に接続**することになります．表示灯にランプレセプタクルを使用する場合に，「**電源表示灯は，S相とT相間に接続すること．**」と施工条件に示されたら，受金ねじ部の端子に結線した白線をS相に，黒線をT相に接続しなければなりません．

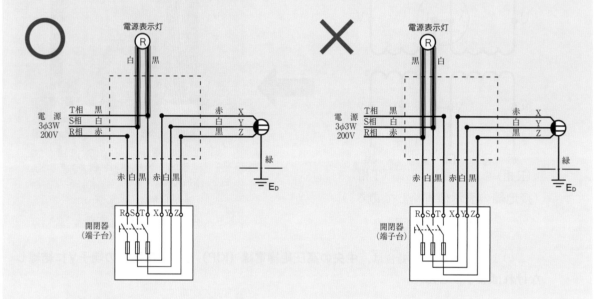

　「運転表示灯」は，負荷に電圧が加わったときに点灯するもので，**開閉器より負荷側に接続**します．表示灯にランプレセプタクルを使用する場合に，施工条件で「**運転表示灯は，すべて開閉器の負荷側に配線すること．**」「**運転表示灯は，V相とW相間に接続すること．**」とあるときは，次のように配線しなければなりません．

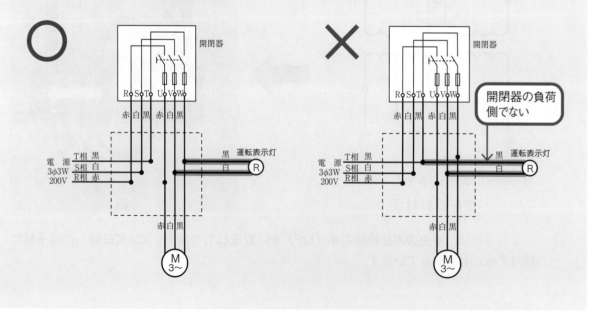

㉒ タイムスイッチや自動点滅器の配線で,「展開接続図」に示された接点の記号どおり（可動極・固定極）に電線を結線しなければならないのでしょうか？

A　　下の展開接続図では,「自動点滅器の接点」と「ランプレセプタクル」の間に「タイムスイッチの接点」が結線されていることを示しているだけです. 自動点滅器からタイムスイッチの固定極に結線することを示しているわけではありません.

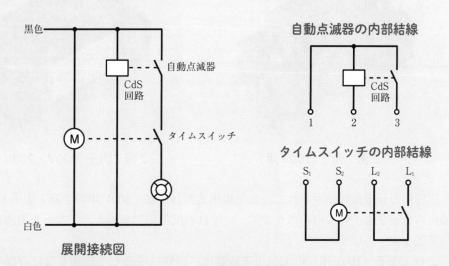

展開接続図

施工条件で結線する端子が示されたり展開接続図に端子の記号が記入されたりしていない限り, 自動点滅器の端子「3」から, タイムスイッチの端子「L_1」「L_2」のどちらに結線しても構いません.

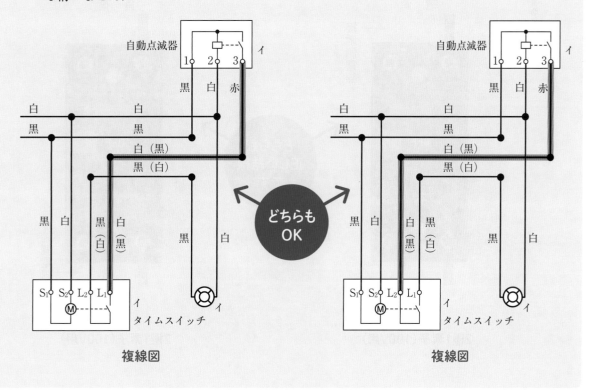

複線図　　　　　　　　　　　　　複線図

A 家庭用の分電盤に使用されている配線用遮断器は，電源をどちらに結線しても結構です．

2極1素子（100V用）

2極2素子（100V・200V兼用）

　家庭用の分電盤に使用されている配線用遮断器には，100V用の2極1素子と100V・200V兼用の2極2素子のものがあります．いずれの配線用遮断器も，どちらを電源側にしても使用できます．

　2極1素子（100V用）の配線用遮断器は，極性に注意して結線しなければなりません．「N」と表示された端子には白色の接地側電線を，「L」と表示された端子には黒色の非接地側電線を結線します．

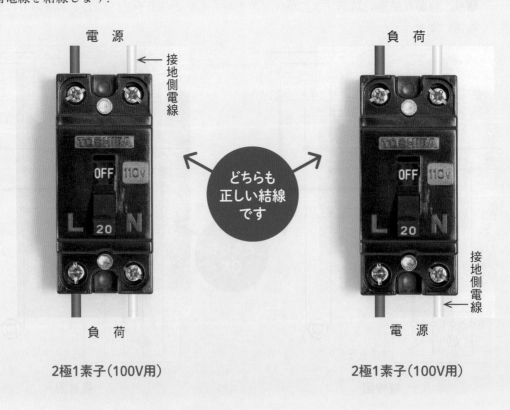

2極1素子（100V用）　　　　　　　　2極1素子（100V用）

㉔ 漏電遮断器への配線は，どのようにするのでしょうか？

A

　漏電遮断器は，配線や電気機器等が漏電した場合に，回路を遮断するものです．過負荷保護付漏電遮断器は，回路に過電流や短絡電流が流れた場合でも動作します．

●電灯・コンセント分岐回路用

　電灯・コンセント回路の分岐回路用の漏電遮断器には，100V用と100V・200V兼用のものがあります．

100V用

100V・200V兼用

　100V用の漏電遮断器は，2極1素子で端子に極性が表示してあります．**Nの表示がある端子には白色の接地側電線を結線し，Lの表示のある端子には黒色の非接地側電線を結線し**なければなりません．100V・200V兼用のものは，2極2素子で極性の表示がありません．

●三相回路用

　日本電機工業会規格JEM1134によれば，盤内の三相回路の漏電遮断器の極の配置と配線の色別は，次のようになります．

（電源側）

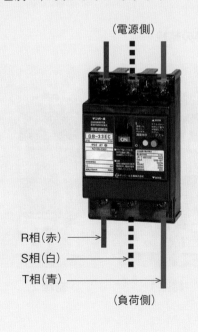

R相（赤）
S相（白）
T相（青）

（負荷側）

（電源側）　　　　　　　　　（負荷側）

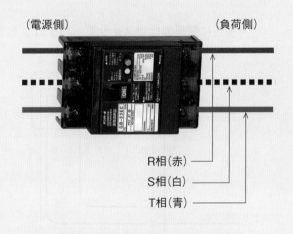

R相（赤）
S相（白）
T相（青）

負荷側にケーブルを結線する場合は，
T相に黒色の電線を使用します．

㉕ 埋込連用器具等の結線で，ときどき本書通りでない結線を見かけます．どれが正しいのでしょうか？

A　本書では，いろいろな複線図が考えられる場合や絶縁被覆の色が別でもよい場合でも，原則ひとつの複線図しか示していません．これは，あれこれたくさんの例（別の複線図）を示すと，読者の皆様方の混乱の元となるからです．

　下記に示すような場合は，**電気回路的には正しい結線なので，いずれも正しいことになります．**

　この違いは，試験実施者である（一財）電気技術者試験センターの実施後に発表される解答速報でも，複線図に注釈が付け加えられているように，試験採点の判断基準でも想定済みです．

● **わたり線の取り方（上から下，下から上）**

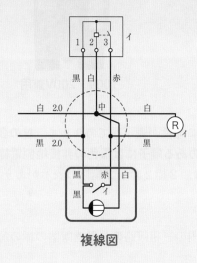

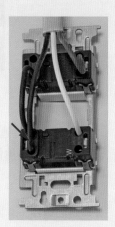

複線図　　　　　　　　　　　結線1　　　　結線2

● **極性に関係のないスイッチ，パイロットランプ等の結線**

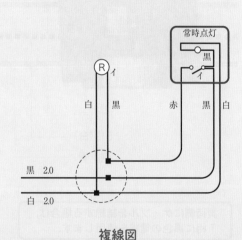

複線図　　　　　　　　　　　結線1　　　　結線2

㉖ 埋込連用取付枠の縦・横の向きや，ランプレセプタクルの左・右の向きで，本書の完成施工写真と異なるときがあります．

A

　ジョイントボックスからみて上・下にスイッチやコンセントがある場合は，取付枠を縦に取り付けた状態で配線します．ジョイントボックスの横（左・右）にある場合は，特に決まりはありませんが，結線のしやすさから取付枠を横にした状態で結線するのが一般的です．この場合，取付枠を縦にした状態で結線しても結構です．

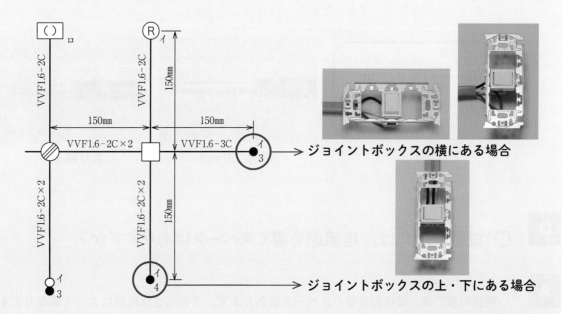

ジョイントボックスの横にある場合

ジョイントボックスの上・下にある場合

　ただし，ジョイントボックスの横にあって，取付枠にスイッチやコンセントが複数取り付けられた場合は，配線図に示されたように配置します．

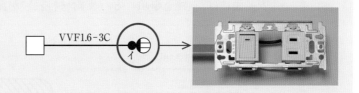

　ランプレセプタクルの場合，ケーブル挿入口が二つありますが，どちらの挿入口からケーブルを結線しても結構です．白色と黒色の電線を左右どちらにしたら結線しやすいかで選択してください．

どちらも
OK

Q ㉗ 電線の太さの表し方で，「2.0」と「2」がありますが，どのような違いがあるのでしょうか？

A

　配線図では，VVF2.0-3C，CVV2-3Cのように，電線の太さの単位を省略して表します．ここで，「**2.0**」は単線の直径が2.0mmであることを示し，「**2**」はより線の断面積が2mm²であることを示します．

　直径1.6mmの単線の断面積は約2mm²ですので，**より線2mm²は単線太さ1.6mmと同等**として，リングスリーブで圧着接続しなければなりません．

「2.0」 → 直径 2.0mm

「2」 → 断面積 2mm²

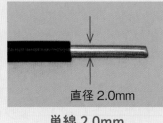

直径 2.0mm

単線 2.0mm

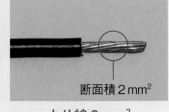

断面積 2mm²

より線 2mm²

Q ㉘ 試験問題には，複線図を書くスペースはありますか？

A

　問題用紙には，複線図を書くスペースはあります．その広さは問題によって異なります．
　問題用紙は半分に折ってあり，開くとＡ３サイズの大きさになります．
　・「表」面には，〈注意事項〉と〈支給材料表〉が記載されています．

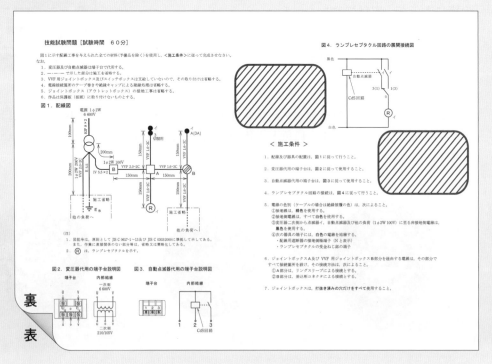

第 4 編

公表問題
10問と
合格解答

1 令和6年度技能試験の
公表問題10問（候補問題の公表）

2 予想公表問題の作成と
合格解答について

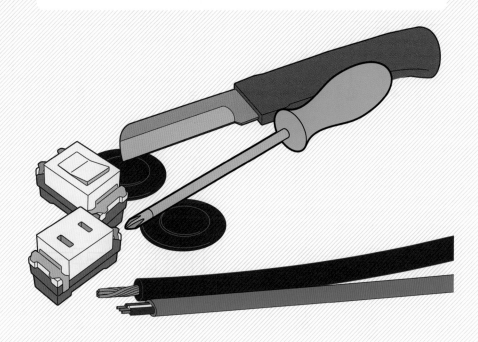

令和6年1月10日
一般財団法人電気技術者試験センター

令和6年度第一種電気工事士技能試験候補問題の公表について

1．技能試験候補問題について

　　ここに公表した候補問題（No.1 〜 No.10)は，最大電力 500kW 未満の自家用電気工作物及び一般用電気工作物等の電気工事に係る基本的な作業であって，試験を机上で行うことと使用する材料・工具等を考慮して作成してあります。

2．出題方法

　　令和6年度の技能試験問題は，次の No.1 〜 No.10 の配線図の中から出題します。

　　ただし，配線図，施工条件等の詳細については，試験問題に明記します。

　　なお，**試験時間は，すべての問題について６０分の予定です。**

　　その他，配線図等の詳細についてのご質問には一切応じられません。

　（注）　1．図記号は，原則としてJIS C 0617-1〜13及びJIS C 0303:2000に準拠して示してある。
　　　　　　　また，作業に直接関係のない部分等は，省略又は簡略化してある。

　　　　　2．配線図は，電線の本数にかかわらず単線図で示してある。

　　　　　3．Ⓡ はランプレセプタクル，MS は電磁開閉器をそれぞれ示す。

　　　　　4．配線図に明示していないが，出題される工事種別には，ケーブル工事，金属管工事，合成樹脂管工事がある。

　　　　　5．電源・機器・器具の配置については変更する場合がある。

　　　　　6．機器・器具においては，端子台で代用するものもある。

　　　　　7．Ｅ に係る接地工事及び Ⓐ，Ⓥ に至る工事については出題時に明示する。

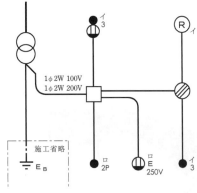

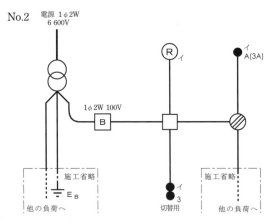

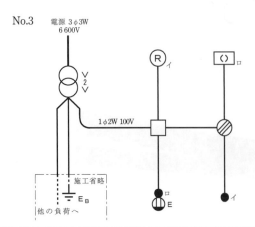

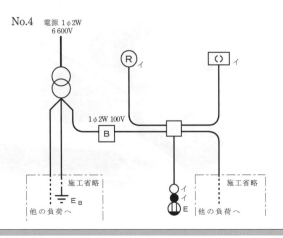

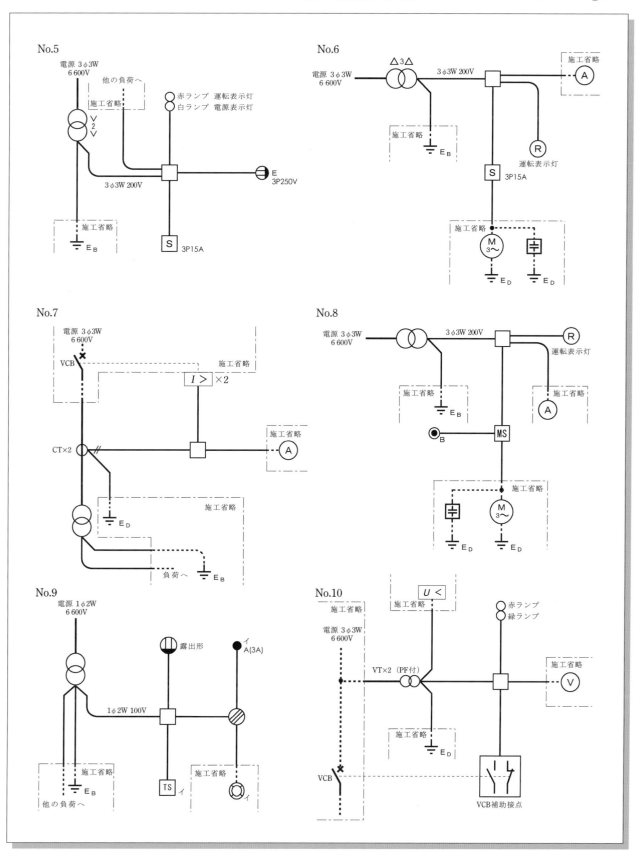

No.5
電源 3φ3W
6 600V
他の負荷へ
施工省略
V
2
V
3φ3W 200V
赤ランプ 運転表示灯
白ランプ 電源表示灯
E
3P250V
施工省略
E_B
S 3P15A

No.6
電源 3φ3W
6 600V
△3△
3φ3W 200V
施工省略
A
施工省略
E_B
R
運転表示灯
S 3P15A
施工省略
M
3〜
E_D
E_D

No.7
電源 3φ3W
6 600V
VCB
施工省略
I > ×2
CT×2
施工省略
A
E_D
施工省略
負荷へ
E_B

No.8
電源 3φ3W
6 600V
3φ3W 200V
R
運転表示灯
施工省略
E_B
施工省略
A
B
MS
施工省略
E_D
M
3〜
E_D

No.9
電源 1φ2W
6 600V
露出形
イ
A(3A)
1φ2W 100V
施工省略
E_B
他の負荷へ
TS イ
施工省略
イ

No.10
U <
施工省略
電源 3φ3W
6 600V
赤ランプ
緑ランプ
VT×2 (PF付)
施工省略
V
施工省略
E_D
VCB
VCB補助接点

予想公表問題の作成と合格解答について

● 予想公表問題の作成

　（一財）電気技術者試験センターから公表された「技能試験候補問題 No.1 ～ No.10」の配線図（単線図）を元に，本書編集部では，❶問題の前文，❷公表問題の配線図（配線工事の種類，寸法を含む），❸使用機器・器具代用の端子台説明図（機器・器具結線図，制御回路図を含む），❹施工条件（展開接続図，参考図を含む），❺支給材料等について，過去35年間の出題問題を参考にして，予想公表問題 No.1 ～ No.10 を作成しました.

　予想問題ですので，実際に出題される試験問題とは機器・器具の配置，配線工事の種類，寸法，施工条件，支給材料等で若干の違いがあることを考慮して，学習と実作業の練習を行ってください.

● 合格解答について

　予想問題をほぼ3ページ構成で作成してあります. その予想問題に対して，本書では，次のような順序で解答をしています.

1　想定した支給材料をまとめて写真で示しました. 併せて，その中から一部の器具・材料をピックアップするとともに，アウトレットボックス（打抜き穴）の図を示しました.

2　問題の配線図（図1. 配線図）を複線図に書き直し，電線の色指定も表記しました. 色が逆でもよい場合などには（ ）書きで表記しました.

3　特に，単線図から複線図への書き方手順例を，4つの手順で示しました.「なるほど，この手順でよくわかった！」と理解しても，実際にご自分で複線図に書き直してみることは容易ではないので，書き方の練習を積んで，自分のものにしてください.

4　材料の寸法出し（絶縁電線・ケーブルの切断方法）について，切断・シースのはぎ取り，絶縁被覆のはぎ取り寸法を参考に示しました.

5　作業手順の一例を示しました. 作業手順の方法には，大きく分けて二つの方法があります. 方法のひとつは，ケーブルを必要な長さに切断してから，器具付けをする方法です. もうひとつは，ケーブルの端に器具を取り付けてから，ケーブルを必要な長さに切断する方法です. 実際の試験ではいずれの方法で行ってもよく，なるべく速く，間違いなく作業ができることが大切です. 練習を積み重ねてください.

6　完成施工写真を掲げ，「結線チェック」及びスイッチ等の裏面写真若しくは部分拡大写真を掲げています.

本書の「公表問題」と実際の「試験問題」の違い

　(一財)電気技術者試験センターから明らかにされた「候補問題」の内容は，P.112～113に掲載するとおりこれだけです．それ以外は一切公表されていませんので，この公表された「候補問題」を元に，当日出題されるであろう実際の試験問題を想定して「予想問題」を作成しています．したがって，本書の「公表問題」と当日の「試験問題」が全く同一とは限りません．工事種別が明示されていないこともあって，ケーブル工事であってもケーブルの種別が違ったり，あるいは電線管(金属管，合成樹脂管)工事になったり，さらには図の(注)や「施工条件」等々で，本書と違いが出てくることはやむを得ないところです．

　このことを肝に銘じて，当日の試験問題(課題，配線図，施工条件，支給材料表)を，よく読んでから作業に取りかかってください．決定的なミスはそこで防ぐことができます．

● これまでにこんな違いがありました

　過去の問題で，本書の予想問題と違う特徴的なところを紹介しておきます．

● 配線の違い
　表示灯の配線が違っていました．

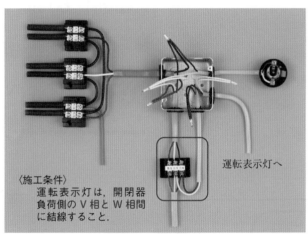

〈施工条件〉
　運転表示灯は，開閉器
　負荷側のV相とW相間
　に結線すること．

本書の「公表問題」

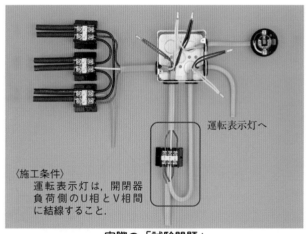

運転表示灯へ

〈施工条件〉
　運転表示灯は，開閉器
　負荷側のU相とV相間
　に結線すること．

実際の「試験問題」

● 機器・器具の配置の違い
　開閉器とコンセントの配置が違っていました．

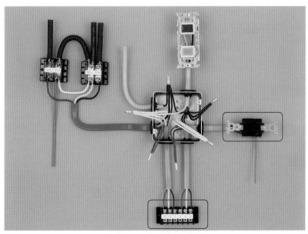

本書の「公表問題」

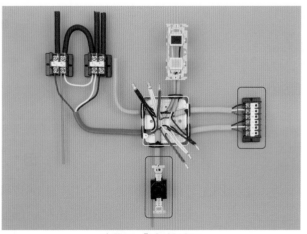

実際の「試験問題」

公表問題 No.1

　図1に示す配線工事を与えられた全ての材料（予備品を除く）を使用し，〈**施工条件**〉に従って完成させなさい.

なお，

1. 変圧器は端子台で代用する.
2. ──────-──────-────── で示した部分は施工を省略する.
3. VVF用ジョイントボックス及びスイッチボックスは支給していないので，その取り付けは省略する.
4. 電線接続箇所のテープ巻きや絶縁キャップによる絶縁処理は省略する.
5. ジョイントボックス(アウトレットボックス)の接地工事は省略する.
6. 作品は保護板(板紙)に取り付けないものとする.

[試験時間　60分]

器具の配置を変更した別な回路も考えられます(P.126～133を参照).

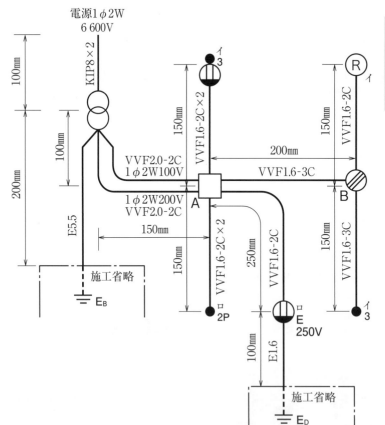

図1. 配線図

注：1. 図記号は，原則として JIS C 0617-1 ～ 13 及び JIS C 0303：2000 に準拠して示してある．また，作業に直接関係ない部分等は，省略又は簡略化してある．
　　2. Ⓡは，ランプレセプタクルを示す.

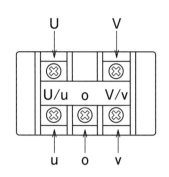

端子台

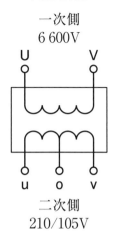

内部結線
一次側
6 600V

二次側
210/105V

図2. 変圧器代用の端子台説明図

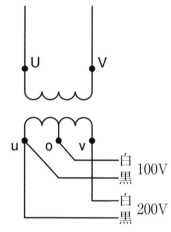

（接地線の表示は省略してある）

図3. 変圧器結線図

施工条件

1. 配線及び器具の配置は，**図1**に従って行うこと．
2. 変圧器代用の端子台は，**図2**に従って使用すること．
3. 変圧器代用の端子台の結線は，**図3**に従って行うこと．
4. スイッチの配線方法は，次によること．
   - 3路スイッチの記号「0」の端子には電源側又は負荷側の電線を結線し，記号「1」と「3」の端子にはスイッチ相互間の電線を結線する．
   - 100V回路においては，電源から3路スイッチ（イ）とコンセントの組合せ部分に至る電源側電線には2心ケーブル1本を使用すること．
   - 200V回路においては，電源からスイッチ（ロ）に至る電源側電線には2心ケーブル1本を使用すること．
5. 電線の色別(ケーブルの場合は絶縁被覆の色)は，次によること．
   - ①接地線は，**緑色**を使用する．
   - ②接地側電線は，すべて**白色**を使用する．
   - ③100V回路の3路スイッチ（イ）とコンセントの組合せ部分に至る非接地側電線は，すべて**黒色**を使用する．
   - ④200V回路の変圧器 u 相からコンセントに至る配線は，すべて**黒色**を使用する．
   - ⑤次の器具の端子には，**白色**の電線を結線する．
     - ランプレセプタクルの受金ねじ部の端子
     - コンセントの接地側極端子(**W**と表示)
6. ジョイントボックスA及びVVF用ジョイントボックスB部分を経由する電線は，その部分ですべて接続箇所を設け，その接続方法は，次によること．

①**A**部分は，リングスリーブによる接続とする．

　　②**B**部分は，差込形コネクタによる接続とする．

7．ジョイントボックスは，**打抜き済みの穴だけをすべて使用すること**．

8．埋込連用取付枠は，３路スイッチ(イ)とコンセントの組合せ部分に使用すること．

支給材料

材　　　　　料		
1．高圧絶縁電線(KIP)，8 mm²	長さ約　200mm	1本
2．600Ｖビニル絶縁ビニルシースケーブル平形(シース青色)， 　　　　　　　　　　　　　　2.0mm，2心	長さ約　800mm	1本
3．600Ｖビニル絶縁ビニルシースケーブル平形，1.6mm，3心	長さ約　750mm	1本
4．600Ｖビニル絶縁ビニルシースケーブル平形，1.6mm，2心	長さ約1 100mm	2本
5．600Ｖビニル絶縁電線，5.5mm²，緑色	長さ約　200mm	1本
6．600Ｖビニル絶縁電線，1.6mm，緑色	長さ約　200mm	1本
7．端子台(変圧器の代用)，3Ｐ		1個
8．ランプレセプタクル(カバーなし)		1個
9．埋込連用取付枠		1枚
10．埋込連用タンブラスイッチ(3路)		2個
11．埋込連用タンブラスイッチ(両切)		1個
12．埋込連用コンセント		1個
13．埋込コンセント(15A250V 接地極付)		1個
14．ジョイントボックス(アウトレットボックス　19mm 2箇所，25mm 4箇所 　　　　　　　　　　　　　　　ノックアウト打抜き済み)		1個
15．ゴムブッシング(19)		2個
16．ゴムブッシング(25)		4個
17．リングスリーブ(小)	(予備品を含む)	12個
18．差込形コネクタ(2本用)		4個
・受験番号札		1枚
・ビニル袋		1枚

材料の写真

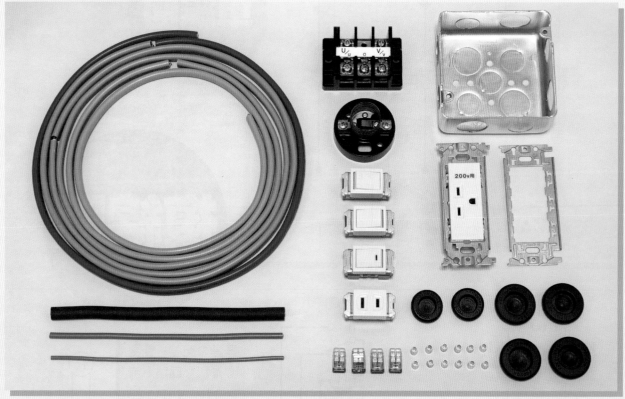

支給材料

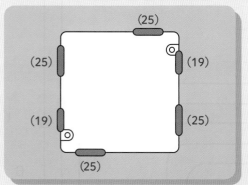

アウトレットボックスの使用法

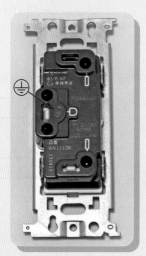

15A250V 接地極付コンセント

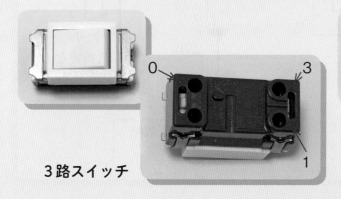

3路スイッチ

両切（2極）
スイッチ

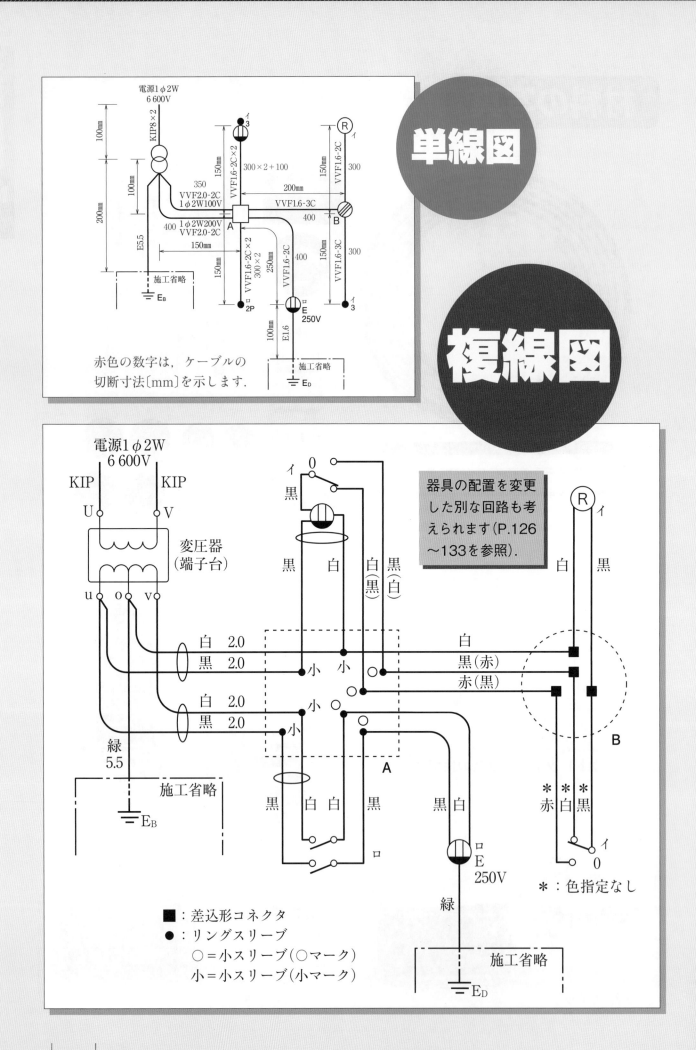

単線図

複線図

器具の配置を変更
した別な回路も考
えられます（P.126
～133を参照）.

赤色の数字は，ケーブルの
切断寸法〔mm〕を示します.

＊：色指定なし

■：差込形コネクタ
●：リングスリーブ
　○＝小スリーブ（○マーク）
　小＝小スリーブ（小マーク）

材料の寸法出し （絶縁電線・ケーブルの切断方法）

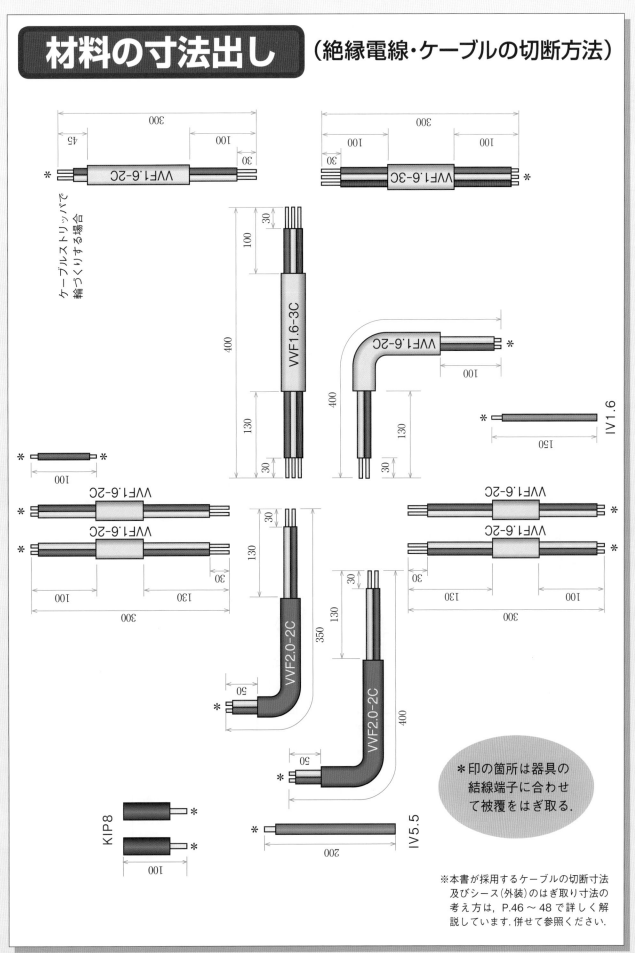

ケーブルストリッパで
輪づくりする場合

300
45
100
30
VVF1.6-2C
*

300
100
30
100
VVF1.6-3C
*

30
100
400
VVF1.6-3C
130
30

400
VVF1.6-2C
100
130
30
*

*
150
IV1.6

*
100
*

VVF1.6-2C
VVF1.6-2C
130
30
100
300
*
*

30
130
350
VVF2.0-2C
50
*

30
130
400
VVF2.0-2C
50
*

VVF1.6-2C
VVF1.6-2C
30
130
300
100
30
*
*

KIP8
*
*
100

*
200
IV5.5

＊印の箇所は器具の
結線端子に合わせ
て被覆をはぎ取る.

※本書が採用するケーブルの切断寸法
及びシース（外装）のはぎ取り寸法の
考え方は，P.46～48で詳しく解
説しています．併せて参照ください．

※作品のサイズが大きいため，上記の図は横向きで掲載しています．本書を横にして確認ください．

複線図の書き方

手順 1

❶変圧器の一次側の配線をする．
❷変圧器の二次側のB種接地工事の配線をする．

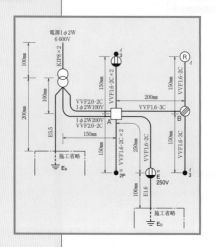

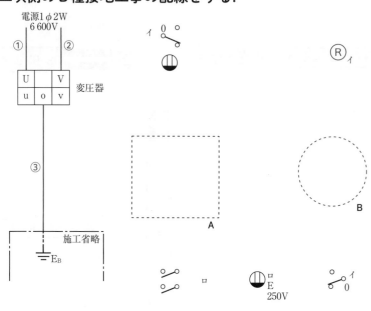

手順 2

❶ 100V回路のコンセントの配線をする．
❷ 3路スイッチの配線をする．

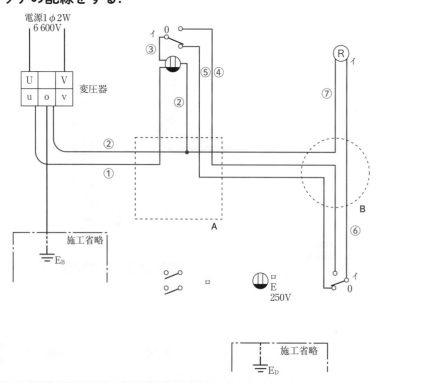

手順3

❶変圧器の二次側～両切スイッチ～ 200V コンセントの配線をする.
❷コンセントの接地線の配線をする.

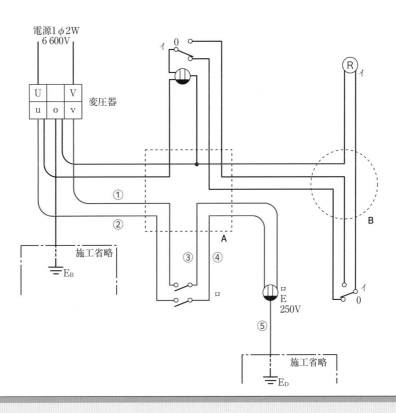

手順4

❶電線の接続点に印を付ける. リングスリーブ……● 差込形コネクタ……■
❷2心ケーブル1本, 電線の種類, 太さ, 色を記入する.
❸リングスリーブの圧着マークを記入する.

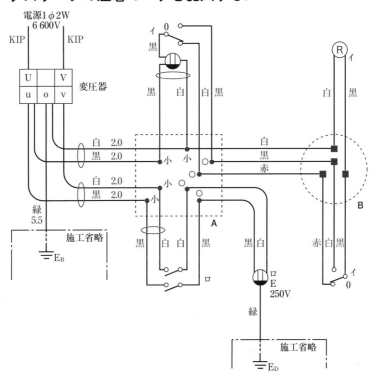

作業手順	ポイント
● 試験問題を読み取り，電気回路図（複線図）を書く． ＊電線接続点（●・■印）及び電線の色別を明らかにする．	● P.120 参照
● 絶縁電線・ケーブルの切断寸法を決める． ＊シース及び絶縁被覆のはぎ取り寸法を考えておく．	● P.121 参照
● アウトレットボックスにゴムブッシング6個を取り付ける． ● 連用取付枠に3路スイッチ及びコンセントを取り付ける．	● 連用取付枠の上に3路スイッチ，下にコンセントを取り付ける．
● 変圧器（端子台）一次側に KIP8mm² 2本を結線する．	● ねじの締付けは，十分に．
● 変圧器（端子台）二次側の結線をする． ＊1φ2W 100V の端子及び1φ2W 200V の端子に VVF 2.0-2C を結線し，切断及びシース・絶縁被覆のはぎ取りをして，アウトレットボックス内に挿入する． ● 接地線は，IV5.5mm²（緑線）を結線する．	● 1φ2W100V は u，o 端子に結線． ● 1φ2W200V は u，v 端子に結線． ● 1φ2W100V の白線及び接地線は，o 端子に結線．
● 電源側3路スイッチ及び連用コンセントに VVF1.6-2C を2本結線し，切断及びシース・絶縁被覆のはぎ取りをして，アウトレットボックス内に挿入する．	● コンセントの非接地側極端子と3路スイッチの「0」端子間に「わたり線」（黒線）を結線．
● 両切スイッチに VVF1.6-2C を2本結線し，切断及びシース・絶縁被覆のはぎ取りをして，アウトレットボックス内に挿入する．	
● 接地極付コンセントの接地端子に IV1.6mm（緑線）を結線する． ● VVF1.6-2C を結線し，切断及びシース・絶縁被覆のはぎ取りをして，アウトレットボックス内に挿入する．	● 接地線は接地極端子（⏚表示）に結線．
● ランプレセプタクルに VVF1.6-2C を結線し，ジョイントボックス側のシース・絶縁被覆のはぎ取りをする．	● 受金ねじ部の端子は白線を結線． ● ケーブルは台座の下部から挿入．
● 負荷側3路スイッチに VVF1.6-3C を結線し，ジョイントボックス側のシース・絶縁被覆のはぎ取りをする．	● 「0」端子はランプレセプタクルへ結線．
● ジョイントボックス間の VVF1.6-3C の切断及びシース・絶縁被覆のはぎ取りをして，一端（シースはぎ取り13cm 側）をアウトレットボックス内に挿入する．	

接続電線		スリーブ	圧着マーク
1.6 mm	2本	小	○
2.0 mm 1.6 mm	1本 1本	小	小
2.0 mm 1.6 mm	1本 2本		

作業手順	ポイント
● ジョイントボックス内の電線接続をする． ＊アウトレットボックス内は，リングスリーブ接続 ＊VVF 用ジョイントボックス内は，差込形コネクタ接続 ● 圧着マークの確認をする．	
● 施工作品の点検，修正をする． ●（図1．配線図）の配置に整形する．	● 点検：「欠陥」の箇所を見つける． ● 修正：「欠陥」の箇所を手直しする．

● 絶縁電線・ケーブルの切断及びシース・絶縁被覆のはぎ取りは，①始めに P.121 の図のように，全部の加工を行う．②各器具付けごとに，切断～被覆のはぎ取りをする．どちらの方法でもよい．

完成施工写真

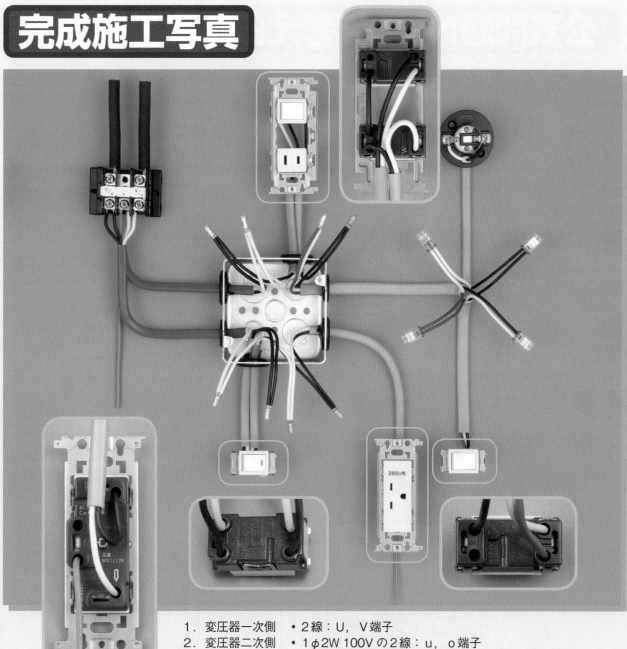

結線チェック

1. 変圧器一次側　・2線：U，V端子
2. 変圧器二次側　・1φ2W 100V の2線：u，o端子
　　　　　　　　・1φ2W 200V の2線：u，v端子
　　　　　　　　・B種接地工事の接地線：o端子
3. 2心ケーブル　・100V 回路で電源から3路スイッチ（イ）とコンセントの組合
　　1本　　　　　せ部分に至る電源側電線
　　　　　　　　・200V 回路で電源からスイッチ（ロ）に至る電源側電線
4. 電線色別　　　・接地線：緑
　　　　　　　　・1φ2W 100V　接地側電線：白
　　　　　　　　　　　　　　　変圧器二次側からの非接地側電線：黒
　　　　　　　　・変圧器のu端子から 200V コンセント：黒
　　　　　　　　・ランプレセプタクルの受金ねじ部の端子：白
　　　　　　　　・連用コンセントの接地側極端子（W表示）：白
　　　　　　　　・電源側3路スイッチ「0」端子：黒
　　　　　　　　・200V コンセントの接地極端子（⏚表示）：緑
5. 電線接続　　　・アウトレットボックス：リングスリーブ接続
　　　　　　　　　（1.6mm 2本）　　　　　　　　＝小スリーブ（マーク：○）
　　　　　　　　　（2.0mm 1本＋1.6mm 1本）＝小スリーブ（マーク：小）
　　　　　　　　　（2.0mm 1本＋1.6mm 2本）＝小スリーブ（マーク：小）
　　　　　　　　・VVF 用ジョイントボックス：差込形コネクタ接続

※施工手順の動画は P. 256 の QR コードからご覧になることができます。

公表問題No.1で考えられる別な回路

器具の配置を変更した場合は，その1，その2のような回路が考えられます．

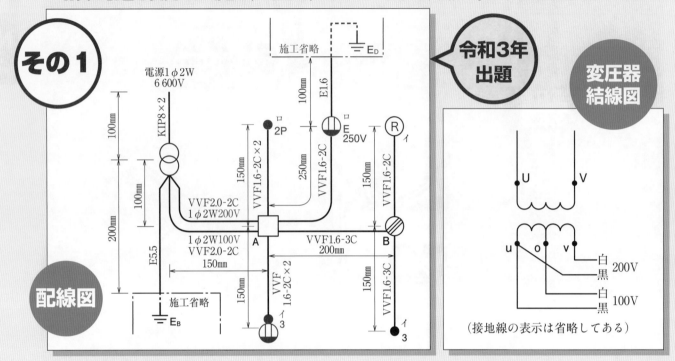

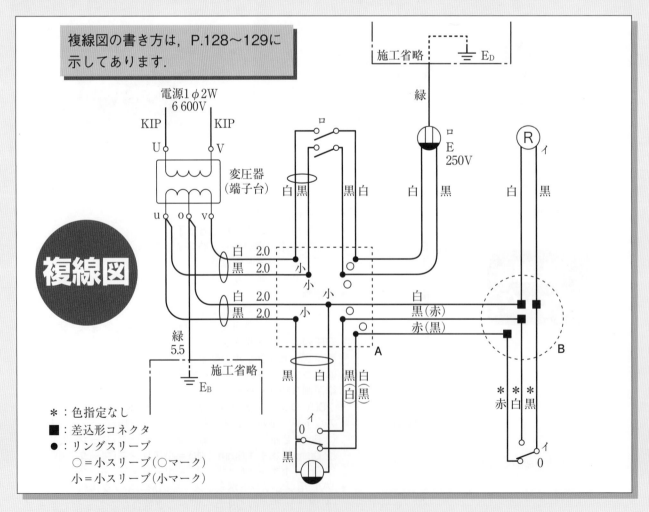

材　　　　　料		
1．高圧絶縁電線(KIP)，8 mm²	長さ約　200mm	1本
2．600Vビニル絶縁ビニルシースケーブル平形(シース青色)，2.0mm，2心	長さ約　800mm	1本
3．600Vビニル絶縁ビニルシースケーブル平形，1.6mm，3心	長さ約　750mm	1本
4．600Vビニル絶縁ビニルシースケーブル平形，1.6mm，2心	長さ約1100mm	2本
5．600Vビニル絶縁電線，5.5mm²，緑色	長さ約　200mm	1本
6．600Vビニル絶縁電線，1.6mm，緑色	長さ約　200mm	1本
7．端子台(変圧器の代用)，3P		1個
8．ランプレセプタクル(カバーなし)		1個
9．埋込連用取付枠		1枚
10．埋込連用タンブラスイッチ(3路)		2個
11．埋込連用タンブラスイッチ(両切)		1個
12．埋込連用コンセント		1個
13．埋込コンセント　(15A250V接地極付)		1個
14．ジョイントボックス(アウトレットボックス　19mm 2箇所，25mm 4箇所　ノックアウト打抜き済み)		1個
15．ゴムブッシング(19)		2個
16．ゴムブッシング(25)		4個
17．リングスリーブ(小)	(予備品を含む)	12個
18．差込形コネクタ(2本用)		4個

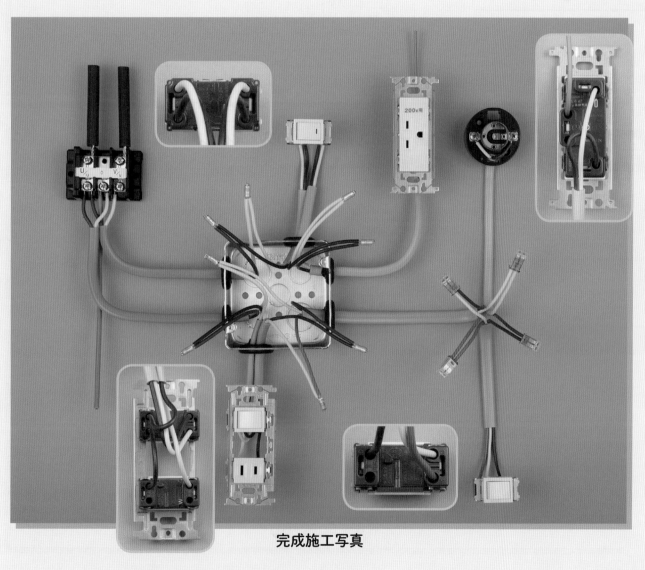

完成施工写真

その1の複線図の書き方

手順1

❶変圧器の一次側の配線をする.

❷変圧器の二次側のB種接地工事の配線
をする.

手順2

❶変圧器の二次側〜両切スイッチ〜200Vコンセントの配線をする.

❷コンセントの接地線の配線をする.

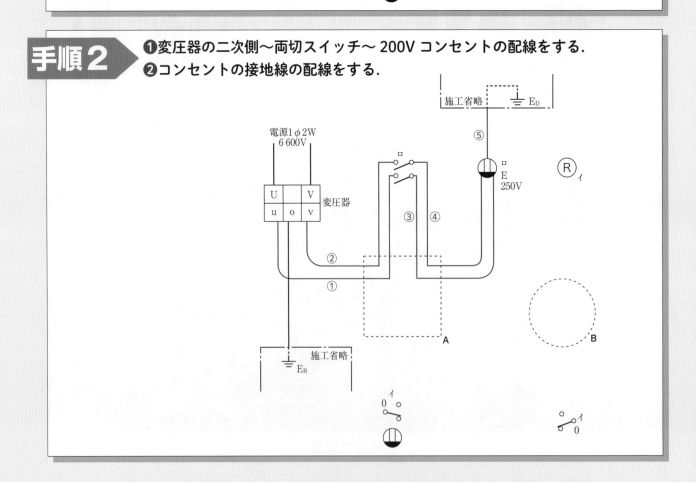

手順3

❶ 3路スイッチの配線をする.
❷ 100V 回路のコンセントの配線をする.

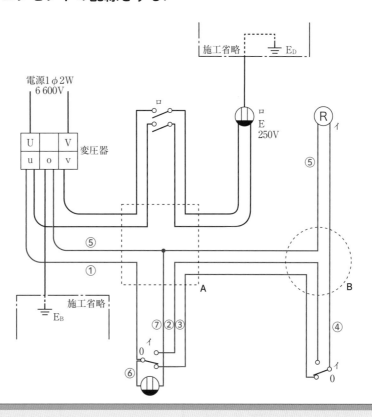

手順4

❶ 電線の接続点に印を付ける. リングスリーブ……● 差込形コネクタ……■
❷ 2心ケーブル1本, 電線の種類, 太さ, 色を記入する.
❸ リングスリーブの圧着マークを記入する.

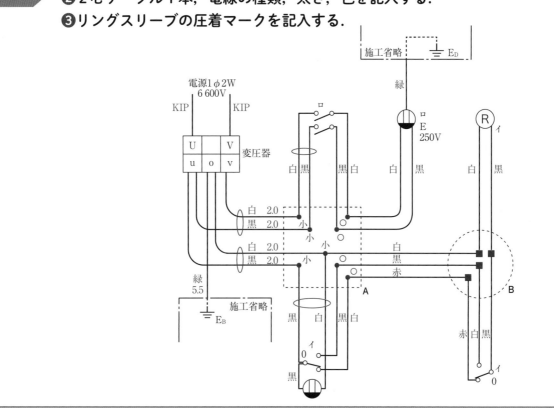

令和4年
令和5年
出題

変圧器
結線図

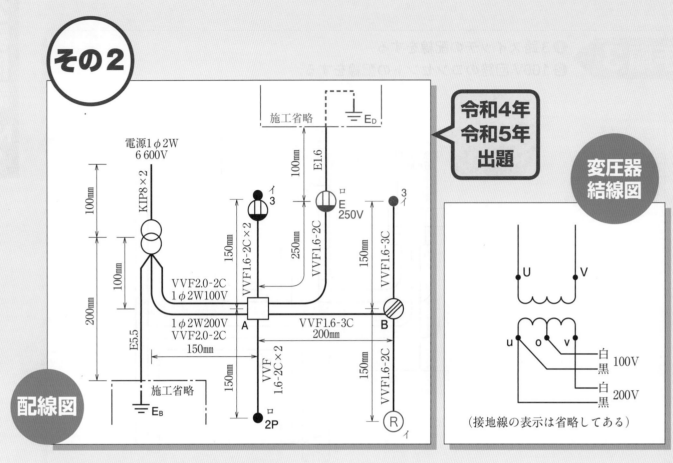

配線図

（接地線の表示は省略してある）

複線図の書き方は，P.132～133に
示してあります.

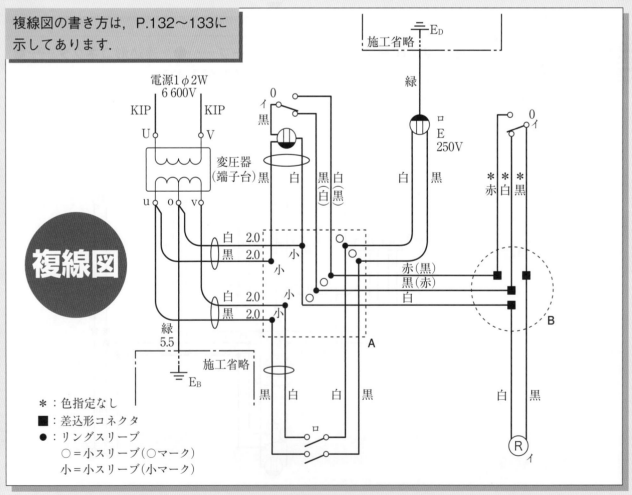

複線図

＊：色指定なし
■：差込形コネクタ
●：リングスリーブ
　○＝小スリーブ（○マーク）
　小＝小スリーブ（小マーク）

材 料		
1. 高圧絶縁電線(KIP)，8 mm²	長さ約 200mm	1本
2. 600Vビニル絶縁ビニルシースケーブル平形(シース青色)，2.0mm，2心	長さ約 800mm	1本
3. 600Vビニル絶縁ビニルシースケーブル平形，1.6mm，3心	長さ約 750mm	1本
4. 600Vビニル絶縁ビニルシースケーブル平形，1.6mm，2心	長さ約1100mm	2本
5. 600Vビニル絶縁電線，5.5mm²，緑色	長さ約 200mm	1本
6. 600Vビニル絶縁電線，1.6mm，緑色	長さ約 200mm	1本
7. 端子台(変圧器の代用)，3P		1個
8. ランプレセプタクル(カバーなし)		1個
9. 埋込連用取付枠		1枚
10. 埋込連用タンブラスイッチ(3路)		2個
11. 埋込連用タンブラスイッチ(両切)		1個
12. 埋込連用コンセント		1個
13. 埋込コンセント （15A250V 接地極付)		1個
14. ジョイントボックス(アウトレットボックス 19mm 2箇所，25mm 4箇所 ノックアウト打抜き済み)		1個
15. ゴムブッシング(19)		2個
16. ゴムブッシング(25)		4個
17. リングスリーブ(小)	(予備品を含む)	12個
18. 差込形コネクタ(2本用)		4個

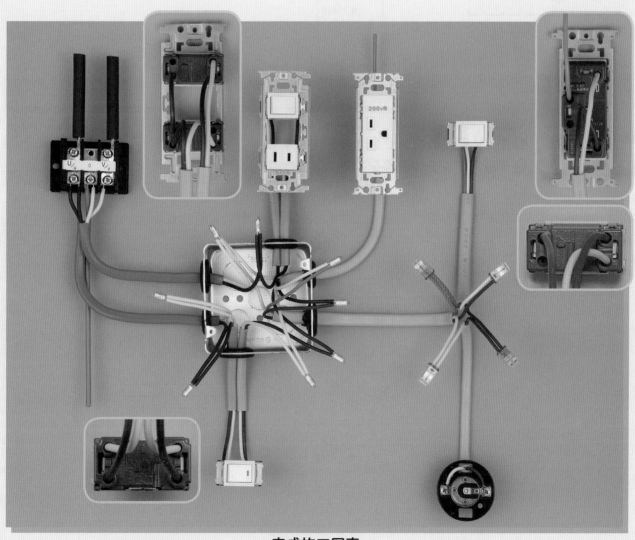

完成施工写真

その2の複線図の書き方

手順1
❶変圧器の一次側の配線をする.
❷変圧器の二次側のB種接地工事の配線をする.

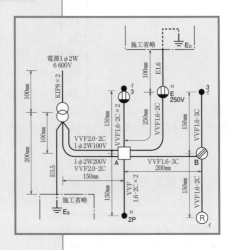

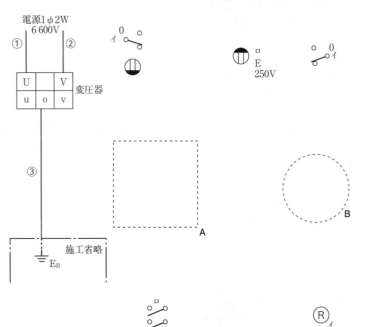

手順2
❶100V回路のコンセントの配線をする.
❷3路スイッチの配線をする.

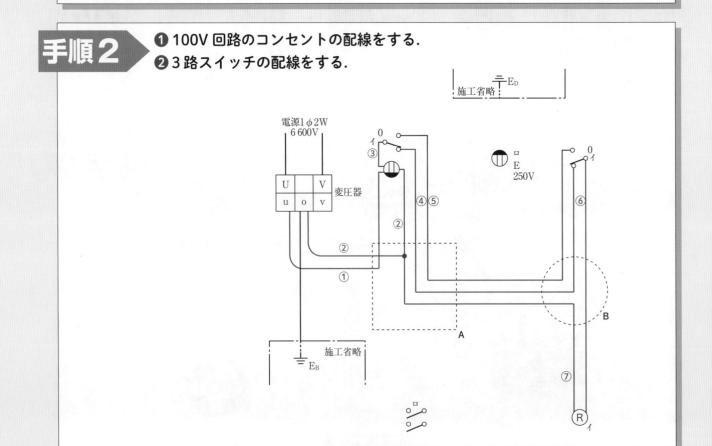

手順3

❶変圧器の二次側〜両切スイッチ〜 200V コンセントの配線をする.
❷コンセントの接地線の配線をする.

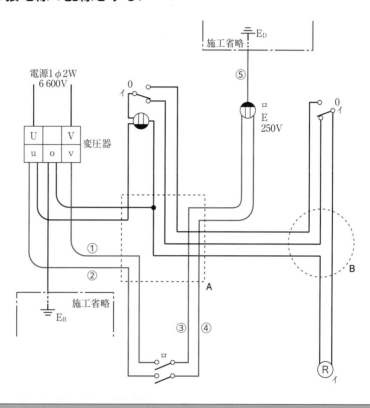

手順4

❶電線の接続点に印を付ける. リングスリーブ……● 差込形コネクタ……■
❷2心ケーブル1本, 電線の種類, 太さ, 色を記入する.
❸リングスリーブの圧着マークを記入する.

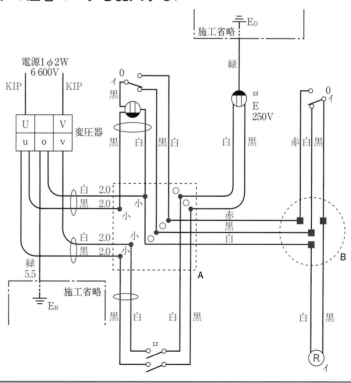

公表問題 No.2

　図1に示す配線工事を与えられた全ての材料（予備品を除く）を使用し，〈**施工条件**〉に従って完成させなさい．

なお，

1. 変圧器及び自動点滅器は端子台で代用する．
2. ―――・―――・――― で示した部分は施工を省略する．
3. VVF用ジョイントボックス及びスイッチボックスは支給していないので，その取り付けは省略する．
4. 電線接続箇所のテープ巻きや絶縁キャップによる絶縁処理は省略する．
5. ジョイントボックス(アウトレットボックス)の接地工事は省略する．
6. 作品は保護板(板紙)に取り付けないものとする．

［試験時間　60分］

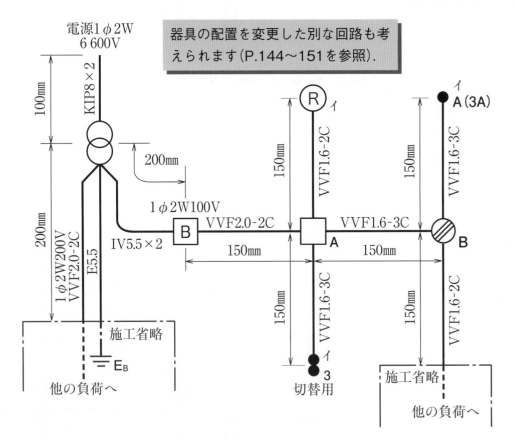

図1．配線図

注：1. 図記号は，原則として JIS C 0617-1 ～ 13 及び JIS C 0303：2000 に準拠して示してある．また，作業に直接関係ない部分等は，省略又は簡略化してある．
　　2. Ⓡは，ランプレセプタクルを示す．

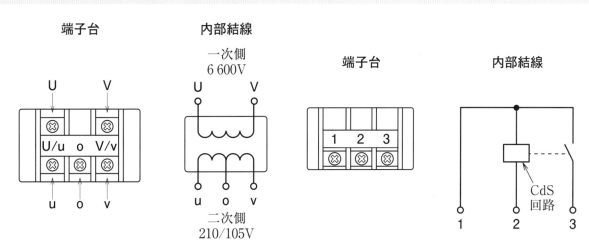

図2．変圧器代用の端子台説明図　　図3．自動点滅器代用の端子台説明図

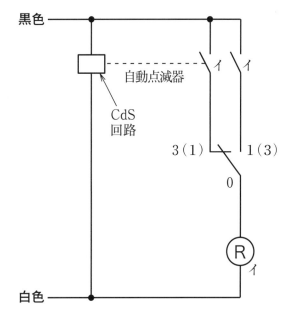

図4．ランプレセプタクル回路の展開接続図

施工条件

1．配線及び器具の配置は，**図1**に従って行うこと．

2．変圧器代用の端子台は，**図2**に従って使用すること．

3．自動点滅器代用の端子台は，**図3**に従って使用すること．

4．ランプレセプタクル回路の接続は，**図4**に従って行うこと．

5．電線の色別（ケーブルの場合は絶縁被覆の色）は，次によること．

　①接地線は，**緑色**を使用する．

　②接地側電線は，すべて**白色**を使用する．

　③変圧器二次側から点滅器イ，自動点滅器及び他の負荷（1φ2W100V）に至る非接地側
　　電線は，**黒色**を使用する．

④次の器具の端子には，**白色**の電線を結線する．
- 配線用遮断器の接地側極端子（**N**と表示）
- ランプレセプタクルの受金ねじ部の端子

6．ジョイントボックス**A**及び**VVF**用ジョイントボックス**B**部分を経由する電線は，その部分ですべて接続箇所を設け，その接続方法は，次によること．
①**A**部分は，リングスリーブによる接続とする．
②**B**部分は，差込形コネクタによる接続とする．

7．ジョイントボックスは，**打抜き済みの穴だけ**をすべて使用すること．

支給材料

材　　　　　料		
1．高圧絶縁電線(KIP)，8 mm²	長さ約　200mm	1本
2．600 V ビニル絶縁ビニルシースケーブル平形(シース青色)， 　　　　　　　　　　　　　　2.0mm，2心	長さ約　500mm	1本
3．600 V ビニル絶縁ビニルシースケーブル平形，1.6mm，3心	長さ約1 100mm	1本
4．600 V ビニル絶縁ビニルシースケーブル平形，1.6mm，2心	長さ約　600mm	1本
5．600 V ビニル絶縁電線，5.5mm²，黒色	長さ約　200mm	1本
6．600 V ビニル絶縁電線，5.5mm²，白色	長さ約　200mm	1本
7．600 V ビニル絶縁電線，5.5mm²，緑色	長さ約　200mm	1本
8．端子台(変圧器の代用)，3 P		1個
9．端子台(自動点滅器の代用)，3 P		1個
10．配線用遮断器(100V，2極1素子)		1個
11．ランプレセプタクル(カバーなし)		1個
12．埋込連用タンブラスイッチ(片切)		1個
13．埋込連用タンブラスイッチ(3路)		1個
14．埋込連用取付枠		1枚
15．ジョイントボックス(アウトレットボックス　19mm　4箇所 　　　　　　　　　　　　　　ノックアウト打抜き済み)		1個
16．ゴムブッシング(19)		4個
17．リングスリーブ(小)　　　　　　　　　　(予備品を含む)		6個
18．差込形コネクタ(2本用)		1個
19．差込形コネクタ(3本用)		2個
• 受験番号札		1枚
• ビニル袋		1枚

材料の写真

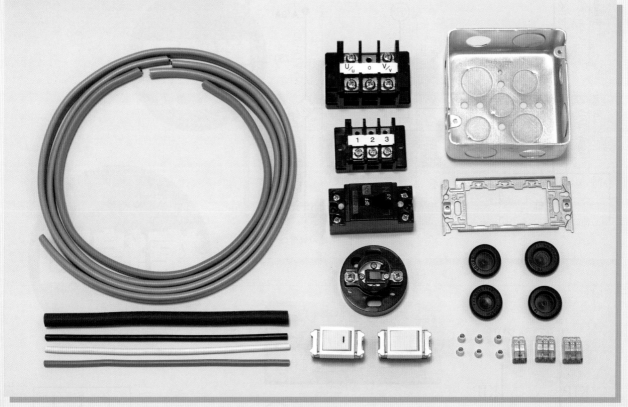

支給材料

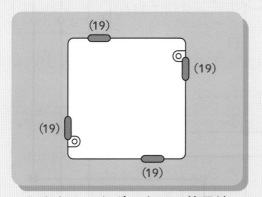

アウトレットボックスの使用法

変圧器代用の端子台

配線用遮断器

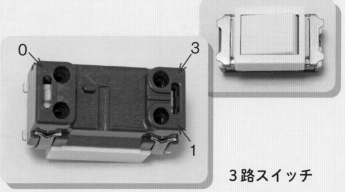

3路スイッチ

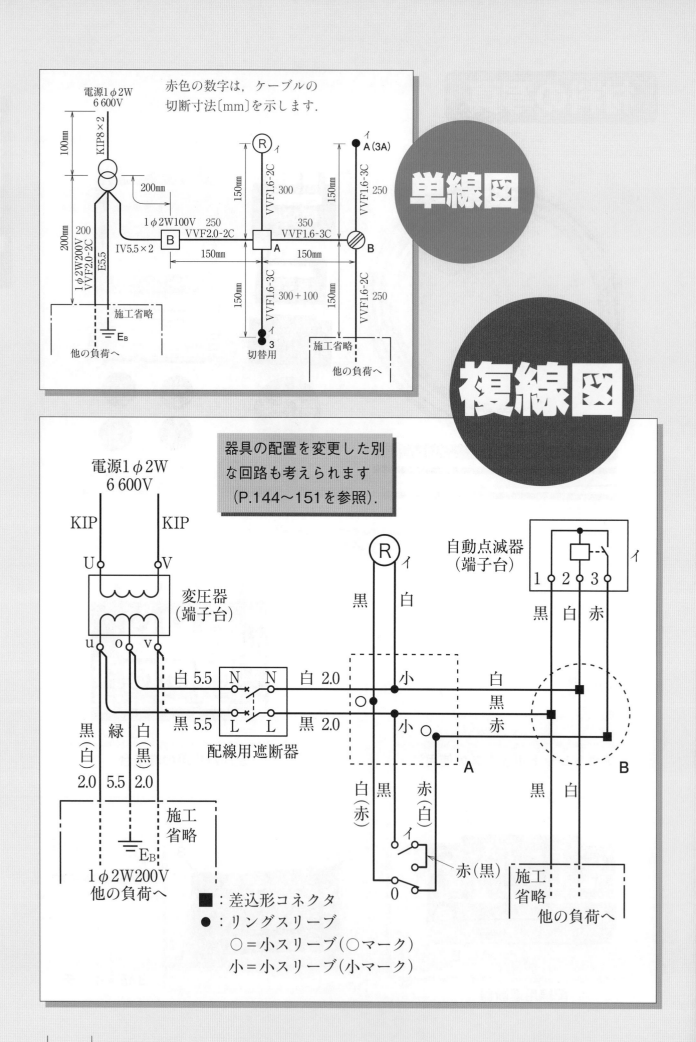

単線図

複線図

器具の配置を変更した別
な回路も考えられます
（P.144〜151を参照）.

■：差込形コネクタ
●：リングスリーブ
○＝小スリーブ（○マーク）
小＝小スリーブ（小マーク）

材料の寸法出し （絶縁電線・ケーブルの切断方法）

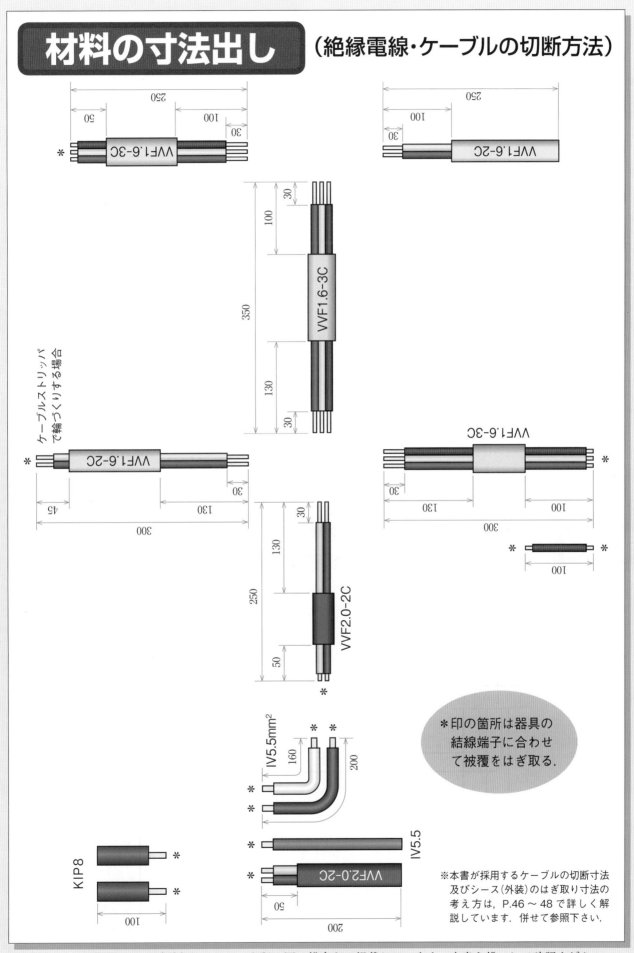

VVF1.6-3C

VVF1.6-2C

VVF1.6-3C

VVF1.6-2C

VVF1.6-3C

VVF2.0-2C

ケーブルストリッパで輪づくりする場合

IV5.5mm²

IV5.5

VVF2.0-2C

KIP8

* 印の箇所は器具の
結線端子に合わせ
て被覆をはぎ取る.

※本書が採用するケーブルの切断寸法
及びシース（外装）のはぎ取り寸法の
考え方は, P.46 ～ 48 で詳しく解
説しています. 併せて参照下さい.

※作品のサイズが大きいため, 上記の図は横向きで掲載しています. 本書を横にして確認ください.

複線図の書き方

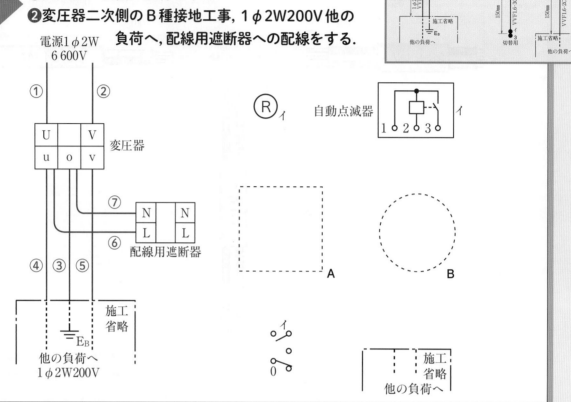

手順1

❶変圧器一次側の配線をする.

❷変圧器二次側のB種接地工事, 1φ2W200V 他の
負荷へ, 配線用遮断器への配線をする.

電源1φ2W
6 600V

① ②

U | V   変圧器
u o v

⑦ | N | N
⑥ | L | L
配線用遮断器

④ ③ ⑤

施工省略

E_B

他の負荷へ
1φ2W200V

Ⓡ ィ   自動点滅器

1 2 3   ィ

A   B

ィ

0

施工省略
他の負荷へ

手順2

❶配線用遮断器～自動点滅器の端子「1」「2」の配線をする.

❷VVF用ジョイントボックス～他の負荷への配線をする.

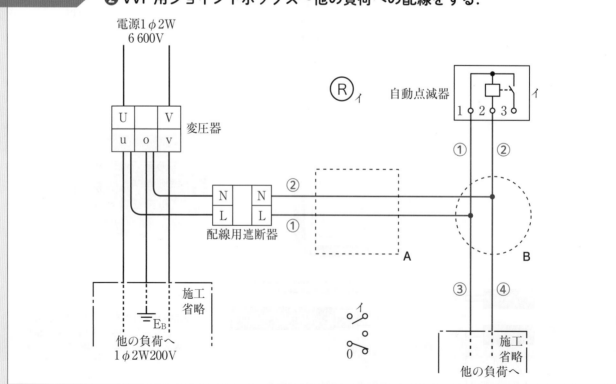

電源1φ2W
6 600V

U | V   変圧器
u o v

Ⓡ ィ   自動点滅器

1 2 3   ィ

① ②

② | N | N
① | L | L
配線用遮断器

A   B

③ ④

施工省略

E_B

他の負荷へ
1φ2W200V

ィ

0

施工省略
他の負荷へ

手順3

❶自動点滅器～3路スイッチの配線をする.
❷非接地側電線～片切スイッチ～3路スイッチの配線をする.
❸3路スイッチ～ランプレセプタクル～接地側電線の配線をする.

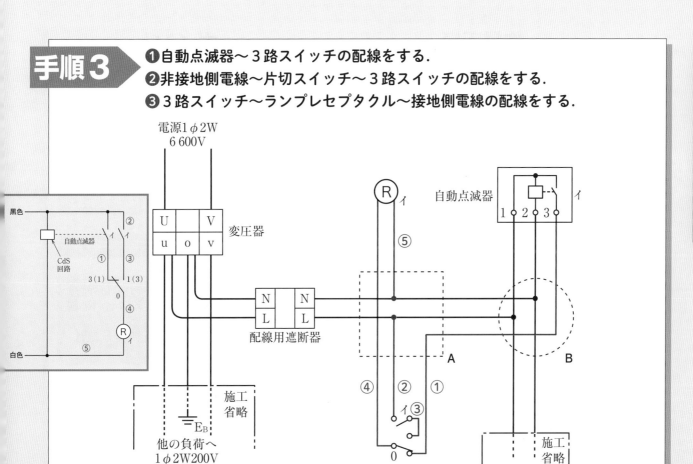

手順4

❶電線の接続点に印を付ける. リングスリーブ……● 差込形コネクタ……■
❷電線の種類, 太さ, 色を記入する.
❸リングスリーブの圧着マークを記入する.

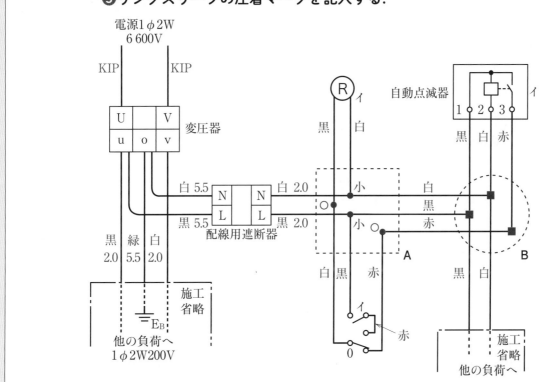

作業手順	ポイント
●試験問題を読み取り，電気回路図（複線図）を書く． 　＊電線接続点（●・■印）及び電線の色別を明らかにする．	●P.138 参照．
●絶縁電線・ケーブルの切断寸法を決める． 　＊シース及び絶縁被覆のはぎ取り寸法を考えておく．	●P.139 参照．
●アウトレットボックスにゴムブッシング4個を取り付ける． ●連用取付枠に片切スイッチと3路スイッチを取り付ける．	●連用取付枠の上に片切スイッチ，下に3路スイッチを取り付ける．
●変圧器（端子台）一次側に KIP 8mm² 2本を結線する．	●ねじの締付けは，十分に．
●変圧器（端子台）二次側及び配線用遮断器へ結線をする． 　＊1φ2W200V の端子に VVF2.0-2C を結線する． 　＊1φ2W100V の端子に IV5.5mm² を結線し，絶縁被覆のはぎ取りをして，配線用遮断器に結線する． ●接地線は，IV5.5mm²（緑線）を結線する．	●1φ2W200V は u，v 端子に結線． ●1φ2W100V は u，o（又は v，o）端子に結線． ●1φ2W100V の白線及び接地線は，o端子に結線．
●配線用遮断器の負荷側に VVF2.0-2C を結線し，切断及びシース・絶縁被覆のはぎ取りをして，アウトレットボックス内に挿入する．	●配線用遮断器の接地側極端子（N表示）には，白線を結線．
●ランプレセプタクルに VVF1.6-2C を結線し，切断及びシース・絶縁被覆のはぎ取りをして，アウトレットボックス内に挿入する．	●受金ねじ部の端子は白線を結線． ●ケーブルは台座の下部から挿入．
●片切スイッチと3路スイッチに VVF1.6-3C を結線し，切断及びシース・絶縁被覆のはぎ取りをして，アウトレットボックス内に挿入する．	●図4．ランプレセプタクル回路の展開接続図に従って結線． ●結線端子と電線色別に注意． ●スイッチ間の「わたり線」を忘れないこと．
●自動点滅器（端子台）に VVF1.6-3C を結線し，VVF用ジョイントボックス側のシース・絶縁被覆のはぎ取りをする．	
●他の負荷への VVF1.6-2C の VVF用ジョイントボックス側のシース・絶縁被覆のはぎ取りをする．	
●ジョイントボックス間の VVF1.6-3C の切断及びシース・絶縁被覆のはぎ取りをして，一端（シースはぎ取り13cm 側）をアウトレットボックス内に挿入する．	

接続電線	スリーブ	圧着マーク
1.6 mm　2本	小	○
2.0 mm　1本 1.6 mm　2本	小	小

作業手順	ポイント
●ジョイントボックス内の電線接続をする． 　＊アウトレットボックス内はリングスリーブ接続． 　＊VVF用ジョイントボックス内は差込形コネクタ接続． ●圧着マークの確認をする．	
●施工作品の点検，修正をする． ●（図1．配線図）の配置に整形する．	●点検：「欠陥」の箇所を見つける． ●修正：「欠陥」の箇所を手直しする．

●絶縁電線・ケーブルの切断及びシース・絶縁被覆のはぎ取りは，①始めに P.139 の図のように，全部の加工を行う．②各器具付けごとに，切断～被覆のはぎ取りをする．どちらの方法でもよい．

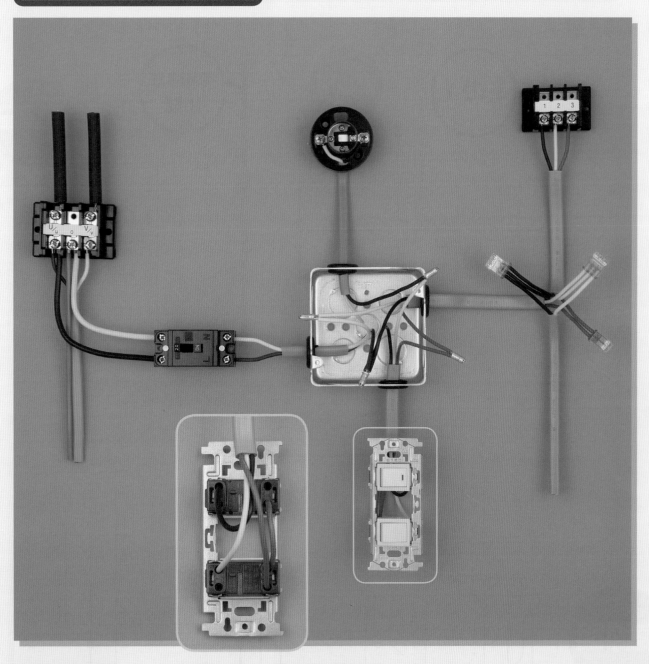

結線チェック

1. 変圧器一次側 ・2線：U，V端子
2. 変圧器二次側 ・1φ2W100Vの2線：u，o端子（又はv，o端子）
・1φ2W200Vの2線：u，v端子
・B種接地工事の接地線：o端子
3. 電線色別 ・接地線：緑
・1φ2W100V　接地側電線：白
　　　　　　変圧器二次側からの非接地側電線：黒
・配線用遮断器の接地側極端子（N表示）：白
・自動点滅器　1端子：黒　2端子：白　3端子：赤
・ランプレセプタクルの受金ねじ部の端子：白
4. 電線接続 ・アウトレットボックス：リングスリーブ接続
　（1.6mm　2本）　　　　　　＝小スリーブ（マーク：○）
　（2.0mm　1本＋1.6mm　2本）＝小スリーブ（マーク：小）
・VVF用ジョイントボックス：差込形コネクタ接続

※施工手順の動画はP.256のQRコードからご覧になることができます.

公表問題No.2で考えられる別な回路

器具の配置を変更した場合は，その１，その２のような回路が考えられます．

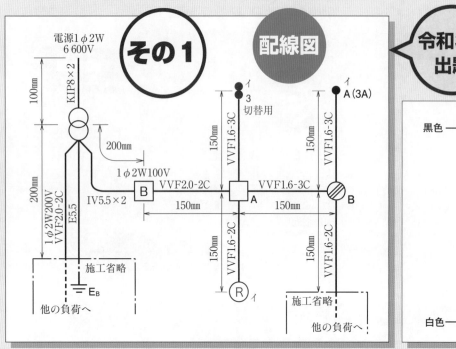

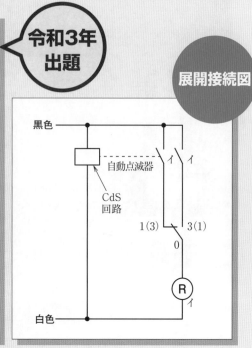

複線図の書き方は，P.146〜147に示してあります．

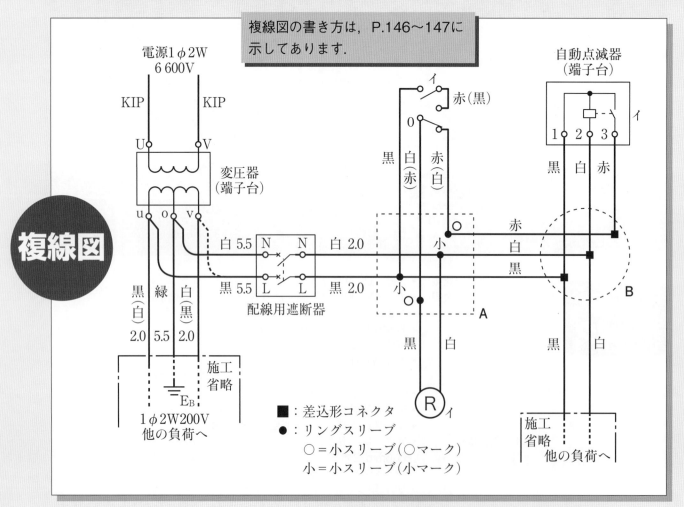

■：差込形コネクタ
●：リングスリーブ
　○＝小スリーブ（○マーク）
　小＝小スリーブ（小マーク）

材 料			
1. 高圧絶縁電線(KIP)，8mm²	長さ約	200mm	1本
2. 600Vビニル絶縁ビニルシースケーブル平形(シース青色)，			
2.0mm，2心	長さ約	500mm	1本
3. 600Vビニル絶縁ビニルシースケーブル平形，1.6mm，3心	長さ約	1100mm	1本
4. 600Vビニル絶縁ビニルシースケーブル平形，1.6mm，2心	長さ約	600mm	1本
5. 600Vビニル絶縁電線，5.5mm²，黒色	長さ約	200mm	1本
6. 600Vビニル絶縁電線，5.5mm²，白色	長さ約	200mm	1本
7. 600Vビニル絶縁電線，5.5mm²，緑色	長さ約	200mm	1本
8. 端子台(変圧器の代用)，3P			1個
9. 端子台(自動点滅器の代用)，3P			1個
10. 配線用遮断器(100V，2極1素子)			1個
11. ランプレセプタクル(カバーなし)			1個
12. 埋込連用タンブラスイッチ(片切)			1個
13. 埋込連用タンブラスイッチ(3路)			1個
14. 埋込連用取付枠			1枚
15. ジョイントボックス(アウトレットボックス 19mm 4箇所ノックアウト打抜き済み)			1個
16. ゴムブッシング(19)			4個
17. リングスリーブ(小)	(予備品を含む)		6個
18. 差込形コネクタ(2本用)			1個
19. 差込形コネクタ(3本用)			2個

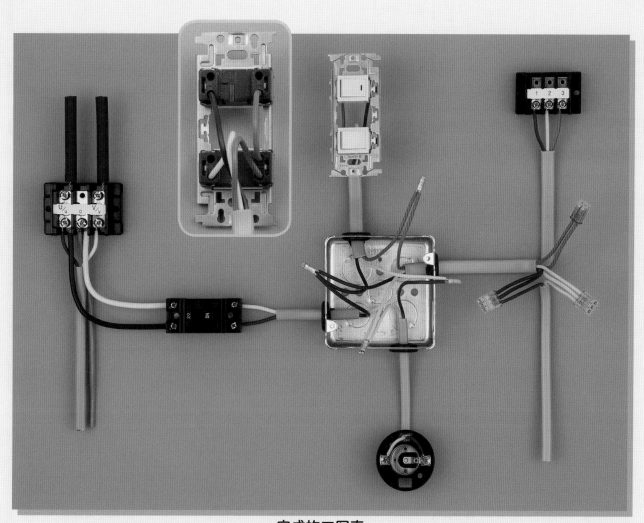

完成施工写真

複線図の書き方

手順 1

❶ 変圧器の一次側の配線をする.

❷ 変圧器二次側のB種接地工事, 1φ2W200V 他の負荷, 配線用遮断器への配線をする.

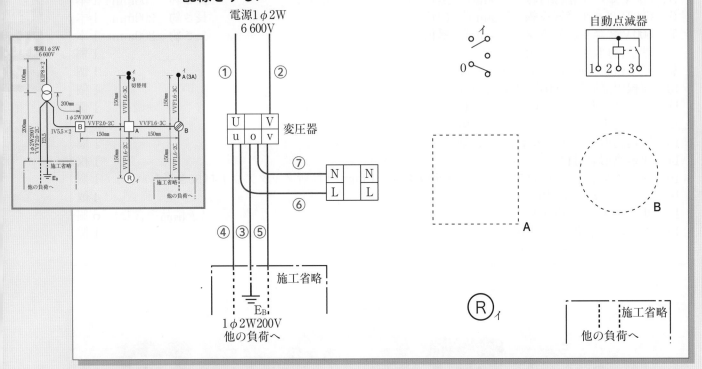

手順 2

❶ 配線用遮断器〜自動点滅器の端子「1」「2」の配線をする.

❷ VVF用ジョイントボックス〜他の負荷への配線をする.

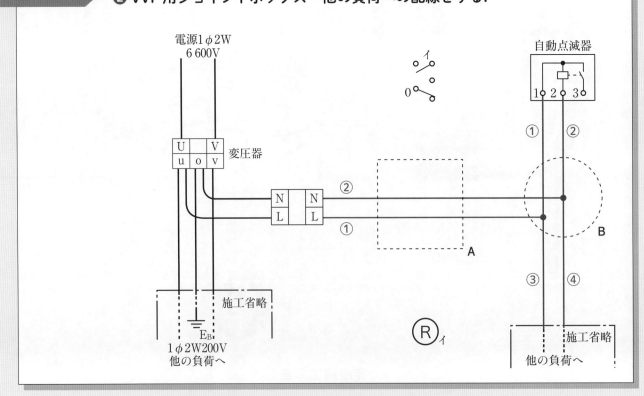

手順3

❶自動点滅器～３路スイッチの配線をする.

❷非接地側電線～片切スイッチ～３路スイッチの配線をする.

❸３路スイッチ～ランプレセプタクル～接地側電線の配線をする.

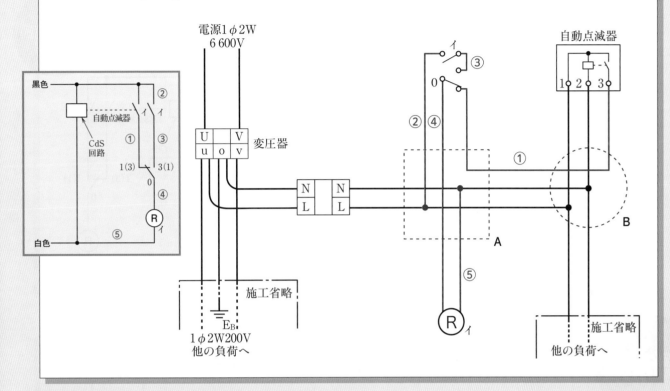

手順4

❶電線の接続点に印を付ける. リングスリーブ……●　差込形コネクタ……■

❷電線の種類，太さ，色を記入する.

❸リングスリーブの圧着マークを記入する.

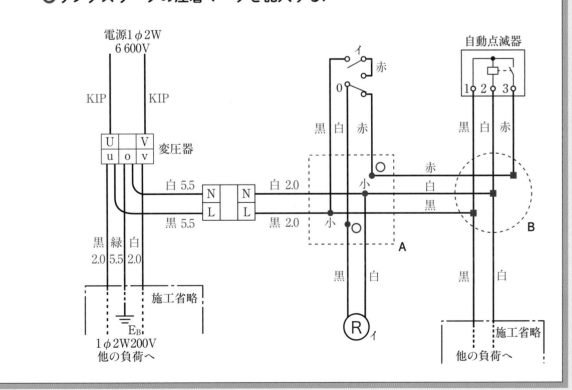

その2

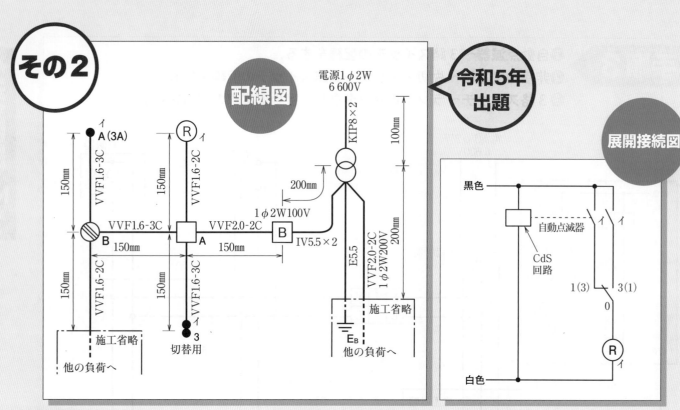

配線図

令和5年出題

展開接続図

複線図の書き方は，P.150～151に示してあります．

複線図

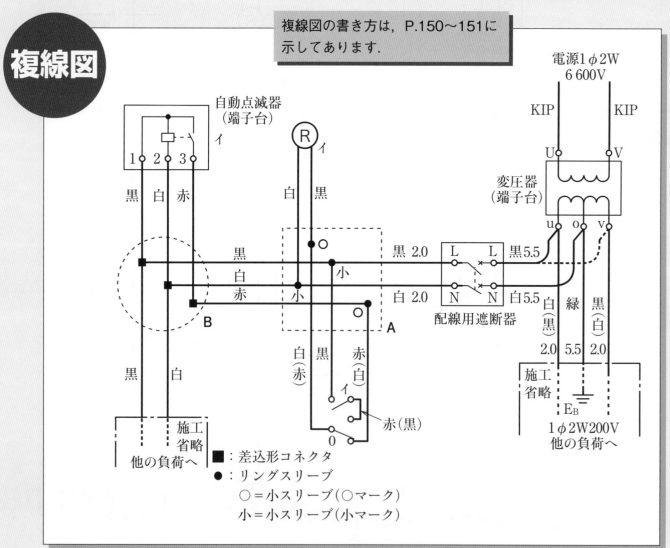

■：差込形コネクタ
●：リングスリーブ
　○＝小スリーブ（○マーク）
　小＝小スリーブ（小マーク）

材 料			
1. 高圧絶縁電線(KIP)，8mm²	長さ約	200mm	1本
2. 600Vビニル絶縁ビニルシースケーブル平形(シース青色)，2.0mm，2心	長さ約	500mm	1本
3. 600Vビニル絶縁ビニルシースケーブル平形，1.6mm，3心	長さ約	1100mm	1本
4. 600Vビニル絶縁ビニルシースケーブル平形，1.6mm，2心	長さ約	600mm	1本
5. 600Vビニル絶縁電線，5.5mm²，黒色	長さ約	200mm	1本
6. 600Vビニル絶縁電線，5.5mm²，白色	長さ約	200mm	1本
7. 600Vビニル絶縁電線，5.5mm²，緑色	長さ約	200mm	1本
8. 端子台(変圧器の代用)，3P			1個
9. 端子台(自動点滅器の代用)，3P			1個
10. 配線用遮断器(100V，2極1素子)			1個
11. ランプレセプタクル(カバーなし)			1個
12. 埋込連用タンブラスイッチ(片切)			1個
13. 埋込連用タンブラスイッチ(3路)			1個
14. 埋込連用取付枠			1枚
15. ジョイントボックス(アウトレットボックス 19mm 4箇所ノックアウト打抜き済み)			1個
16. ゴムブッシング(19)			4個
17. リングスリーブ(小)		(予備品を含む)	6個
18. 差込形コネクタ(2本用)			1個
19. 差込形コネクタ(3本用)			2個

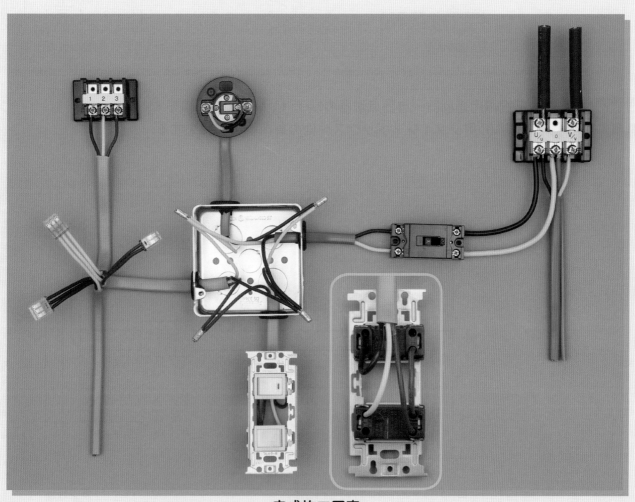

完成施工写真

複線図の書き方

手順1 ❶変圧器の一次側の配線をする.
❷変圧器二次側のB種接地工事，1φ2W200V 他の負荷，配線用遮断器への配線をする.

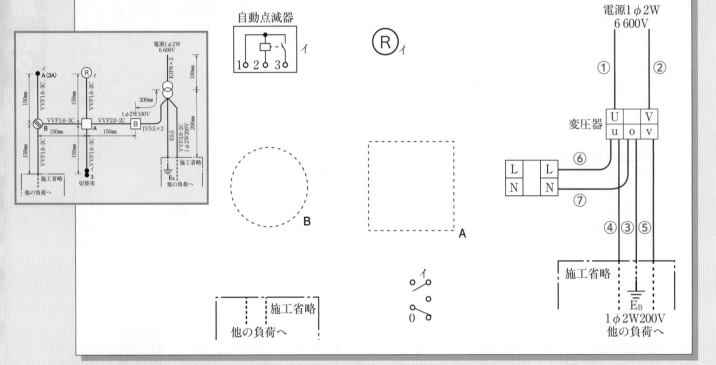

手順2 ❶配線用遮断器～自動点滅器の端子「1」「2」の配線をする.
❷VVF用ジョイントボックス～他の負荷への配線をする.

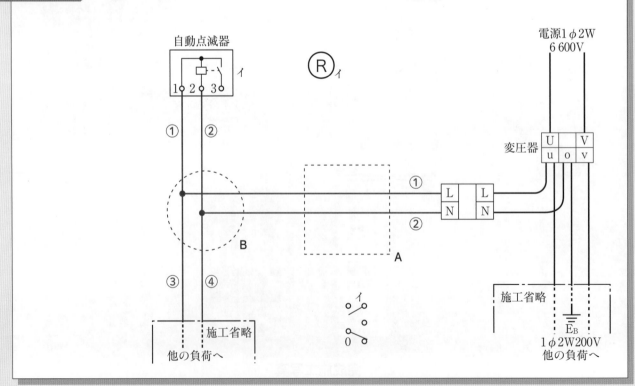

手順3
❶自動点滅器～３路スイッチの配線をする.
❷非接地側電線～片切スイッチ～３路スイッチの配線をする.
❸３路スイッチ～ランプレセプタクル～接地側電線の配線をする.

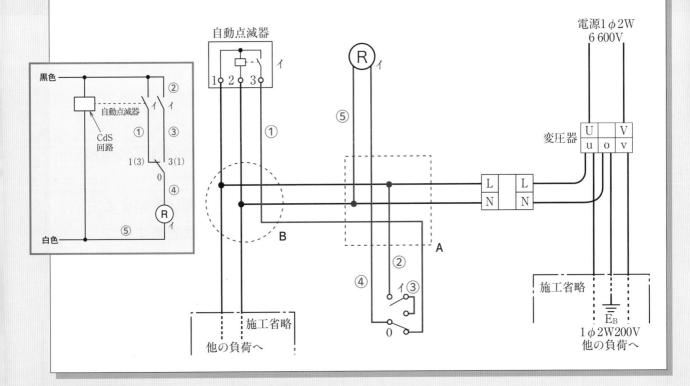

手順4
❶電線の接続点に印を付ける. リングスリーブ……● 差込形コネクタ……■
❷電線の種類, 太さ, 色を記入する.
❸リングスリーブの圧着マークを記入する.

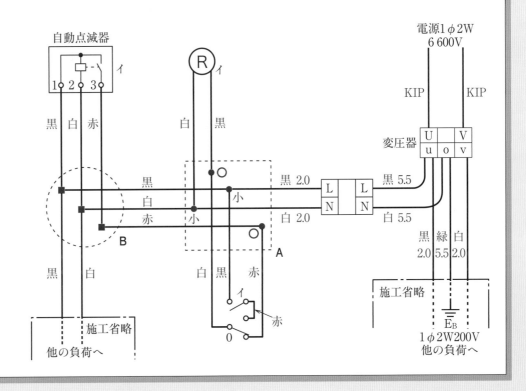

公表問題 No.3

　図1に示す配線工事を与えられた全ての材料（予備品を除く）を使用し，〈**施工条件**〉に従って完成させなさい．

なお，
1. 変圧器は端子台で代用する．
2. ━━━━-━━━━-━━━━ で示した部分は施工を省略する．
3. VVF用ジョイントボックス及びスイッチボックスは支給していないので，その取り付けは省略する．
4. 電線接続箇所のテープ巻きや絶縁キャップによる絶縁処理は省略する．
5. ジョイントボックス(アウトレットボックス)の接地工事は省略する．
6. 作品は保護板(板紙)に取り付けないものとする．

［試験時間　60分］

器具の配置を変更した別な回路も考えられます(P.162〜169を参照).

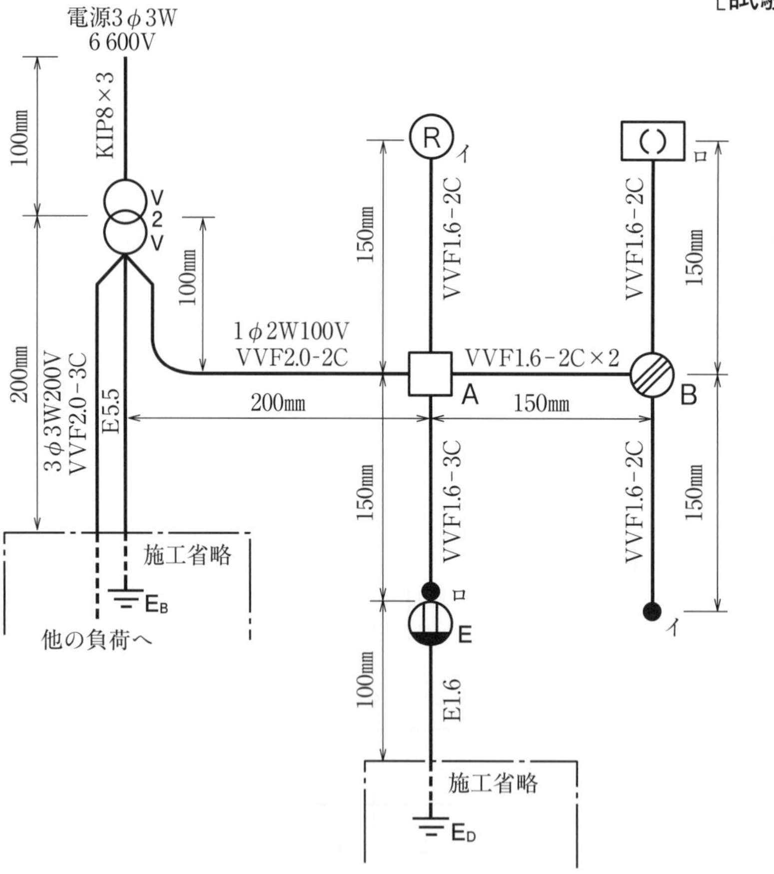

図1．配線図

注：1. 図記号は，原則として JIS C 0617-1 〜 13 及び JIS C 0303：2000 に準拠して示してある．また，作業に直接関係のない部分等は，省略又は簡略化してある．
　　2. Ⓡは，ランプレセプタクルを示す．

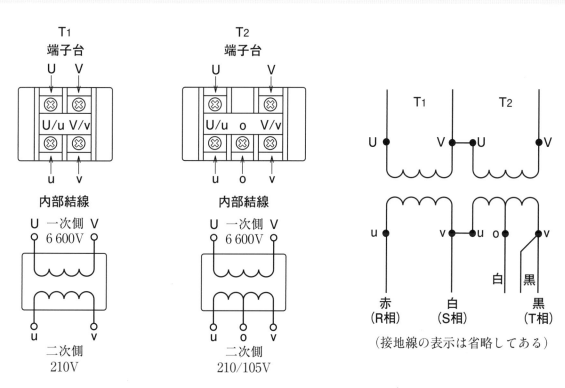

図2．変圧器代用の端子台説明図

図3．変圧器結線図

（接地線の表示は省略してある）

施工条件

1．配線及び機器の配置は，**図1**に従って行うこと．

2．変圧器代用の端子台は，**図2**に従って使用すること．

3．変圧器代用の端子台の結線及び配置は，**図3**に従い，かつ，次のように行うこと．

①変圧器二次側の単相負荷回路は，**変圧器 T2 の o，v の端子に結線する**．

②**接地線**は，変圧器 T2 の **o 端子**に結線する．

③変圧器代用の端子台の二次側端子の**わたり線**は，太さ **2.0mm**（白色）を使用する．

4．電線の色別（ケーブルの場合は絶縁被覆の色）は，次によること．

①接地線は，**緑色**を使用する．

②接地側電線は，すべて**白色**を使用する．

③変圧器二次側から点滅器及びコンセントに至る非接地側電線は，すべて**黒色**を使用する．

④三相負荷回路の配線は，R 相に**赤色**，S 相に**白色**，T 相に**黒色**を使用する．

⑤次の器具の端子には，**白色**の電線を結線する．

• ランプレセプタクルの受金ねじ部の端子

• コンセントの接地側極端子（**W**と表示）

• 引掛シーリングローゼットの接地側極端子（**W**又は接地側と表示）

5．ジョイントボックス**A**及びVVF用ジョイントボックス**B**部分を経由する電線は，その部分ですべて接続箇所を設け，その接続方法は，次によること．

　　①**A**部分は，リングスリーブによる接続とする．

　　②**B**部分は，差込形コネクタによる接続とする．

6．ジョイントボックスは，**打抜き済みの穴だけをすべて使用すること**．

7．埋込連用取付枠は，点滅器(ロ)及びコンセント部分に使用すること．

支給材料

材　　　料		
1．高圧絶縁電線(KIP)，8 mm²	長さ約　500mm	1本
2．600Vビニル絶縁ビニルシースケーブル平形(シース青色)，2.0mm，3心	長さ約　400mm	1本
3．600Vビニル絶縁ビニルシースケーブル平形(シース青色)，2.0mm，2心	長さ約　450mm	1本
4．600Vビニル絶縁ビニルシースケーブル平形1.6mm，3心	長さ約　450mm	1本
5．600Vビニル絶縁ビニルシースケーブル平形1.6mm，2心	長さ約1700mm	1本
6．600Vビニル絶縁電線，5.5mm²，緑色	長さ約　200mm	1本
7．600Vビニル絶縁電線，1.6mm，緑色	長さ約　150mm	1本
8．端子台(変圧器の代用)，3P		1個
9．端子台(変圧器の代用)，2P		1個
10．ランプレセプタクル(カバーなし)		1個
11．引掛シーリングローゼット(ボディのみ)		1個
12．埋込連用タンブラスイッチ(片切)		2個
13．埋込連用接地極付コンセント		1個
14．埋込連用取付枠		1枚
15．ジョイントボックス(アウトレットボックス　19mm　4箇所　ノックアウト打抜き済み)		1個
16．ゴムブッシング(19)		4個
17．リングスリーブ(小)	(予備品を含む)	5個
18．リングスリーブ(中)	(予備品を含む)	2個
19．差込形コネクタ(2本用)		4個
・受験番号札		1枚
・ビニル袋		1枚

支給材料

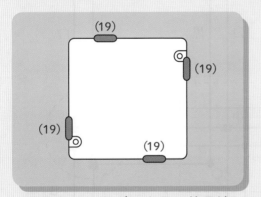

アウトレットボックスの使用法

変圧器 T₁ 代用の端子台

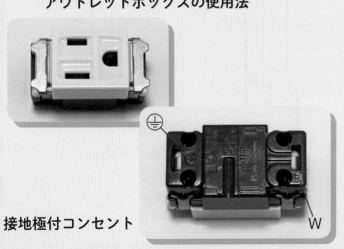

接地極付コンセント

変圧器 T₂ 代用の端子台

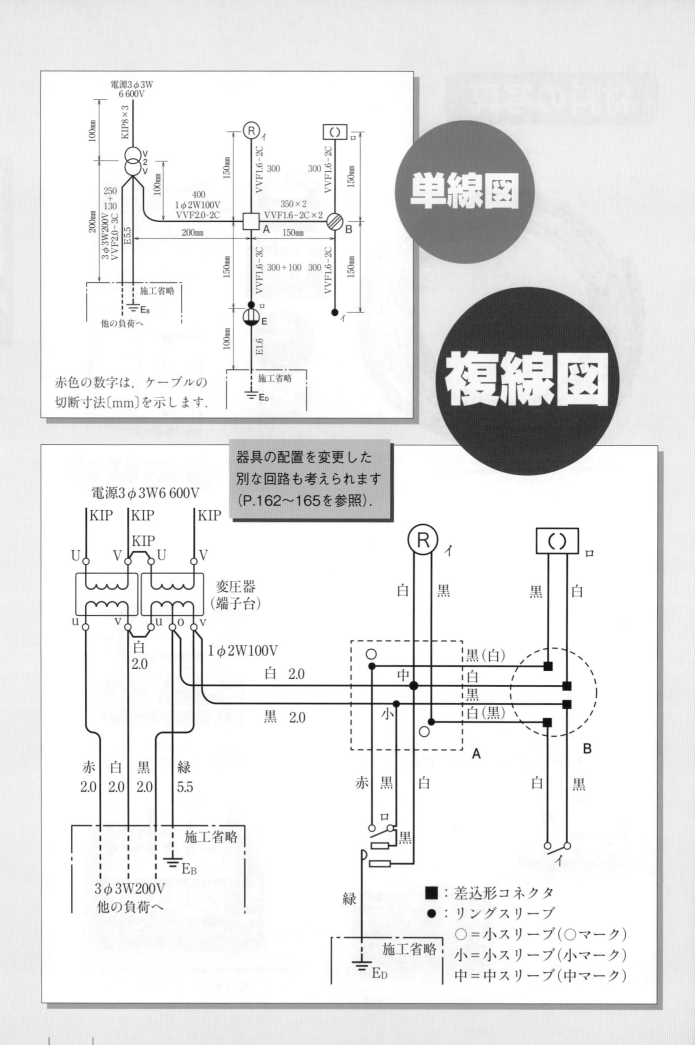

単線図

複線図

電源3φ3W
6 600V

KIP8×3

100mm

250
+
130

200mm

100mm

3φ3W200V
VVF2.0-3C

E5.5

施工省略

E_B

他の負荷へ

400
1φ2W100V
VVF2.0-2C

200mm

A

150mm

VVF1.6-2C

150

R イ

300

300 VVF1.6-2C

300

ロ

150mm

350×2
VVF1.6-2C×2

B

150mm

VVF1.6-3C

150mm

300+100

300

ロ

E

100mm

E1.6

施工省略

E_D

VVF1.6-2C

150mm

イ

赤色の数字は，ケーブルの
切断寸法〔mm〕を示します．

器具の配置を変更した
別な回路も考えられます
（P.162～165を参照）．

電源3φ3W6 600V

KIP   KIP   KIP
        KIP

U   V   U   V

変圧器
（端子台）

u   v   u   o   v

白
2.0

1φ2W100V

白   2.0

黒   2.0

赤   白   黒   緑
2.0 2.0 2.0 5.5

施工省略

E_B

3φ3W200V
他の負荷へ

R イ

白   黒

○

中

小

○

A

黒（白）

白

黒

白（黒）

赤   黒   白
ロ

黒

緑

( ) ロ

黒   白

B

白   黒

イ

施工省略

E_D

■：差込形コネクタ
●：リングスリーブ
○＝小スリーブ（○マーク）
小＝小スリーブ（小マーク）
中＝中スリーブ（中マーク）

材料の寸法出し （絶縁電線・ケーブルの切断方法）

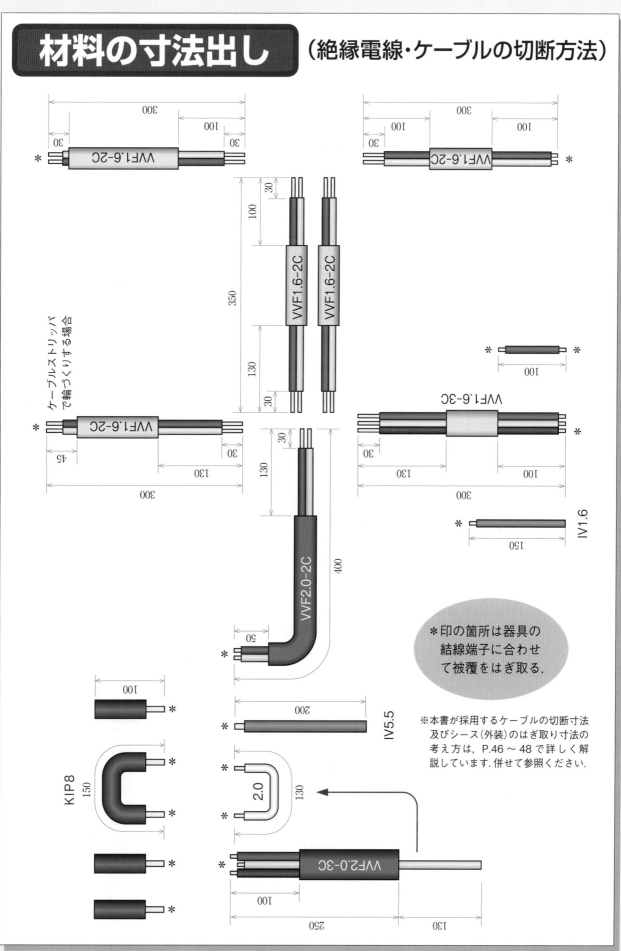

※作品のサイズが大きいため，上記の図は横向きで掲載しています．本書を横にして確認ください．

複線図の書き方

手順1
❶変圧器一次側の配線をする.
❷変圧器二次側のわたり線, B種接地工事, 3φ3W200V 他の負荷への
配線をする.

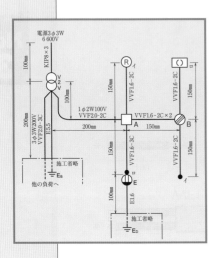

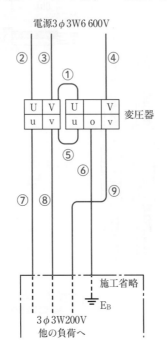

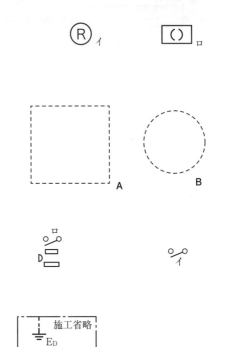

手順2
❶変圧器の二次側～コンセントの配線及び接地線の配線をする.
❷スイッチ「ロ」で引掛シーリングローゼットを点滅する配線をする.

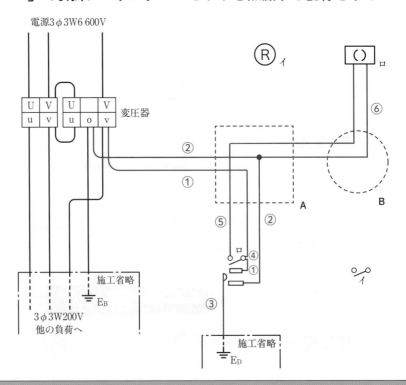

手順3

❶スイッチ「イ」でランプレセプタクルを点滅する配線をする.

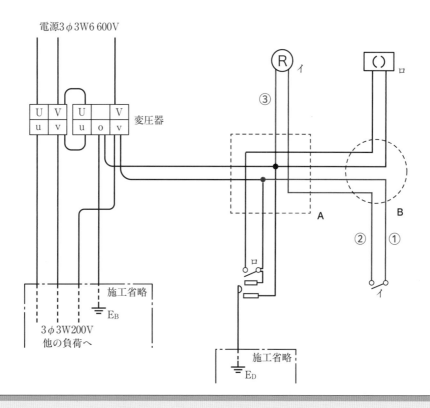

手順4

❶電線の接続点に印を付ける. リングスリーブ……● 差込形コネクタ……■
❷電線の種類, 太さ, 色を記入する.
❸リングスリーブの圧着マークを記入する.

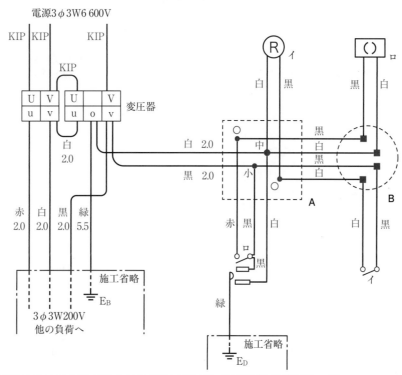

作業手順	ポイント

- ●試験問題を読み取り，電気回路図（複線図）を書く．
  ＊電線接続点（●・■印）及び電線の色別を明らかにする．

  ● P.156 参照

- ●絶縁電線・ケーブルの切断寸法を決める．
  ＊シース及び絶縁被覆のはぎ取り寸法を考えておく．

  ● P.157 参照

- ●アウトレットボックスにゴムブッシング４個を取り付ける．
- ●連用取付枠に片切スイッチと接地極付コンセントを取り付ける．

  ●連用取付枠の上に片切スイッチ，下に接地極付コンセントを取り付ける．

- ●変圧器（端子台）一次側のV結線にKIP 8mm² ３本及び「わたり線」の結線をする．

  ●ねじの締付けは，十分に．

- ●変圧器（端子台）二次側の結線をする．
  ＊3φ3W200V のV結線端子に VVF2.0-3C を結線する．「わたり線」は，IV2.0mm（白線）で結線する．
  ＊1φ2W100V の端子に VVF2.0-2C を結線し，切断及びシース・絶縁被覆のはぎ取りをして，アウトレットボックス内に挿入する．
- ●接地線は，IV5.5mm²（緑線）を結線する．

  ●1φ2W100V は変圧器 T_2 の v，o 端子に結線．
  ●1φ2W100V の白線及び接地線は，o 端子に結線．

- ●ランプレセプタクルに VVF1.6-2C を結線し，切断及びシース・絶縁被覆のはぎ取りをして，アウトレットボックス内に挿入する．

  ●受金ねじ部の端子は白線を結線．
  ●ケーブルは台座の下部から挿入．

- ●接地極付コンセントの接地極端子に IV1.6mm（緑線）を結線する．
- ●片切スイッチ及び接地極付コンセントに VVF1.6-3C を結線し，切断及びシース・絶縁被覆のはぎ取りをして，アウトレットボックス内に挿入する．

  ●接地極端子（⏚表示）は緑線を結線．
  ●接地側極端子（W表示）は白線．

- ●引掛シーリングローゼットに VVF1.6-2C を結線し，ジョイントボックス側のシース・絶縁被覆のはぎ取りをする．

  ●接地側極端子（W又は接地側表示）は白線を結線．

- ●片切スイッチに VVF1.6-2C を結線し，ジョイントボックス側のシース・絶縁被覆のはぎ取りをする．

- ●ジョイントボックス間の VVF1.6-2C を２本切断及びシース・絶縁被覆のはぎ取りをして，一端（シースはぎ取り13cm側）をアウトレットボックス内に挿入する．

- ●ジョイントボックス内の電線接続をする．
  ＊アウトレットボックス内は，リングスリーブ接続．
  ＊VVF用ジョイントボックス内は，差込形コネクタ接続．
- ●圧着マークの確認をする．

接続電線		スリーブ	圧着マーク
1.6 mm	2本	小	○
2.0 mm	1本	小	小
1.6 mm	2本		
2.0 mm	1本	中	中
1.6 mm	3本		

- ●施工作品の点検，修正をする．
- ●（図1. 配線図）の配置に整形する．

  ●点検：「欠陥」の箇所を見つける．
  ●修正：「欠陥」の箇所を手直しする．

●絶縁電線・ケーブルの切断及びシース・絶縁被覆のはぎ取りは，①始めに P.157 の図のように，全部の加工を行う．②各器具付けごとに，切断～被覆のはぎ取りをする．どちらの方法でもよい．

完成施工写真

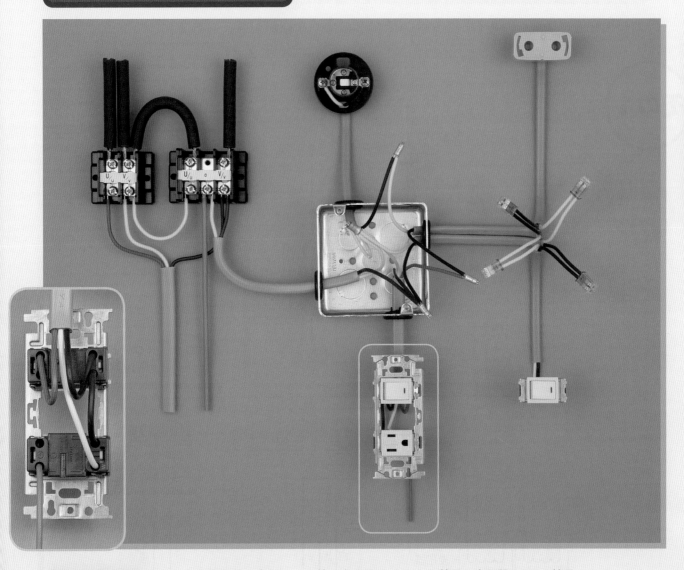

結線 チェック

1. 変圧器一次側
   - 3線：変圧器 T_1 の U，V 端子，変圧器 T_2 の V 端子
   - わたり線：変圧器 T_1 の V 端子〜変圧器 T_2 の U 端子

2. 変圧器二次側
   - 3φ3W200V の3線：変圧器 T_1 の u，v 端子，変圧器 T_2 の v 端子
   - わたり線：変圧器 T_1 の v 端子〜変圧器 T_2 の u 端子
   - 1φ2W100V の2線：変圧器 T_2 の o，v 端子
   - B 種接地工事の接地線：変圧器 T_2 の o 端子

3. 電線色別
   - 接地線：緑
   - 1φ2W100V　接地側電線：白
   　　　　　　　変圧器二次側からの非接地側電線：黒
   - 3φ3W200V　R 相：赤，S 相：白，T 相：黒
   - 変圧器二次側わたり線：白
   - ランプレセプタクルの受金ねじ部の端子：白
   - 引掛シーリングローゼットの接地側極端子(W 又は接地側表示)：白
   - コンセントの接地側極端子(W 表示)：白
   - コンセントの接地極端子(⏚ 表示)：緑

4. 電線接続
   - アウトレットボックス：リングスリーブ接続
     (1.6mm 2本)　　　　　　　　　　＝小スリーブ(マーク：○)
     (2.0mm 1本＋1.6mm 2本)＝小スリーブ(マーク：小)
     (2.0mm 1本＋1.6mm 3本)＝中スリーブ(マーク：中)
   - VVF 用ジョイントボックス：差込形コネクタ接続

※施工手順の動画は P. 256 の QR コードからご覧になることができます.

公表問題No.3で考えられる別な回路

器具の配置を変更した場合，その1，その2のような回路が考えられます．

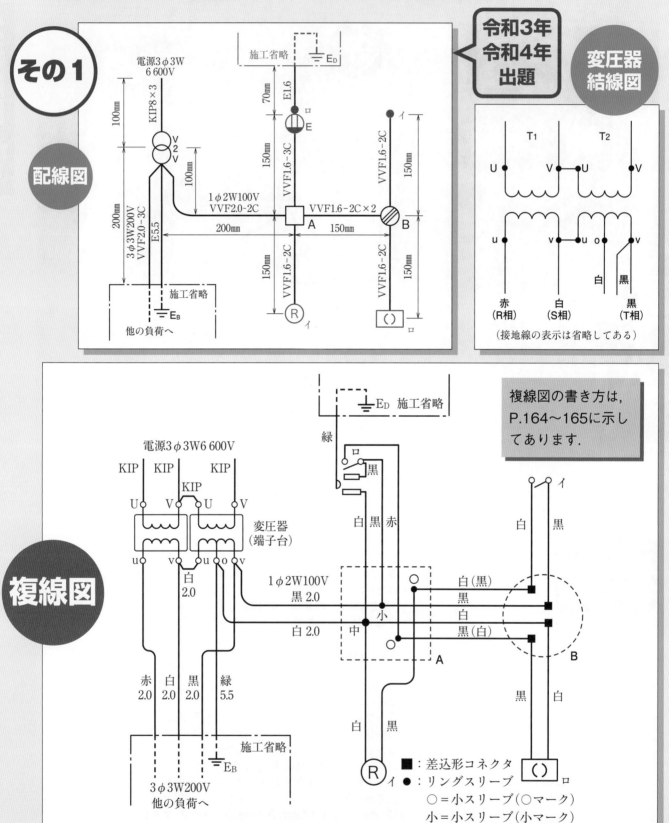

その1

配線図

電源3φ3W 6 600V

令和3年 令和4年 出題

変圧器 結線図

施工省略

（接地線の表示は省略してある）

複線図

電源3φ3W6 600V

変圧器（端子台）

複線図の書き方は，P.164〜165に示してあります．

1φ2W100V
黒 2.0
白 2.0

3φ3W200V 他の負荷へ

■：差込形コネクタ
●：リングスリーブ
　○＝小スリーブ（○マーク）
　小＝小スリーブ（小マーク）
　中＝中スリーブ（中マーク）

材　　料			
1．高圧絶縁電線（KIP），8 mm²	長さ約	500mm	1本
2．600Vビニル絶縁ビニルシースケーブル平形（シース青色）， 　　　　　　　　　　　　　　2.0mm，3心	長さ約	400mm	1本
3．600Vビニル絶縁ビニルシースケーブル平形（シース青色）， 　　　　　　　　　　　　　　2.0mm，2心	長さ約	450mm	1本
4．600Vビニル絶縁ビニルシースケーブル平形1.6mm，3心	長さ約	450mm	1本
5．600Vビニル絶縁ビニルシースケーブル平形1.6mm，2心	長さ約	1700mm	1本
6．600Vビニル絶縁電線，5.5mm²，緑色	長さ約	200mm	1本
7．600Vビニル絶縁電線，1.6mm，緑色	長さ約	150mm	1本
8．端子台（変圧器の代用），3P			1個
9．端子台（変圧器の代用），2P			1個
10．ランプレセプタクル（カバーなし）			1個
11．引掛シーリングローゼット（ボディのみ）			1個
12．埋込連用タンブラスイッチ（片切）			2個
13．埋込連用接地極付コンセント			1個
14．埋込連用取付枠			1枚
15．ジョイントボックス（アウトレットボックス　19mm　4箇所ノックアウト打抜き済み）			1個
16．ゴムブッシング（19）			4個
17．リングスリーブ（小）	（予備品を含む）		5個
18．リングスリーブ（中）	（予備品を含む）		2個
19．差込形コネクタ（2本用）			4個

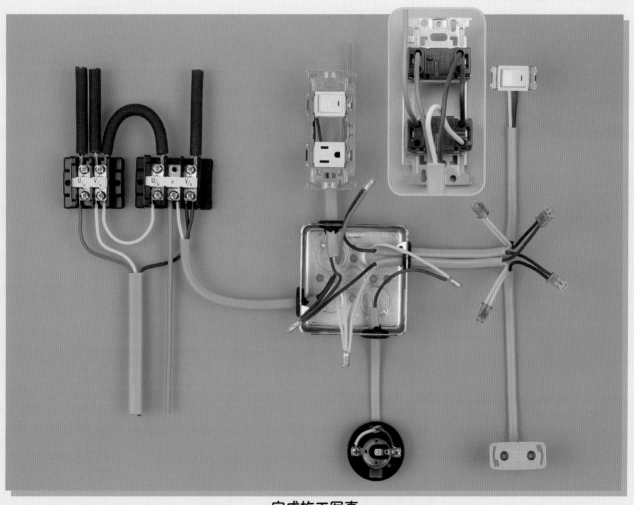

完成施工写真

複線図の書き方

手順 1
❶変圧器一次側の配線をする.
❷変圧器二次側のわたり線，B種接地工事，3φ3W200V 他の負荷への配線をする.

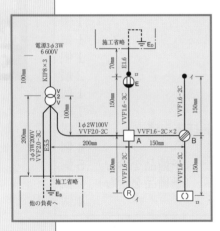

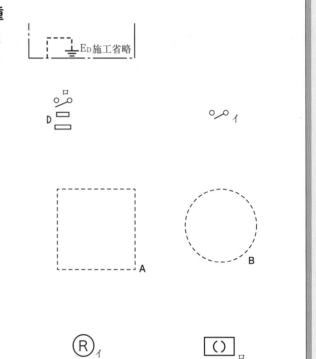

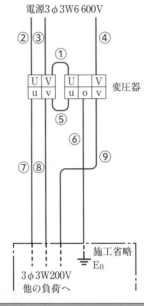

手順 2
❶スイッチ「ロ」で引掛シーリングローゼットを点滅する配線をする.
❷コンセントの配線及び接地線の配線をする.

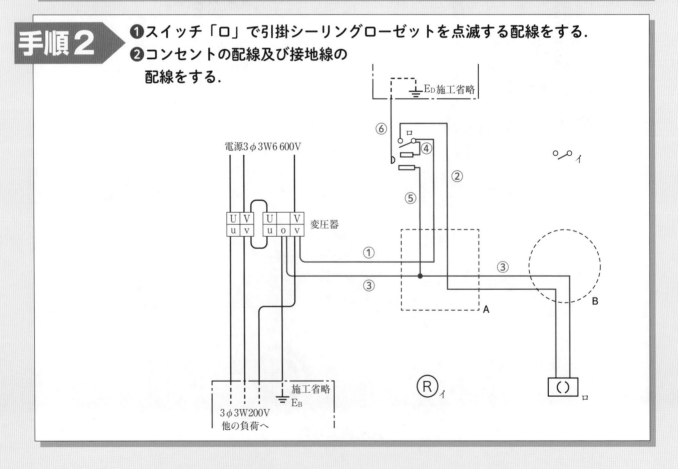

手順3

❶スイッチ「イ」でランプレセプタクルを点滅する配線をする.

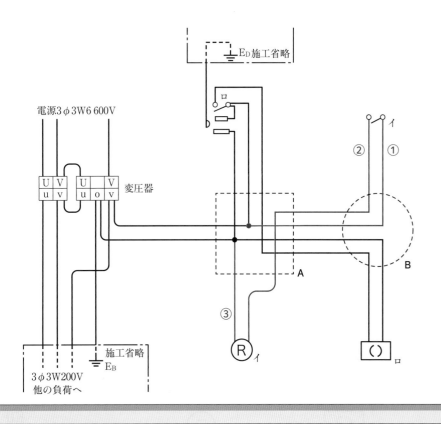

手順4

❶電線の接続点に印を付ける. リングスリーブ……● 差込形コネクタ……■
❷電線の種類, 太さ, 色を記入する.
❸リングスリーブの圧着マークを
　記入する.

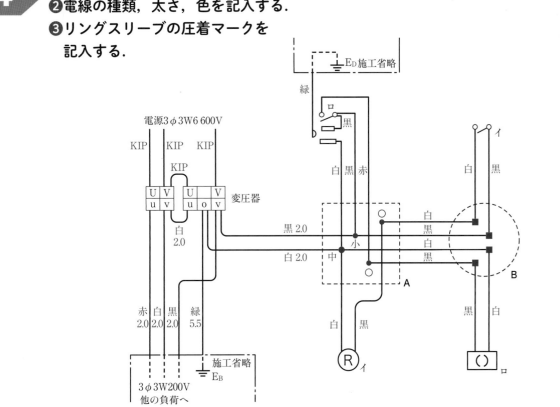

その2

令和5年
出題

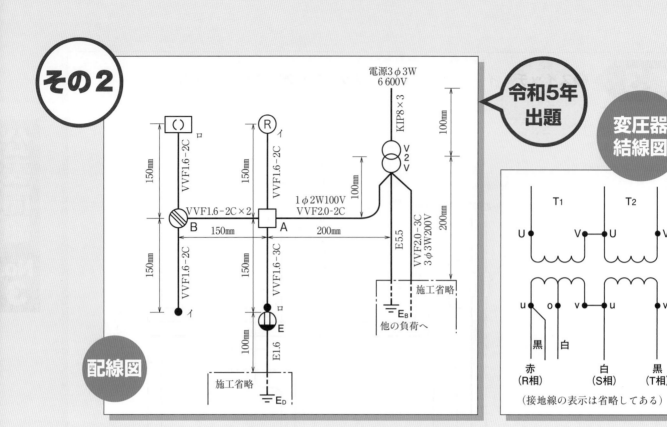

配線図

変圧器結線図

電源3φ3W
6 600V

（接地線の表示は省略してある）

複線図の書き方は，P.168～169に示してあります.

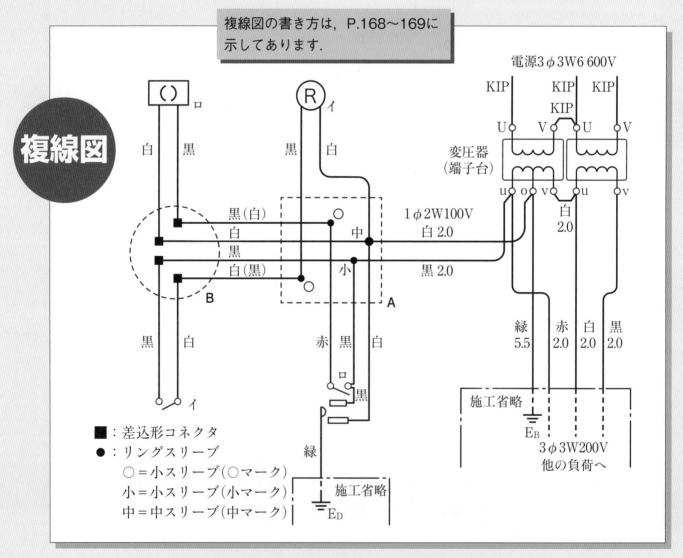

複線図

■：差込形コネクタ
●：リングスリーブ
　○＝小スリーブ（○マーク）
　小＝小スリーブ（小マーク）
　中＝中スリーブ（中マーク）

材　料

1. 高圧絶縁電線(KIP)，8 mm²	長さ約　500mm	1本
2. 600Vビニル絶縁ビニルシースケーブル平形(シース青色)， 　　2.0mm，3心	長さ約　400mm	1本
3. 600Vビニル絶縁ビニルシースケーブル平形(シース青色)， 　　2.0mm，2心	長さ約　450mm	1本
4. 600Vビニル絶縁ビニルシースケーブル平形1.6mm，3心	長さ約　450mm	1本
5. 600Vビニル絶縁ビニルシースケーブル平形1.6mm，2心	長さ約1700mm	1本
6. 600Vビニル絶縁電線，5.5mm²，緑色	長さ約　200mm	1本
7. 600Vビニル絶縁電線，1.6mm，緑色	長さ約　150mm	1本
8. 端子台(変圧器の代用)，3P		1個
9. 端子台(変圧器の代用)，2P		1個
10. ランプレセプタクル(カバーなし)		1個
11. 引掛シーリングローゼット(ボディのみ)		1個
12. 埋込連用タンブラスイッチ(片切)		2個
13. 埋込連用接地極付コンセント		1個
14. 埋込連用取付枠		1枚
15. ジョイントボックス(アウトレットボックス　19mm 4箇所ノックアウト打抜き済み)		1個
16. ゴムブッシング(19)		4個
17. リングスリーブ(小)	(予備品を含む)	5個
18. リングスリーブ(中)	(予備品を含む)	2個
19. 差込形コネクタ(2本用)		4個

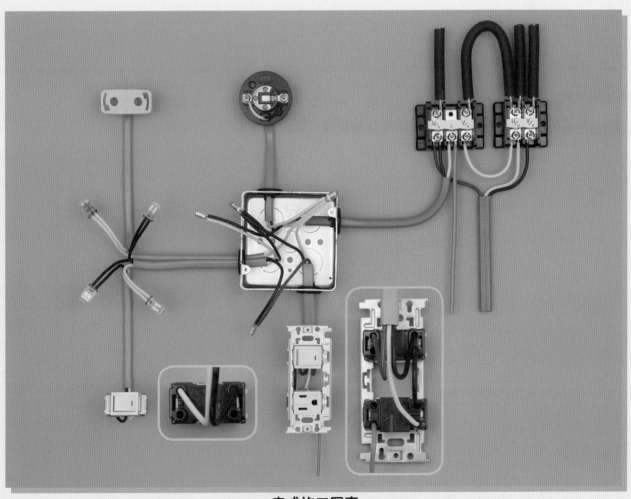

完成施工写真

複線図の書き方

手順1
❶変圧器一次側の配線をする.
❷変圧器二次側のわたり線，B種接地工事，3φ3W200V 他の負荷への配線をする.

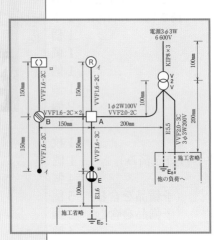

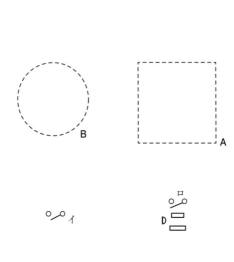

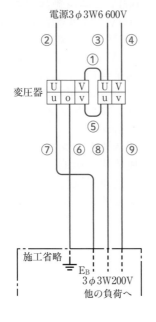

手順2
❶スイッチ「ロ」で引掛シーリングローゼットを点滅する配線をする.
❷コンセントの配線及び接地線の配線をする.

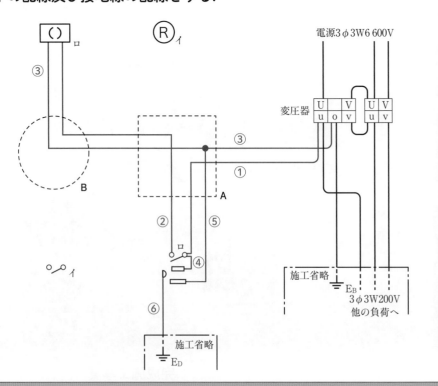

手順3 ❶スイッチ「イ」でランプレセプタクルを点滅する配線をする．

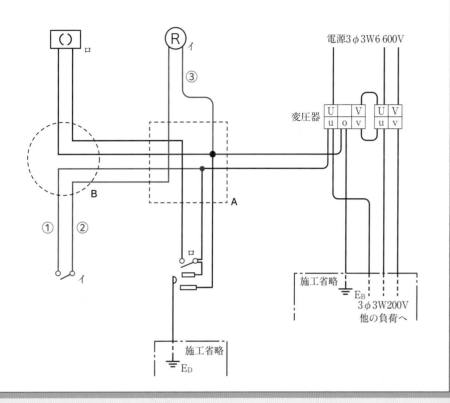

手順4 ❶電線の接続点に印を付ける．リングスリーブ……● 差込形コネクタ……■
❷電線の種類，太さ，色を記入する．
❸リングスリーブの圧着マークを記入する．

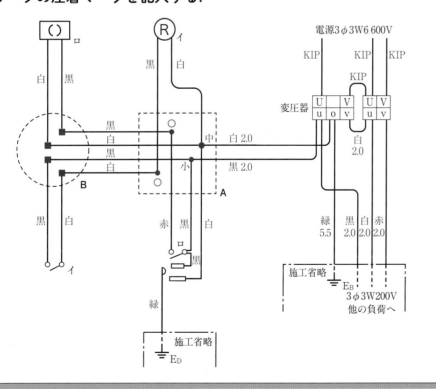

公表問題 No.4

　図1に示す配線工事を与えられた全ての材料（予備品を除く）を使用し，〈**施工条件**〉に従って完成させなさい．

なお，

1. 変圧器，配線用遮断器及び接地端子は端子台で代用する．
2. ─────·─────·───── で示した部分は施工を省略する．
3. スイッチボックスは支給していないので，その取り付けは省略する．
4. 電線接続箇所のテープ巻きや絶縁キャップによる絶縁処理は省略する．
5. ジョイントボックス（アウトレットボックス）の接地工事は省略する．
6. 作品は保護板（板紙）に取り付けないものとする．

　　　　　　　　　　　　　　　　　　　　　　　　　　　　　[試験時間　60分]

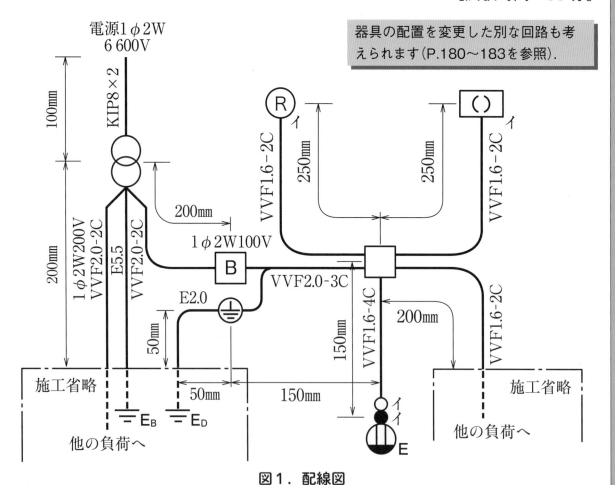

電源1φ2W
6 600V

器具の配置を変更した別な回路も考えられます（P.180〜183を参照）．

図1．配線図

注：1．図記号は，原則として JIS C 0617-1〜13 及び JIS C 0303:2000 に準拠して示してある．
　　　また，作業に直接関係のない部分等は，省略又は簡略化してある．
　　2．Ⓡは，ランプレセプタクルを示す．

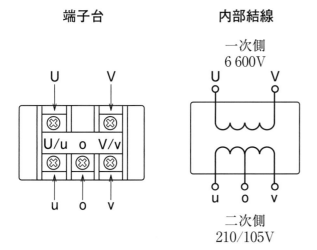

図2．変圧器代用の端子台説明図

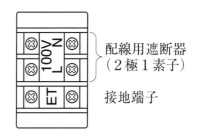

図3．配線用遮断器及び接地端子
代用の端子台説明図

施工条件

1．配線及び機器の配置は，**図1**に従って行うこと．
2．変圧器代用の端子台は，**図2**に従って使用すること．
3．配線用遮断器及び接地端子代用の端子台は，**図3**に従って使用すること．
4．**確認表示灯（パイロットランプ）は，引掛シーリングローゼット及びランプレセプタクルと同時点滅とすること．**
5．電線の色別（ケーブルの場合は絶縁被覆の色）は，次によること．
　①接地線は，**緑色**を使用する．
　②接地側電線は，すべて**白色**を使用する．
　③変圧器二次側から点滅器，コンセント及び他の負荷（1φ2W100V）に至る非接地側電線は，すべて**黒色**を使用する．
　④次の器具の端子には，**白色**の電線を結線する．
　　• 配線用遮断器の接地側極端子（**N**と表示）
　　• ランプレセプタクルの受金ねじ部の端子
　　• コンセントの接地側極端子（**W**と表示）
　　• 引掛シーリングローゼットの接地側極端子（**W**又は接地側と表示）
6．ジョイントボックス内を経由する電線は，すべて接続箇所を設け，リングスリーブによる接続とすること．
7．ジョイントボックスは，**打抜き済みの穴だけをすべて使用すること．**

支給材料

材　　　　料		
1．高圧絶縁電線(KIP)，8mm²	長さ約　200mm	1本
2．600Vビニル絶縁ビニルシースケーブル平形(シース青色)，2.0mm，2心	長さ約　500mm	1本
3．600Vビニル絶縁ビニルシースケーブル平形2.0mm，3心 (黒，白，緑)	長さ約　300mm	1本
4．600Vビニル絶縁ビニルシースケーブル平形，1.6mm，4心	長さ約　450mm	1本
5．600Vビニル絶縁ビニルシースケーブル平形，1.6mm，2心	長さ約 1150mm	1本
6．600Vビニル絶縁電線，5.5mm²，緑色	長さ約　200mm	1本
7．600Vビニル絶縁電線，2.0mm，緑色	長さ約　200mm	1本
8．端子台(変圧器の代用)，3P		1個
9．端子台(配線用遮断器及び接地端子の代用)，3P		1個
10．ランプレセプタクル(カバーなし)		1個
11．引掛シーリングローゼット(ボディのみ)		1個
12．埋込連用取付枠		1枚
13．埋込連用パイロットランプ		1個
14．埋込連用タンブラスイッチ(片切)		1個
15．埋込連用接地極付コンセント		1個
16．ジョイントボックス(アウトレットボックス　19mm 2箇所，25mm 3箇所 ノックアウト打抜き済み)		1個
17．ゴムブッシング(19)		2個
18．ゴムブッシング(25)		3個
19．リングスリーブ(小)	(予備品を含む)	5個
20．リングスリーブ(中)	(予備品を含む)	2個
・受験番号札		1枚
・ビニル袋		1枚

材料の写真

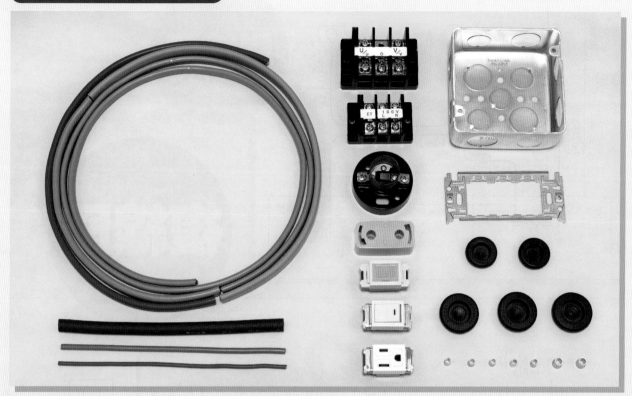

支給材料

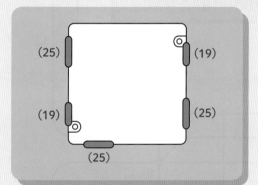

アウトレットボックスの使用法

配線用遮断器・接地端子代用の端子台

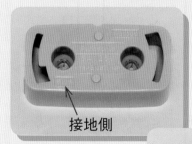

引掛シーリング
ローゼット（ボディ）

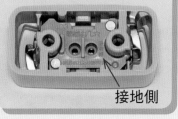

接地側

接地極付
コンセント

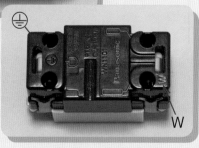

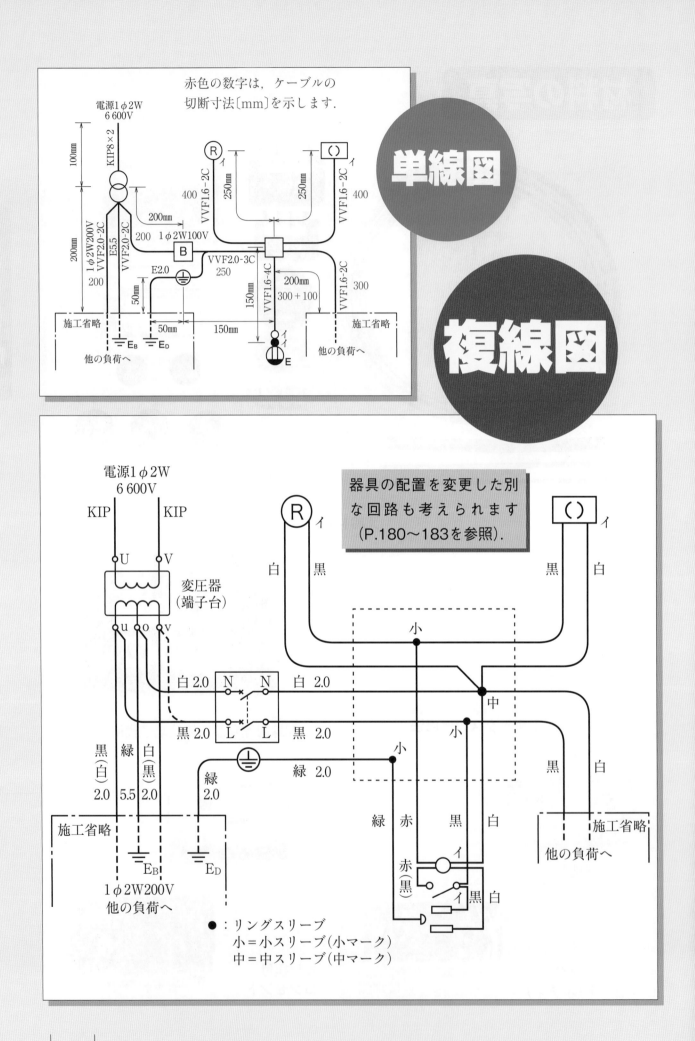

赤色の数字は，ケーブルの
切断寸法〔mm〕を示します.

単線図

複線図

器具の配置を変更した別
な回路も考えられます
（P.180〜183を参照）.

● ：リングスリーブ
小＝小スリーブ（小マーク）
中＝中スリーブ（中マーク）

材料の寸法出し （絶縁電線・ケーブルの切断方法）

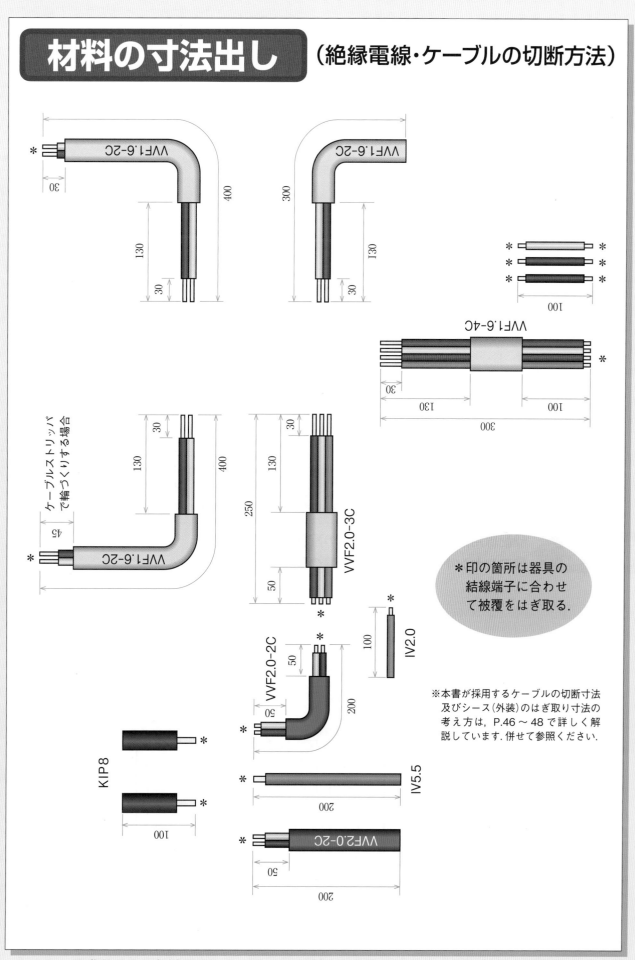

＊印の箇所は器具の結線端子に合わせて被覆をはぎ取る.

※本書が採用するケーブルの切断寸法及びシース（外装）のはぎ取り寸法の考え方は，P.46 〜 48 で詳しく解説しています．併せて参照ください．

※作品のサイズが大きいため，上記の図は横向きで掲載しています．本書を横にして確認ください．

複線図の書き方

手順1

❶変圧器一次側の配線をする.
❷変圧器二次側のB種接地工事，1φ2W200V 他の負荷へ，配線用遮断器への配線をする.
❸接地端子に接地線を配線する.

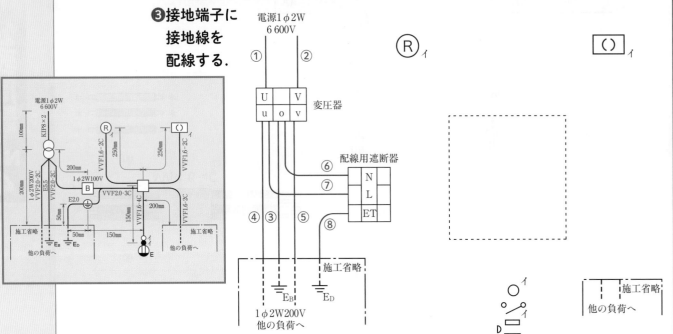

手順2

❶配線用遮断器〜他の負荷への配線をする.
❷コンセントの電源及び接地線の配線をする.

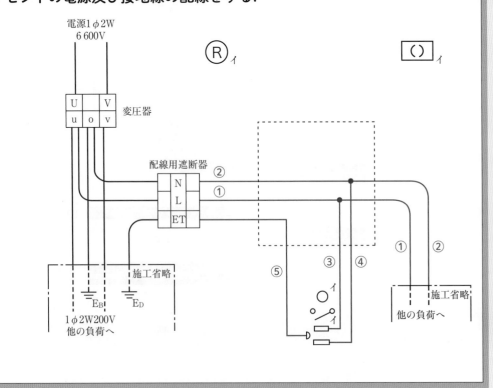

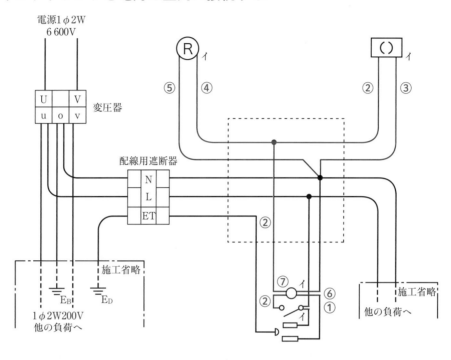

手順3

❶スイッチ「イ」で引掛シーリングローゼットを点滅させる回路を配線する.
❷ランプレセプタクルを引掛シーリングローゼットと並列に接続する.
❸パイロットランプを電灯と並列に接続する.

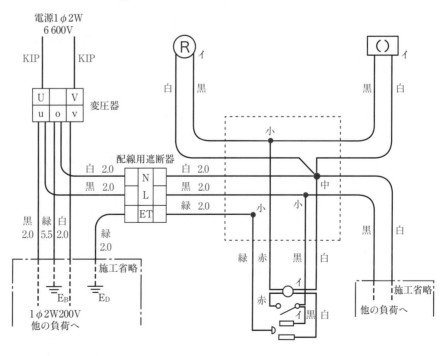

手順4

❶電線の接続点に印を付ける. リングスリーブ……●
❷電線の種類, 太さ, 色を記入する.
❸リングスリーブの圧着マークを記入する.

作業手順	ポイント
●試験問題を読み取り，電気回路図（複線図）を書く． ＊電線接続点（●印）及び電線の色別を明らかにする．	● P.174 参照
●絶縁電線・ケーブルの切断寸法を決める． ＊シース及び絶縁被覆のはぎ取り寸法を考えておく．	● P.175 参照
●アウトレットボックスにゴムブッシング5個を取り付ける． ●連用取付枠に確認表示灯（パイロットランプ），片切スイッチ及び接地極付コンセントを取り付ける．	●器具の取り付け位置は，図1．配線図に従う．
●変圧器（端子台）一次側に KIP 8mm² 2本を結線する．	●ねじの締付けは，十分に．
●変圧器（端子台）二次側の結線をする． ＊1φ2W200V の端子に VVF2.0-2C を結線する． ＊1φ2W100V の端子に VVF2.0-2C を結線し，曲げのくせ取りをして，配線用遮断器（端子台）に結線する． ●接地線は，IV5.5mm²（緑線）を結線する．	● 1φ2W200V は u，v 端子に結線． ● 1φ2W100V は u，o（又は v，o）端子に結線． ● 1φ2W100V の白線及び接地線は，o 端子に結線． ●配線用遮断器の接地側極端子（N表示）は，白線を結線．
●配線用遮断器・接地端子（端子台）の負荷側に VVF2.0-3C を結線し，切断及びシース・絶縁被覆のはぎ取りをして，アウトレットボックス内に挿入する． ●接地端子（端子台）に IV2.0mm（緑線）を結線する．	●配線用遮断器の接地側極端子（N表示）には，白線を結線．
●ランプレセプタクルに VVF1.6-2C を結線し，切断及びシース・絶縁被覆のはぎ取りをして，アウトレットボックス内に挿入する．	●受金ねじ部の端子は白線を結線． ●ケーブルは台座の下部から挿入．
●引掛シーリングローゼットに VVF1.6-2C を結線し，切断及びシース・絶縁被覆のはぎ取りをして，アウトレットボックス内に挿入する．	●接地側極端子（W又は接地側表示）は白線を結線．
●確認表示灯（パイロットランプ），片切スイッチ及び接地極付コンセントに VVF1.6-4C を結線し，切断及び絶縁被覆のはぎ取りをして，アウトレットボックス内に挿入する．	●接地側極端子（W表示）は白線，接地極端子（⏚表示）は緑線を結線．
●他の負荷への VVF1.6-2C の切断及びシース・絶縁被覆のはぎ取りをして，アウトレットボックス内に挿入する．	
●アウトレットボックス内のリングスリーブ接続をする． ＊接続電線の電線色別に注意して接続する． ●圧着マークの確認をする．	
●施工作品の点検，修正をする． ●（図1．配線図）の配置に整形する．	●点検：「欠陥」の箇所を見つける． ●修正：「欠陥」の箇所を手直しする．

接続電線		スリーブ	圧着マーク
1.6 mm	3本	小	小
2.0 mm 1.6 mm	1本 1本	小	小
2.0 mm 1.6 mm	1本 2本	小	小
2.0 mm 1.6 mm	1本 4本	中	中

●絶縁電線・ケーブルの切断及びシース・絶縁被覆のはぎ取りは，①始めに P.175 の図のように，全部の加工を行う．②各器具付けごとに，切断～被覆のはぎ取りをする．どちらの方法でもよい．

完成施工写真

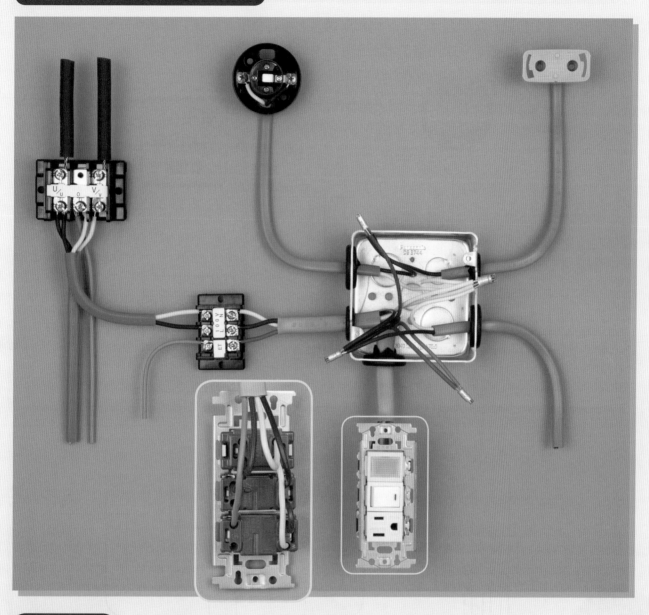

結線チェック

1. 変圧器一次側　・2線：U，V端子
2. 変圧器二次側　・1φ2W100Vの2線：u，o端子（又はv，o端子）
　　　　　　　　　・1φ2W200Vの2線：u，v端子
　　　　　　　　　・B種接地工事の接地線：o端子
3. 電線色別　　　・接地線：緑
　　　　　　　　　・1φ2W100V　接地側電線：白
　　　　　　　　　　　　　　　　変圧器二次側からの非接地側電線：黒
　　　　　　　　　・配線用遮断器（端子台）の接地側極端子（N表示）：白
　　　　　　　　　・ランプレセプタクルの受金ねじ部の端子：白
　　　　　　　　　・引掛シーリングローゼットの接地側極端子（W又は接地側表示）：白
　　　　　　　　　・コンセントの接地側極端子（W表示）：白
　　　　　　　　　・コンセントの接地極端子（⏚表示）：緑
4. 電線接続　　　・リングスリーブ接続
　　　　　　　　　　（1.6mm　3本）　　　　　　　　＝小スリーブ（マーク：小）
　　　　　　　　　　（2.0mm　1本＋1.6mm　1本）＝小スリーブ（マーク：小）
　　　　　　　　　　（2.0mm　1本＋1.6mm　2本）＝小スリーブ（マーク：小）
　　　　　　　　　　（2.0mm　1本＋1.6mm　4本）＝中スリーブ（マーク：中）
　　　　　　　※施工手順の動画はP. 256のQRコードからご覧になることができます．

公表問題No.4で考えられる別な回路

器具の配置を変更した場合は，ランプレセプタクルと引掛シーリングクローゼットの配置を入れ替えた回路や次のような回路が考えられます．

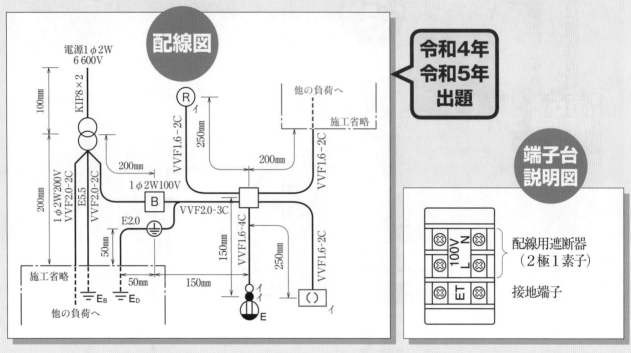

配線図

電源1φ2W
6 600V

令和4年
令和5年
出題

端子台
説明図

配線用遮断器
（2極1素子）

接地端子

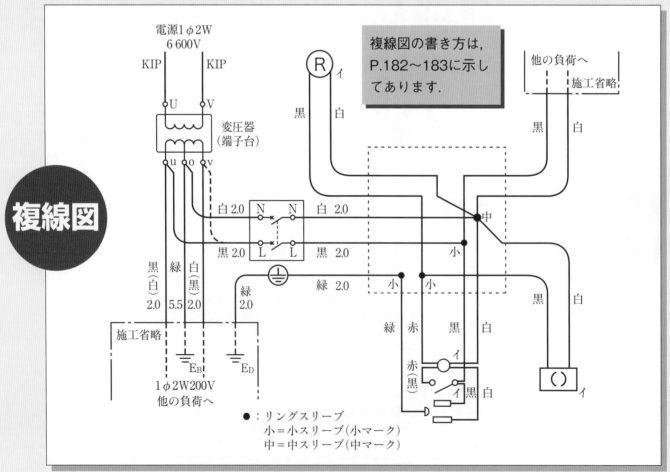

複線図

電源1φ2W
6 600V

複線図の書き方は，
P.182〜183に示して
あります．

変圧器
（端子台）

● ：リングスリーブ
小＝小スリーブ（小マーク）
中＝中スリーブ（中マーク）

材　　　料		
1．高圧絶縁電線(KIP)，8mm²	長さ約　200mm	1本
2．600Vビニル絶縁ビニルシースケーブル平形(シース青色)，		
2.0mm，2心	長さ約　500mm	1本
3．600Vビニル絶縁ビニルシースケーブル平形，2.0mm，3心		
(黒，白，緑)	長さ約　300mm	1本
4．600Vビニル絶縁ビニルシースケーブル平形，1.6mm，4心	長さ約　450mm	1本
5．600Vビニル絶縁ビニルシースケーブル平形，1.6mm，2心	長さ約1150mm	1本
6．600Vビニル絶縁電線，5.5mm²，緑色	長さ約　200mm	1本
7．600Vビニル絶縁電線，2.0mm，緑色	長さ約　200mm	1本
8．端子台(変圧器の代用)，3P		1個
9．端子台(配線用遮断器及び接地端子の代用)，3P		1個
10．ランプレセプタクル(カバーなし)		1個
11．引掛シーリングローゼット（ボディーのみ）		1個
12．埋込連用取付枠		1枚
13．埋込連用パイロットランプ		1個
14．埋込連用タンブラスイッチ(片切)		1個
15．埋込連用接地極付コンセント		1個
16．ジョイントボックス(アウトレットボックス　19mm 2箇所，25mm 3箇所		
ノックアウト打抜き済み)		1個
17．ゴムブッシング(19)		2個
18．ゴムブッシング(25)		3個
19．リングスリーブ(小)	(予備品を含む)	5個
20．リングスリーブ(中)	(予備品を含む)	2個

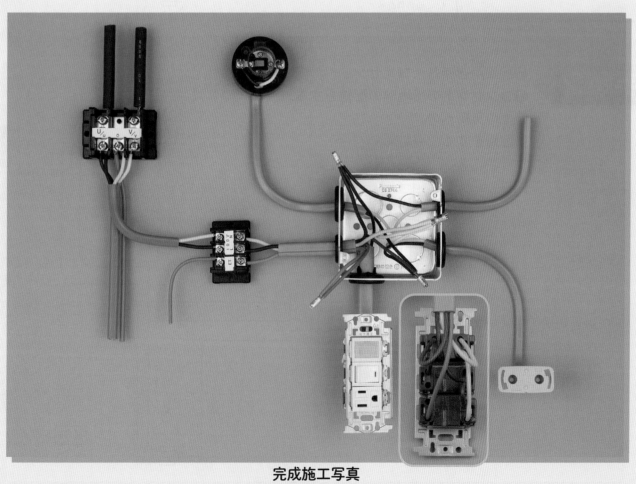

完成施工写真

複線図の書き方

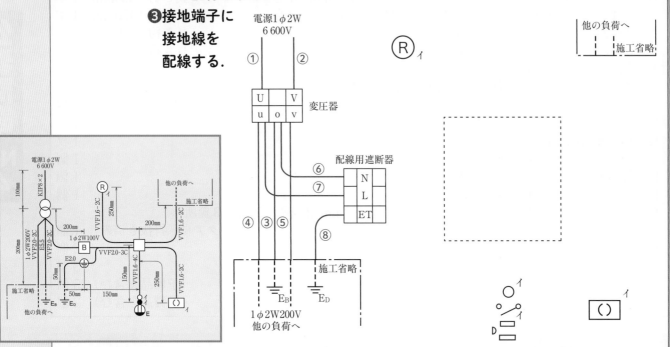

手順1

❶変圧器の一次側の配線をする.

❷変圧器の二次側のB種接地工事，1φ2W200V 他の負荷へ，配線用遮断器への配線をする.

❸接地端子に接地線を配線する.

手順2

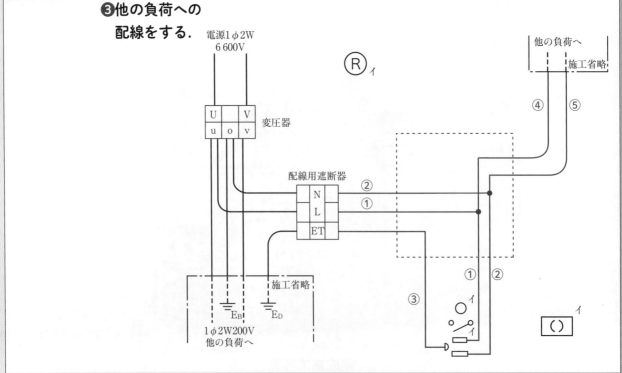

❶配線用遮断器～コンセントへの配線をする.

❷コンセントの接地線の配線をする.

❸他の負荷への配線をする.

手順3

❶スイッチ「イ」でランプレセプタクルを点滅させる回路を配線する.
❷引掛シーリングローゼットをランプレセプタクルと並列に接続する.
❸パイロットランプを電灯と並列に接続する.

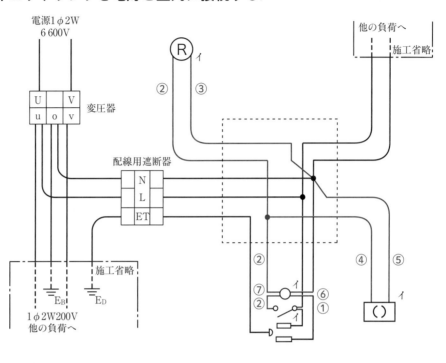

手順4

❶電線の接続点に印を付ける. リングスリーブ……●
❷電線の種類, 太さ, 色を記入する.
❸リングスリーブの圧着マークを記入する.

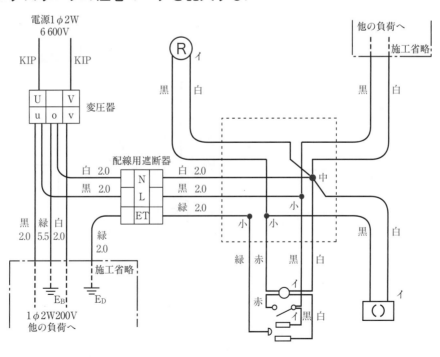

　図1に示す配線工事を与えられた全ての材料（予備品を除く）を使用し，〈**施工条件**〉に従って完成させなさい.

なお，

1. 変圧器及び開閉器は端子台で代用する.
2. ────-────-──── で示した部分は施工を省略する.
3. スイッチボックスは支給していないので，その取り付けは省略する.
4. 電線接続箇所のテープ巻きや絶縁キャップによる絶縁処理は省略する.
5. ジョイントボックス（アウトレットボックス）の接地工事は省略する.
6. 作品は保護板（板紙）に取り付けないものとする. 　　　[**試験時間　60分**]

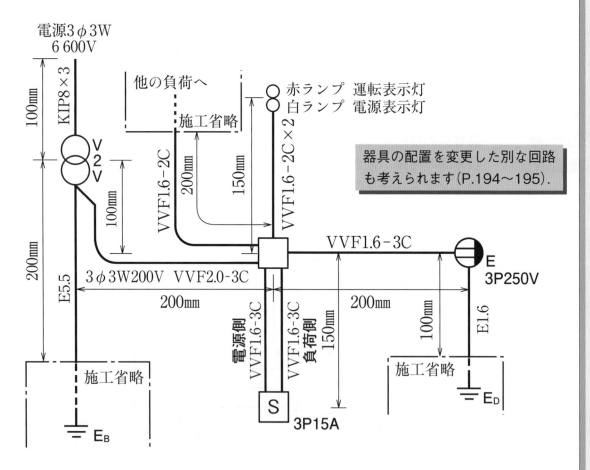

図1．配線図

注：図記号は，原則として JIS C 0617-1 ～ 13 及び JIS C 0303：2000 に準拠して示してある.
　　また，作業に直接関係のない部分等は，省略又は簡略化してある.

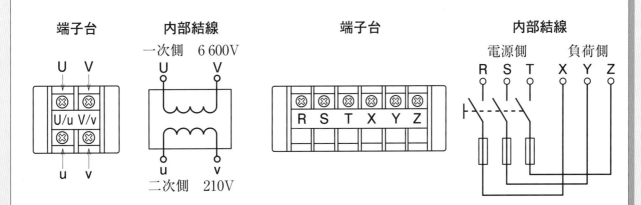

図2．変圧器代用の端子台説明図　　　図3．開閉器代用の端子台説明図

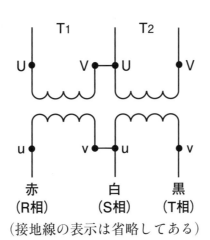

（接地線の表示は省略してある）

図4．変圧器結線図

施工条件

1．配線及び器具の配置は，**図1**に従って行うこと．

2．変圧器代用の端子台は，**図2**に従って使用すること．

3．開閉器代用の端子台は，**図3**に従って使用すること．

4．変圧器代用の端子台の結線及び配置は，**図4**に従い，かつ，次のように行うこと．

　①**接地線は**，変圧器 **T₁** の **v** 端子に結線する．

　②変圧器代用の端子台の二次側端子の**わたり線は**，太さ **2.0mm（白色）** を使用する．

5．他の負荷は，**S** 相と **T** 相間に接続すること．

6．電源表示灯は**S** 相と **T** 相間に，運転表示灯は**Y** 相と **Z** 相間に接続すること．

7．ジョイントボックスから電源表示灯及び運転表示灯に至る電線には，2 心ケーブル1本をそれぞれ使用すること．

8．電線の色別（ケーブルの場合は絶縁被覆の色）は，次によること．

①接地線は，**緑色**を使用する.

②接地側電線は，すべて**白色**を使用する.

③変圧器の二次側の配線は，R相に**赤色**，S相に**白色**，T相に**黒色**を使用する.

④開閉器の負荷側から動力用コンセントに至る配線は，X相に**赤色**，Y相に**白色**，Z相に**黒色**を使用する.

9．ジョイントボックスを経由する電線は，すべて接続箇所を設け，リングスリーブによる接続とすること.

10．ジョイントボックスは，**打抜き済みの穴だけをすべて使用すること**.

支給材料

材　　　　　料		
1．高圧絶縁電線(KIP)，8mm²	長さ約　500mm	1本
2．600Vビニル絶縁ビニルシースケーブル平形(シース青色)， 　　2.0mm，3心	長さ約　600mm	1本
3．600Vビニル絶縁ビニルシースケーブル平形，1.6mm，3心	長さ約　1000mm	1本
4．600Vビニル絶縁ビニルシースケーブル平形，1.6mm，2心	長さ約　1000mm	1本
5．600Vビニル絶縁電線，5.5mm²，緑色	長さ約　200mm	1本
6．600Vビニル絶縁電線，1.6mm，緑色	長さ約　150mm	1本
7．端子台(変圧器の代用)，2P		2個
8．端子台(開閉器の代用)，6P		1個
9．埋込コンセント，3P，接地極付15A		1個
10．埋込連用取付枠		1枚
11．埋込連用パイロットランプ(赤)		1個
12．埋込連用パイロットランプ(白)		1個
13．ジョイントボックス(アウトレットボックス　19mm 3箇所，25mm 3箇所 　　ノックアウト打抜き済み)		1個
14．ゴムブッシング(19)		3個
15．ゴムブッシング(25)		3個
16．リングスリーブ(小)	(予備品を含む)	6個
17．リングスリーブ(中)	(予備品を含む)	3個
・受験番号札		1枚
・ビニル袋		1枚

材料の写真

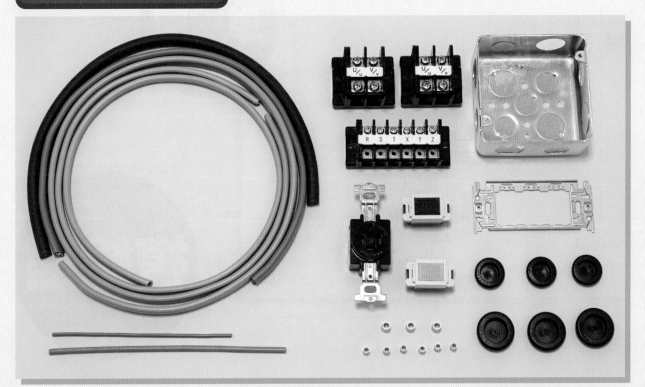

支給材料

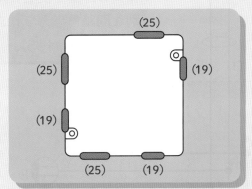

アウトレットボックスの使用法

変圧器代用の端子台

3P 接地極付 15A コンセント

開閉器代用の端子台

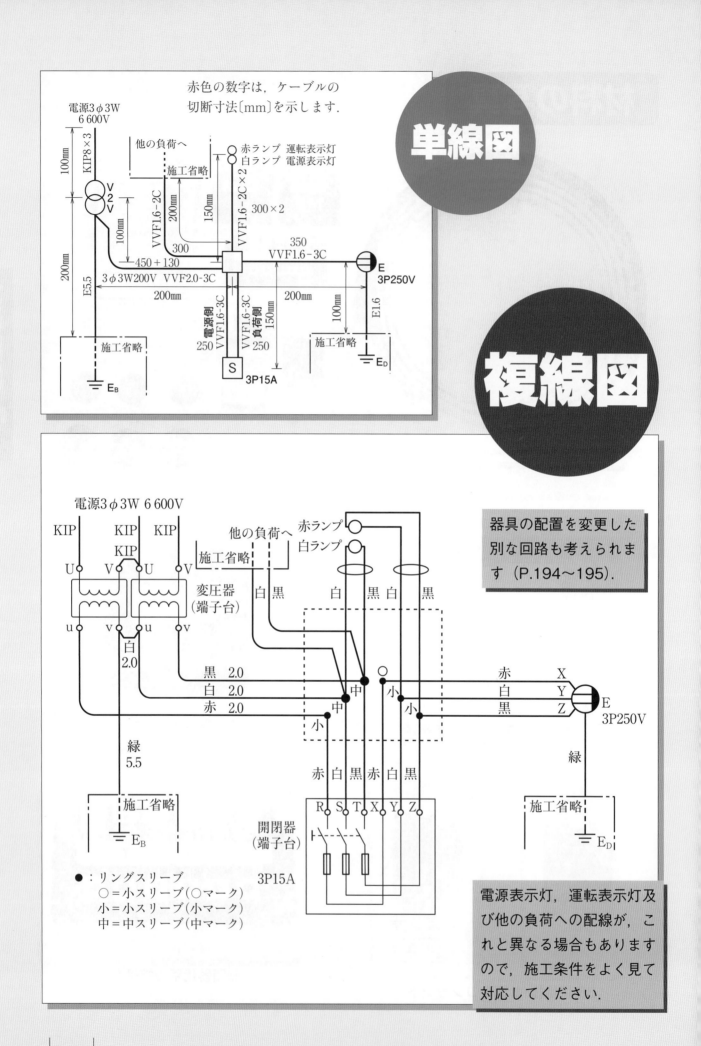

赤色の数字は，ケーブルの
切断寸法〔mm〕を示します.

単線図

電源3φ3W
6 600V

KIP8×3

100mm

V
2
V

他の負荷へ
施工省略

赤ランプ 運転表示灯
白ランプ 電源表示灯

VVF1.6-2C

VVF1.6-2C×2

200mm

150mm

300×2

100mm

350
VVF1.6-3C

300

200mm

450＋130

E5.5

3φ3W200V VVF2.0-3C

E
3P250V

200mm

200mm

100mm

E1.6

電源側
VVF1.6-3C
250

VVF1.6-3C
負荷側
150mm
250

施工省略

施工省略

E_D

S
3P15A

E_B

複線図

電源3φ3W 6 600V

KIP   KIP   KIP

KIP

U   V U   V

他の負荷へ
施工省略

赤ランプ
白ランプ

器具の配置を変更した
別な回路も考えられま
す（P.194〜195）.

変圧器
（端子台）

白   黒

白   黒 白   黒

u   v u   v

白
2.0

黒 2.0

白 2.0

赤 2.0

中

中

小

小

小

赤   X

白   Y

黒   Z

E
3P250V

緑
5.5

施工省略

E_B

赤 白 黒 赤 白 黒

R S T X Y Z

開閉器
（端子台）

3P15A

●：リングスリーブ
〇＝小スリーブ（〇マーク）
小＝小スリーブ（小マーク）
中＝中スリーブ（中マーク）

緑

施工省略

E_D

電源表示灯，運転表示灯及
び他の負荷への配線が，こ
れと異なる場合もあります
ので，施工条件をよく見て
対応してください.

材料の寸法出し（絶縁電線・ケーブルの切断方法）

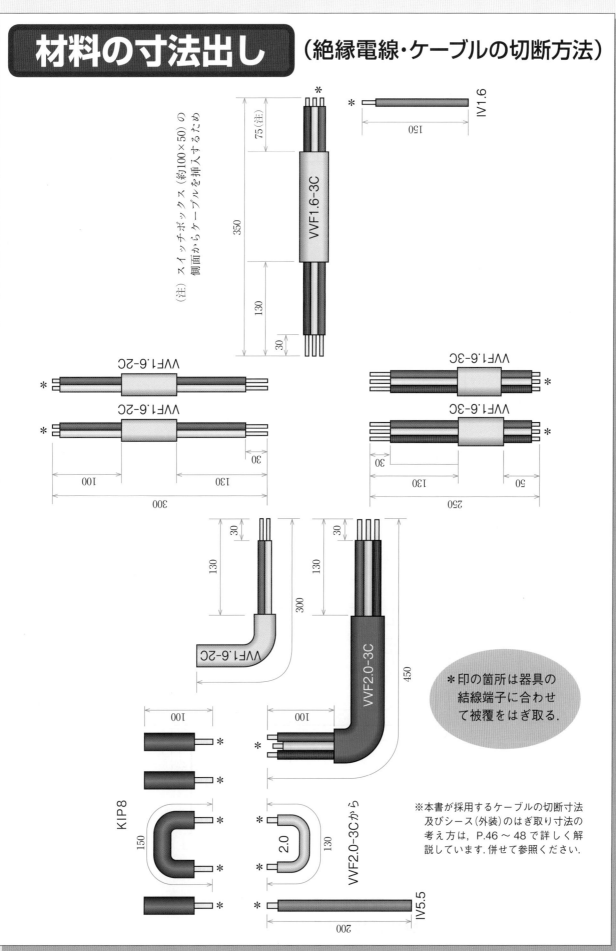

（注）スイッチボックス（約100×50）の側面からケーブルを挿入するため

75（注）

350

130

30

VVF1.6-3C

IV1.6

150

VVF1.6-2C

VVF1.6-2C

30

100

130

300

VVF1.6-3C

VVF1.6-3C

30

130

50

250

30

130

300

VVF1.6-2C

30

130

450

VVF2.0-3C

100

100

KIP8

150

VVF2.0-3Cから

2.0

130

IV5.5

200

＊印の箇所は器具の結線端子に合わせて被覆をはぎ取る.

※本書が採用するケーブルの切断寸法及びシース（外装）のはぎ取り寸法の考え方は，P.46～48で詳しく解説しています.併せて参照ください.

※作品のサイズが大きいため，上記の図は横向きで掲載しています.本書を横にして確認ください.

複線図の書き方

手順1

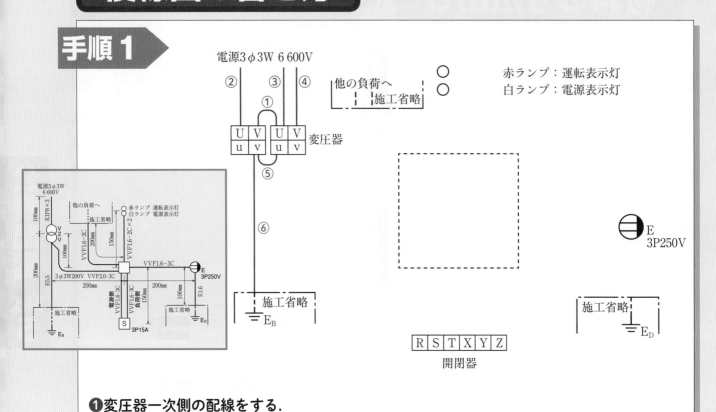

❶変圧器一次側の配線をする.
❷変圧器二次側のわたり線とB種接地工事の配線をする.

手順2

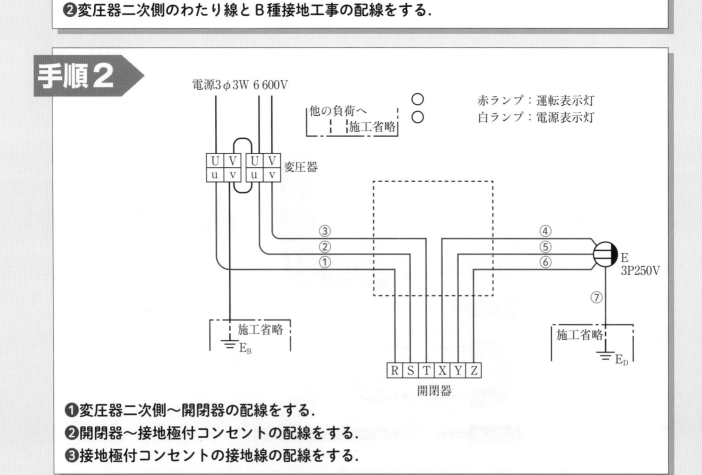

❶変圧器二次側～開閉器の配線をする.
❷開閉器～接地極付コンセントの配線をする.
❸接地極付コンセントの接地線の配線をする.

手順3

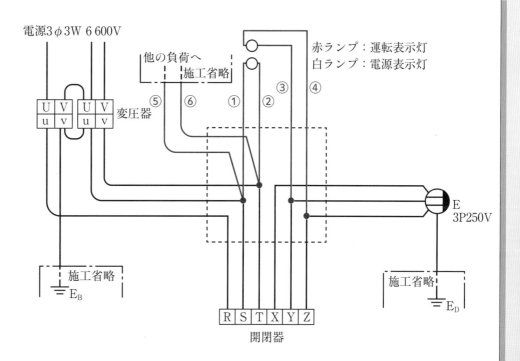

❶ S相・T相から電源表示灯の配線をする.

❷ Y相・Z相から運転表示灯の配線をする.

❸ 他の負荷への配線をする.

手順4

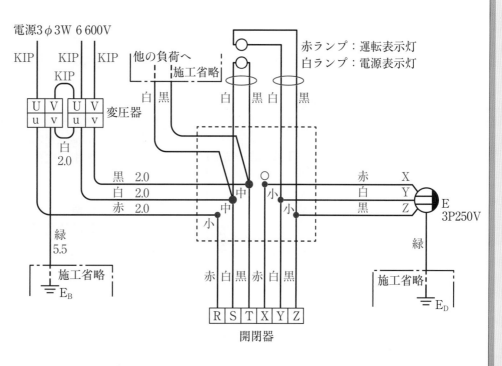

❶ 電線の接続点に印を付ける. リングスリーブ……●

❷ 2心ケーブル1本，電線の種類，太さ，色を記入する.

❸ リングスリーブの圧着マークを記入する.

作業手順	ポイント

●試験問題を読み取り，電気回路図（複線図）を書く．
　＊電線接続点（●印）及び電線の色別を明らかにする．

●P.188 参照

●絶縁電線・ケーブルの切断寸法を決める．
　＊シース及び絶縁被覆のはぎ取り寸法を考えておく．

●P.189 参照

●アウトレットボックスにゴムブッシング6個を取り付ける．
●連用取付枠にパイロットランプ（赤ランプ，白ランプ）を取り付ける．

●連用取付枠の上に赤ランプ，下に白ランプを取り付ける．

●変圧器（端子台）一次側のV結線にKIP8mm² 3本及び「わたり線」の結線をする．

●図4．変圧器結線図に従って結線．

●変圧器（端子台）二次側の結線をする．
　＊3φ3W200VのV結線端子にVVF2.0-3Cを結線し，切断及びシース・絶縁被覆のはぎ取りをして，アウトレットボックス内に挿入する．
　＊「わたり線」は，IV2.0mm（白線）で結線する．
●接地線は，IV5.5mm²（緑線）を結線する．

●図4．変圧器結線図に従って結線．
●接地線は，変圧器T₁のv端子に結線．

●他の負荷へ（省略）のVVF1.6-2Cを切断及びシース・絶縁被覆のはぎ取りをして，アウトレットボックス内に挿入する．

●他の負荷へ（省略）は，S相とT相間に接続．

●電源表示灯（白ランプ）及び運転表示灯（赤ランプ）にVVF1.6-2Cを2本結線し，切断及びシース・絶縁被覆のはぎ取りをして，アウトレットボックス内に挿入する．

●電源表示灯は，S相とT相間に接続．運転表示灯は，Y相とZ相間に接続．

●接地極付コンセントの接地極端子にIV1.6mm（緑線）を結線する．
●接地極付コンセントにVVF1.6-3Cを結線し，切断及びシース・絶縁被覆のはぎ取りをして，アウトレットボックス内に挿入する．

●接地極端子（⏚表示）は緑線を結線．
●接地極付コンセントはX相に赤色，Y相に白色，Z相に黒色を結線．

●開閉器（端子台）にVVF1.6-3Cを2本結線し，切断及びシース・絶縁被覆のはぎ取りをして，アウトレットボックス内に挿入する．

●開閉器はR相とX相に赤色，S相とY相に白色，T相とZ相に黒色を結線．

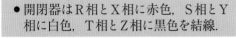

接続電線		スリーブ	圧着マーク
1.6 mm	2本	小	○
1.6 mm	3本	小	小
2.0 mm 1.6 mm	1本 1本	小	小
2.0 mm 1.6 mm	1本 3本	中	中

●アウトレットボックス内のリングスリーブ接続をする．
　＊接続電線の電線色別に注意して接続する．
●圧着マークの確認をする．

●施工作品の点検，修正をする．
●（図1．配線図）の配置に整形する．

●点検：「欠陥」の箇所を見つける．
●修正：「欠陥」の箇所を手直しする．

●絶縁電線・ケーブルの切断及びシース・絶縁被覆のはぎ取りは，①始めにP.189の図のように，全部の加工を行う．②各器具付けごとに，切断〜被覆のはぎ取りをする．どちらの方法でもよい．

完成施工写真

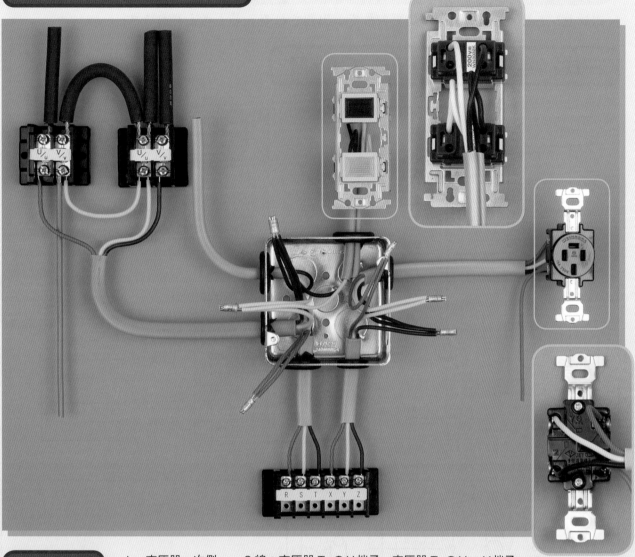

結線チェック

1. 変圧器一次側
   - 3線：変圧器 T_1 のU端子，変圧器 T_2 のU，V端子
   - わたり線：変圧器 T_1 のV端子～変圧器 T_2 のU端子

2. 変圧器二次側
   - 3φ3W 200Vの3線：変圧器 T_1 のu端子，変圧器 T_2 のu，v端子
   - わたり線：変圧器 T_1 のv端子～変圧器 T_2 のu端子
   - B種接地工事の接地線：変圧器 T_1 のv端子

3. 他の負荷
   - 2線：S相とT相間

4. 表示灯
   - 電源表示灯：S相とT相間
   - 運転表示灯：Y相とZ相間

5. 2心ケーブル 1本
   - ジョイントボックスから電源表示灯及び運転表示灯に至る電線

6. 電線色別
   - 接地線：緑
   - 接地側電線：白
   - 変圧器二次側　R相：赤，S相：白，T相：黒，わたり線：白
   - 開閉器　R相とX相：赤，S相とY相：白，T相とZ相：黒
   - コンセント　X相：赤，Y相：白，Z相：黒
   - コンセントの接地極端子（⏚表示）：緑

7. 電線接続
   リングスリーブ接続
（1.6mm 2本）	＝小スリーブ（マーク：○）
（1.6mm 3本）	＝小スリーブ（マーク：小）
（2.0mm 1本＋1.6mm 1本）	＝小スリーブ（マーク：小）
（2.0mm 1本＋1.6mm 3本）	＝中スリーブ（マーク：中）

   ※施工手順の動画はP. 257のQRコードからご覧になることができます.

公表問題No.5で考えられる別な回路

コンセントと開閉器の配置が変更されて，出題されることも考えられます．

平成28年・平成29年・平成30年出題

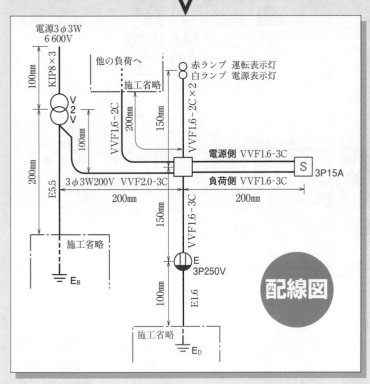

配線図

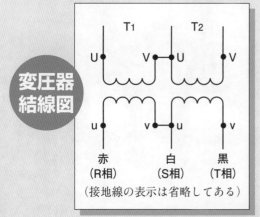

変圧器結線図

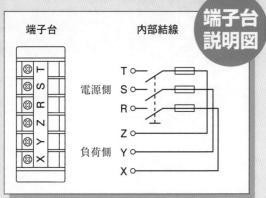

端子台説明図

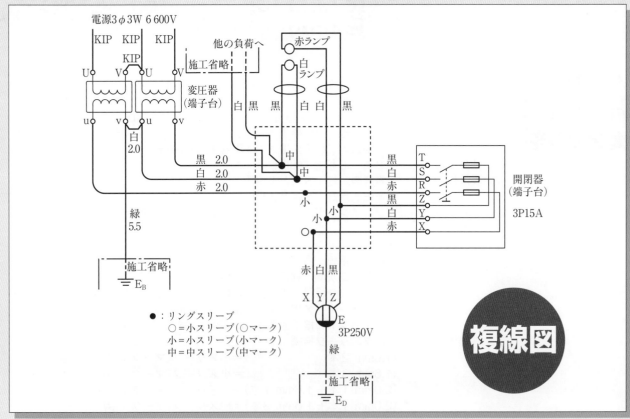

複線図

● ：リングスリーブ
○＝小スリーブ（○マーク）
小＝小スリーブ（小マーク）
中＝中スリーブ（中マーク）

材　料

1. 高圧絶縁電線(KIP), 8mm²	長さ約	500mm	1本
2. 600Vビニル絶縁ビニルシースケーブル平形(シース青色),			
2.0mm, 3心	長さ約	600mm	1本
3. 600Vビニル絶縁ビニルシースケーブル平形, 1.6mm, 3心	長さ約	1 050mm	1本
4. 600Vビニル絶縁ビニルシースケーブル平形, 1.6mm, 2心	長さ約	1 000mm	1本
5. 600Vビニル絶縁電線, 5.5mm², 緑色	長さ約	200mm	1本
6. 600Vビニル絶縁電線, 1.6mm, 緑色	長さ約	150mm	1本
7. 端子台(変圧器の代用), 2P			2個
8. 端子台(開閉器の代用), 6P			1個
9. 埋込コンセント, 3P, 接地極付15A			1個
10. 埋込連用取付枠			1枚
11. 埋込連用パイロットランプ(赤)			1個
12. 埋込連用パイロットランプ(白)			1個
13. ジョイントボックス(アウトレットボックス 19mm 2箇所, 25mm 4箇所			
ノックアウト打抜き済み)			1個
14. ゴムブッシング(19)			2個
15. ゴムブッシング(25)			4個
16. リングスリーブ(小)	(予備品を含む)		6個
17. リングスリーブ(中)	(予備品を含む)		3個

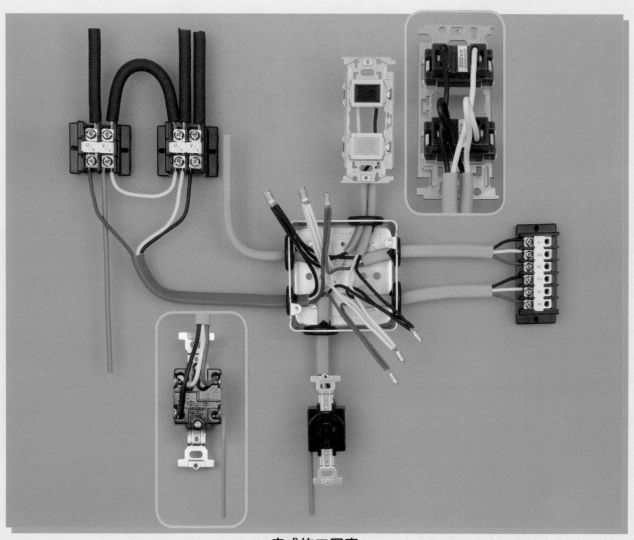

完成施工写真

図1に示す配線工事を与えられた全ての材料（予備品を除く）を使用し，〈**施工条件**〉に従って完成させなさい.

なお，

1. 変圧器及び開閉器は端子台で代用する.

2. ———‐———‐——— で示した部分は施工を省略する.

3. 電線接続箇所のテープ巻きや絶縁キャップによる絶縁処理は省略する.

4. 金属管とジョイントボックス（アウトレットボックス）とを電気的に接続することは省略する.

5. ジョイントボックス（アウトレットボックス）の接地工事は省略する.

6. 作品は保護板（板紙）に取り付けないものとする.　　　　　　［**試験時間　60分**］

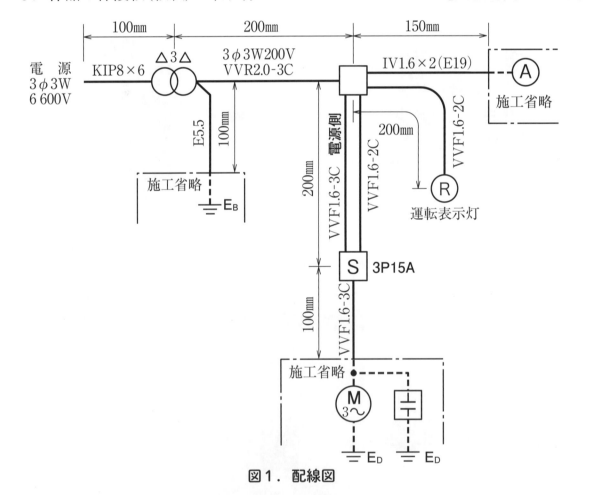

図1. 配線図

注：1. 図記号は，原則として JIS C 0617-1 ～ 13 及び JIS C 0303：2000 に準拠して示してある. また，作業に直接関係のない部分等は，省略又は簡略化してある.
　　2. Ⓡは，ランプレセプタクルを示す.

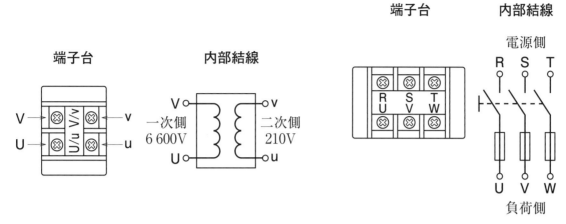

図2．変圧器代用の端子台説明図

図3．開閉器代用の端子台説明図

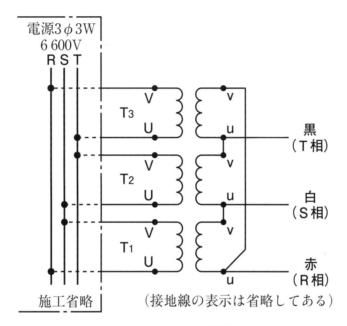

図4．変圧器結線図

施工条件

1. 配線及び器具の配置は，**図1**に従って行うこと．
2. 変圧器代用の端子台は，**図2**に従って使用すること．
3. 開閉器代用の端子台は，**図3**に従って使用すること．
4. 変圧器代用の端子台の結線及び配置は，**図4**に従い，かつ，次のように行うこと．
   ①**接地線**は，変圧器の T_1 の**v端子**に結線する．
   ②変圧器代用の端子台の二次側端子の**わたり線**は，IV5.5mm²（黒色）を使用する．
5. **電流計**は，変圧器二次側の**S相**に接続すること．
6. **運転表示灯**は，開閉器負荷側の**U相**と**V相間**に接続すること．

7. 電線の色別(ケーブルの場合は絶縁被覆の色)は，次によること．

   ①接地線は，**緑色**を使用する．

   ②接地側電線は，電流計の回路及びわたり線を除きすべて**白色**を使用する．

   ③変圧器の二次側の配線は，わたり線を除きR相に**赤色**，S相に**白色**，T相に**黒色**を使用する．

   ④開閉器の負荷側から電動機に至る配線は，U相に**赤色**，V相に**白色**，W相に**黒色**を使用する．

   ⑤ランプレセプタクルの受金ねじ部の端子には，**白色**の電線を結線する．

8. ジョイントボックスを経由する電線は，すべて接続箇所を設け，リングスリーブによる接続とすること．

9. ジョイントボックスは，**打抜き済みの穴だけをすべて使用すること．**

10. ねじなしボックスコネクタは，ジョイントボックス側に取り付けること．

支給材料

材　　　料		
1．高圧絶縁電線(KIP)，8mm^2	長さ約　600mm	1本
2．600Vビニル絶縁ビニルシースケーブル丸形，2.0mm，3心	長さ約　400mm	1本
3．600Vビニル絶縁ビニルシースケーブル平形，1.6mm，3心	長さ約　500mm	1本
4．600Vビニル絶縁ビニルシースケーブル平形，1.6mm，2心	長さ約　850mm	1本
5．600Vビニル絶縁電線，5.5mm^2，黒色	長さ約　600mm	1本
6．600Vビニル絶縁電線，5.5mm^2，緑色	長さ約　200mm	1本
7．600Vビニル絶縁電線，1.6mm，黒色	長さ約　300mm	1本
8．600Vビニル絶縁電線，1.6mm，白色	長さ約　300mm	1本
9．端子台(変圧器の代用)，2P		3個
10．端子台(開閉器の代用)，3P		1個
11．ランプレセプタクル(カバーなし)		1個
12．ジョイントボックス(アウトレットボックス　19mm 3箇所，25mm 2箇所　ノックアウト打抜き済み)		1個
13．ねじなし電線管(E19)(端口処理済み)	長さ約　90mm	1本
14．ねじなしボックスコネクタ(E19)ロックナット付，接地用端子は省略		1個
15．絶縁ブッシング(19)		1個
16．ゴムブッシング(19)		2個
17．ゴムブッシング(25)		2個
18．リングスリーブ(小)	(予備品を含む)	8個
・受験番号札		1枚
・ビニル袋		1枚

材料の写真

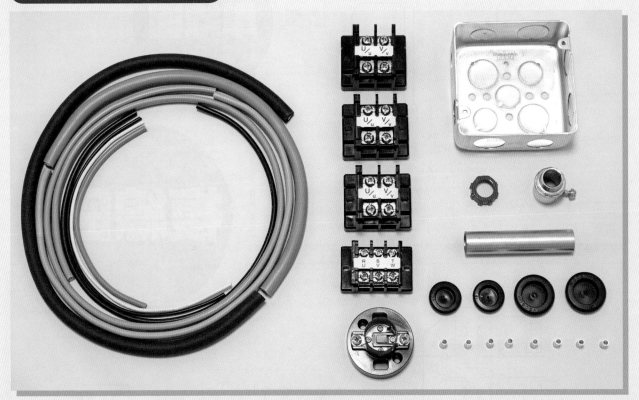

支給材料

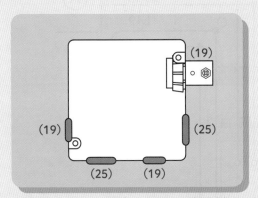

アウトレットボックスの使用法

開閉器代用の端子台

KIP8mm²

ねじなし電線管と附属品

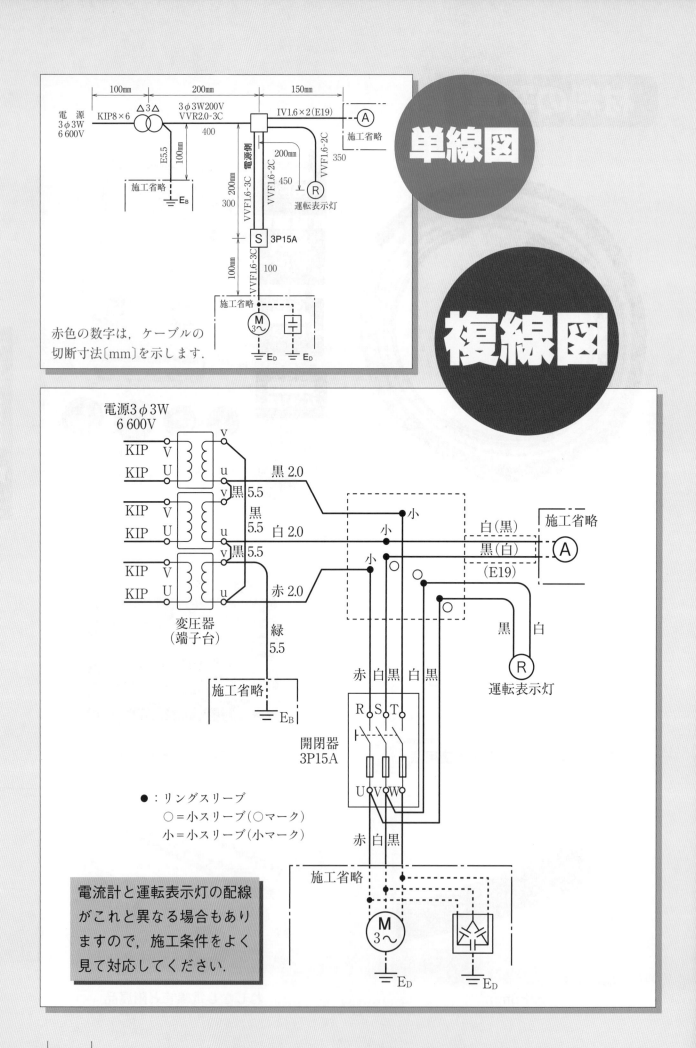

単線図

複線図

赤色の数字は，ケーブルの
切断寸法〔mm〕を示します.

●：リングスリーブ
○＝小スリーブ（○マーク）
小＝小スリーブ（小マーク）

電流計と運転表示灯の配線
がこれと異なる場合もあり
ますので，施工条件をよく
見て対応してください.

材料の寸法出し （絶縁電線・ケーブルの切断方法）

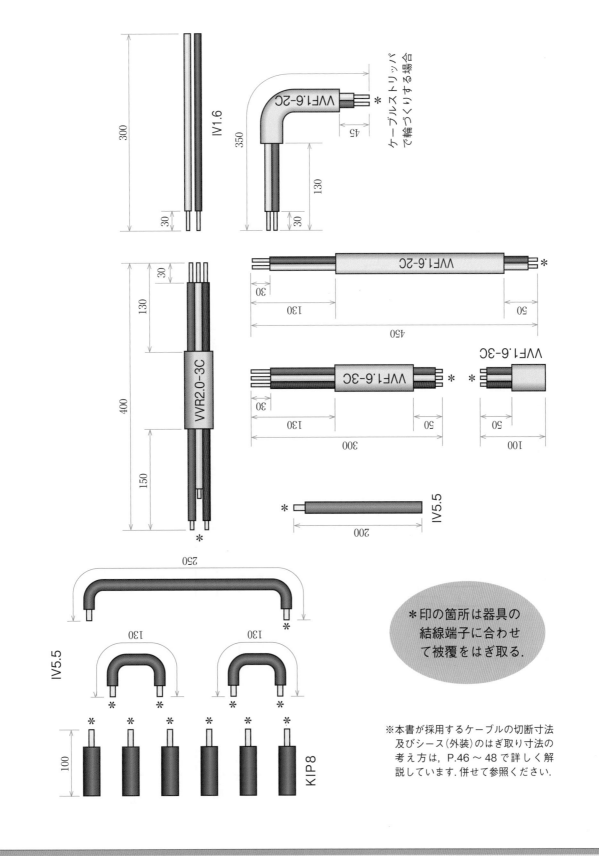

IV1.6

300
30
350
130
30
45

VVF1.6-2C

ケーブルストリッパ
で輪づくりする場合

VVR2.0-3C

30
130
400
150

VVF1.6-2C
30
130
50
450

VVF1.6-3C
30
130
50
300

VVF1.6-3C
50
100

IV5.5
200

IV5.5
250
130
130

KIP8
100

＊印の箇所は器具の
結線端子に合わせ
て被覆をはぎ取る.

※本書が採用するケーブルの切断寸法
及びシース（外装）のはぎ取り寸法の
考え方は，P.46～48 で詳しく解
説しています. 併せて参照ください.

※作品のサイズが大きいため，上記の図は横向きで掲載しています. 本書を横にして確認ください.

複線図の書き方

手順1

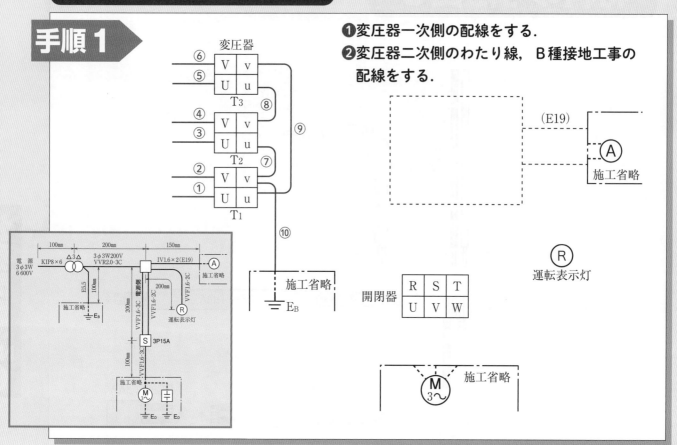

❶変圧器一次側の配線をする．
❷変圧器二次側のわたり線，B種接地工事の配線をする．

手順2

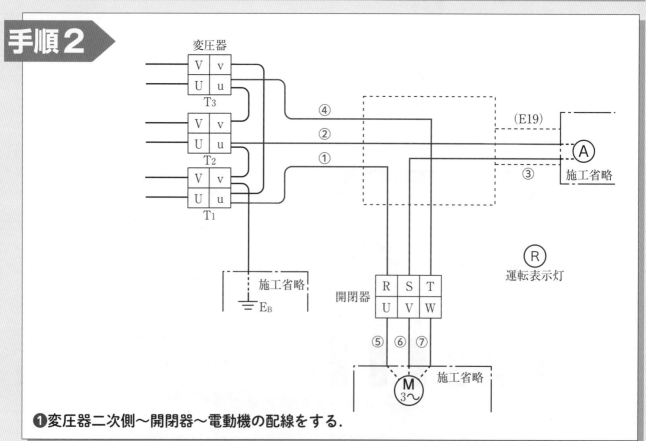

❶変圧器二次側〜開閉器〜電動機の配線をする．

手順3

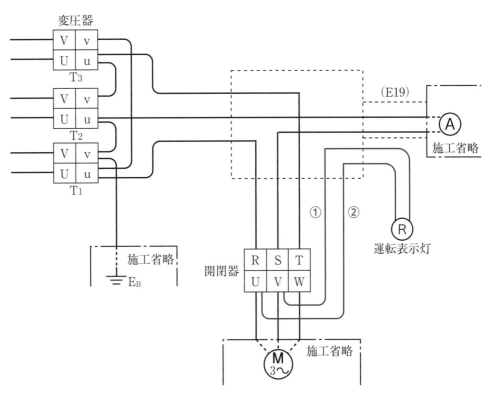

❶開閉器負荷側のU相，V相から運転表示灯の配線をする．

手順4

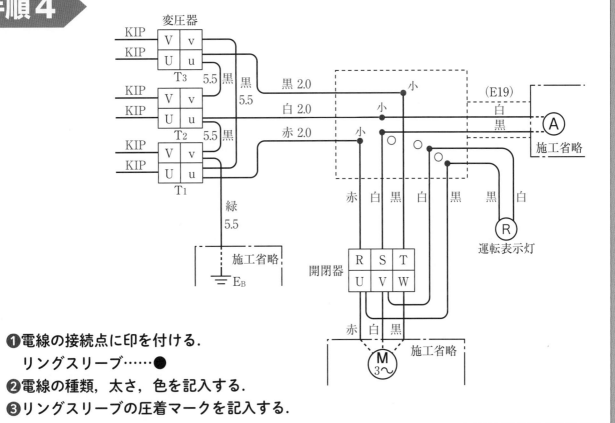

❶電線の接続点に印を付ける．
　　リングスリーブ……●
❷電線の種類，太さ，色を記入する．
❸リングスリーブの圧着マークを記入する．

作業手順	ポイント

●試験問題を読み取り, 電気回路図(複線図)を書く.
　＊電線接続点(●印)及び電線の色別を明らかにする.

● P.200 参照

●絶縁電線・ケーブルの切断寸法を決める.
　＊シース及び絶縁被覆のはぎ取り寸法を考えておく.

● P.201 参照

●アウトレットボックスにゴムブッシング4個を取り付ける.
●アウトレットボックスにねじなし電線管を取り付ける.

●変圧器(端子台)一次側に KIP 8mm² 6本を結線する.

●ねじの締付けは, 十分に.

●変圧器(端子台)二次側の結線をする.
　＊3φ3W200Vの△結線端子に VVR2.0 - 3C を結線し,
　　切断及びシース・絶縁被覆のはぎ取りをして, アウト
　　レットボックス内に挿入する.
　＊「わたり線」は, IV5.5mm² (黒線)で結線する.
●接地線は, IV5.5mm² (緑線)を結線する.

●図4. 変圧器結線図に従って結線.
●接地線は, 変圧器 T₁ の v 端子に結線.

●開閉器(端子台)の電源側端子に VVF1.6 - 3C を結線し,
　切断及びシース・絶縁被覆のはぎ取りをする.
●開閉器(端子台)の負荷側端子に電動機(省略)への VVF
　1.6 - 3C 及び運転表示灯への VVF1.6 - 2C を結線し, 切
　断及びシース・絶縁被覆のはぎ取りをする.
●開閉器(端子台)から電源への VVF1.6 - 3C 及び運転表示
　灯への VVF1.6 - 2C を, アウトレットボックス内に挿入
　する.

●変圧器二次側から開閉器, 電動機に
　至る同相配線の電線色別を合わせ
　る.
●運転表示灯は, 負荷側のU相とV相
　間に接続.

●ランプレセプタクル(運転表示灯)に VVF1.6 - 2C を結線
　し, 切断及びシース・絶縁被覆のはぎ取りをして, アウ
　トレットボックス内に挿入する.

●受金ねじ部の端子は白線を結線.
●ケーブルは台座の下部から挿入.

●電流計(省略)への IV1.6 の絶縁被覆をはぎ取って, ねじ
　なし電線管に通線をする.

●電流計(省略)は, 変圧器二次側のS
　相に接続.

●アウトレットボックス内のリングスリーブ接続をする.
　＊接続電線の電線色別に注意して接続する.
●圧着マークの確認をする.

接続電線	スリーブ	圧着マーク
1.6 mm　2本	小	○
2.0 mm　1本 1.6 mm　1本	小	小

●施工作品の点検, 修正をする.
●(図1. 配線図)の配置に整形する.

●点検:「欠陥」の箇所を見つける.
●修正:「欠陥」の箇所を手直しする.

●絶縁電線・ケーブルの切断及びシース・絶縁被覆のはぎ取りは, ①始めに P.201 の図のように,
　全部の加工を行う. ②各器具付けごとに, 切断～被覆のはぎ取りをする. どちらの方法でもよい.

完成施工写真

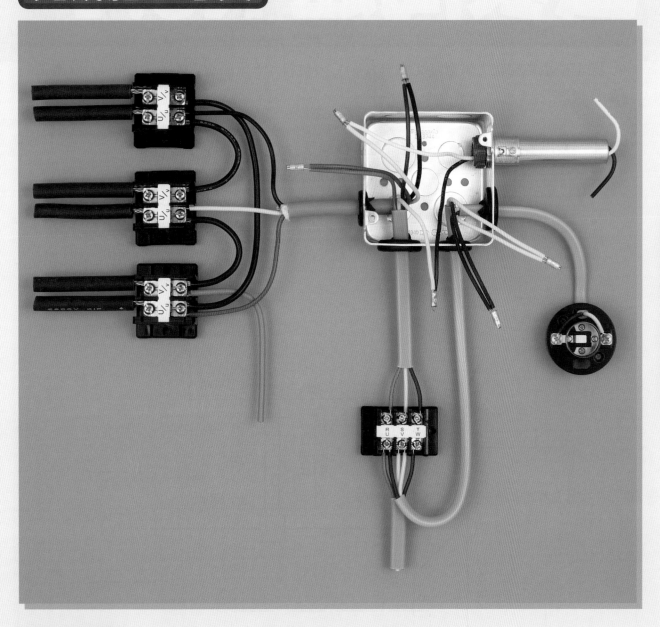

結線チェック

1. 変圧器一次側
   - 6線：各変圧器のU，V端子
2. 変圧器二次側
   - 3φ3W200Vの3線：各変圧器u端子
   - わたり線：変圧器T_1のv端子〜変圧器T_2のu端子
     変圧器T_2のv端子〜変圧器T_3のu端子
     変圧器T_3のv端子〜変圧器T_1のu端子
   - B種接地工事の接地線：変圧器T_1のv端子
3. 電流計
   - 変圧器二次側のS相
4. 運転表示灯
   - 開閉器負荷側のU相とV相間
5. 電線色別
   - 接地線：緑
   - 接地側電線（電流計の回路，わたり線を除く）：白
   - 変圧器二次側　R相：赤，S相：白，T相：黒，わたり線：黒
   - 開閉器　R相とU相：赤，S相とV相：白，T相とW相：黒
   - ランプレセプタクルの受金ねじ部の端子：白
6. 電線接続
   - リングスリーブ接続
     （1.6mm 2本）　　　　　　　　＝小スリーブ（マーク：○）
     （2.0mm 1本＋1.6mm 1本）＝小スリーブ（マーク：小）

※施工手順の動画は P. 257 の QR コードからご覧になることができます.

図1に示す配線工事を与えられた全ての材料（予備品を除く）を使用し，〈**施工条件**〉に従って完成させなさい．

なお，

1. 変圧器，CT及び過電流継電器は端子台で代用する．

2. ──── ‧ ──── ‧ ──── で示した部分は施工を省略する．

3. 電線接続箇所のテープ巻きや絶縁キャップによる絶縁処理は省略する．

4. ジョイントボックス（アウトレットボックス）の接地工事は省略する．

5. 作品は保護板（板紙）に取り付けないものとする．　　　　［**試験時間　60分**］

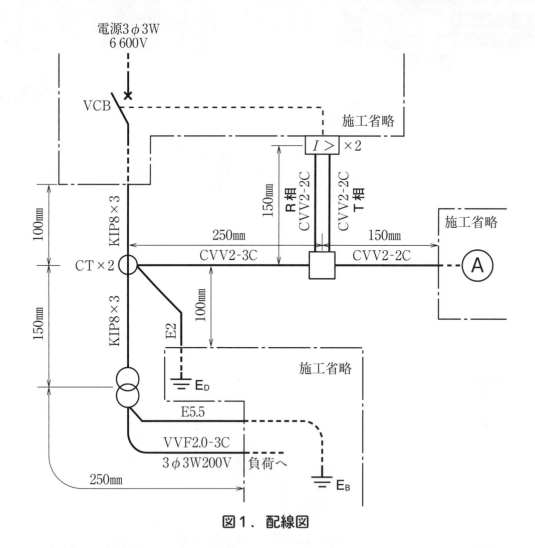

図1．配線図

注：1．図記号は，原則として JIS C 0617-1 ～ 13 及び JIS C 0303：2000 に準拠して示してある．また，作業に直接関係のない部分等は，省略又は簡略化してある．

　　2．電線相互間の離隔距離は問わない．

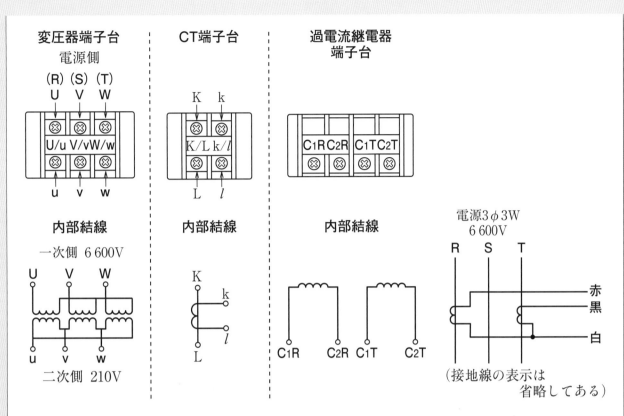

図2．変圧器，CT及び過電流継電器代用の端子台説明図　図3．CT結線図

施工条件

1．配線及び器具の配置は，**図1**に従って行うこと．

2．変圧器，CT及び過電流継電器代用の端子台は，**図2**に従って使用すること．

3．CTの結線は，**図3**に従い，かつ，次のように行うこと．

  ①CNの**K**側を高圧の電源側として使用する．

  ②CTの**1**端子に結線できる**電線本数は2本以下**とする．

  ③CTの**接地線**は，CTの**二次側 l 端子**に結線する．

  ④CTの二次側端子の**わたり線**は，**太さ 2mm²（白色）**を使用する．

  ⑤CTの**k**端子からは，**R相**，**T相**はそれぞれの **C₁R**端子，**C₁T**端子に結線する．

4．**電流計**は，**S相の電流**を測定するように，接続すること．

5．**変圧器の接地線**は，**v 端子**に結線すること．

6．電線の色別（ケーブルの場合は絶縁被覆の色）は，次によること．

  ①接地線は，**緑色**を使用する．

  ②CTの二次側からジョイントボックスに至る配線は，**R相**に**赤色**，**T相**に**黒色**を使用する．

  ③変圧器の二次側の配線は，**u相**に**赤色**，**v相**に**白色**，**w相**に**黒色**を使用する．

7．ジョイントボックスを経由する電線は，すべて接続箇所を設け，リングスリーブによる接続とすること．

8．ジョイントボックスは，**打抜き済みの穴だけをすべて使用すること**．

支給材料

材　　　　料			
1．高圧絶縁電線(KIP)，8mm²	長さ約	750mm	1本
2．制御用ビニル絶縁ビニルシースケーブル，2mm²，3心	長さ約	500mm	1本
3．制御用ビニル絶縁ビニルシースケーブル，2mm²，2心	長さ約	850mm	1本
4．600Vビニル絶縁ビニルシースケーブル平形(シース青色)，2.0mm，3心	長さ約	300mm	1本
5．600Vビニル絶縁電線，5.5mm²，緑色	長さ約	300mm	1本
6．600Vビニル絶縁電線，2mm²，緑色	長さ約	200mm	1本
7．端子台(変圧器の代用)，3P			1個
8．端子台(CTの代用)，2P			2個
9．端子台(過電流継電器の代用)，4P			1個
10．ジョイントボックス(アウトレットボックス　19mm 2箇所，25mm 2箇所 ノックアウト打抜き済み)			1個
11．ゴムブッシング(19)			2個
12．ゴムブッシング(25)			2個
13．リングスリーブ(小)		(予備品を含む)	6個
・受験番号札			1枚
・ビニル袋			1枚

材料の写真

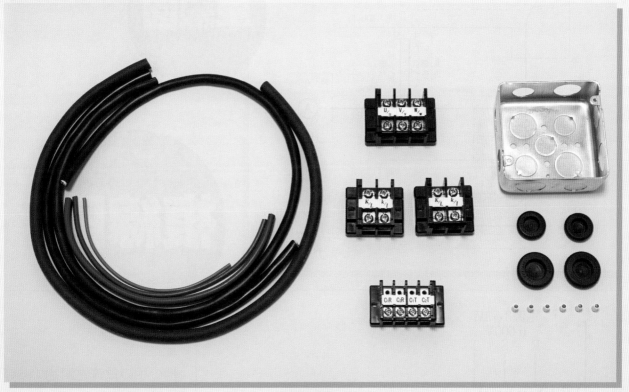

支給材料

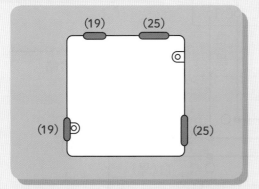

アウトレットボックスの使用法

CT 代用の端子台

変圧器代用の端子台

過電流継電器代用の端子台

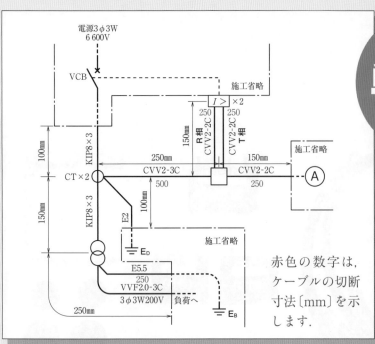

単線図

複線図

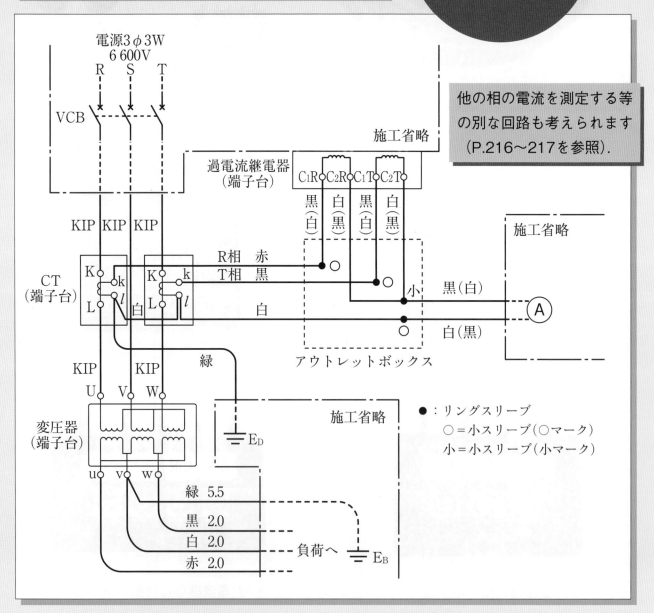

他の相の電流を測定する等
の別な回路も考えられます
（P.216～217を参照）.

材料の寸法出し （絶縁電線・ケーブルの切断方法）

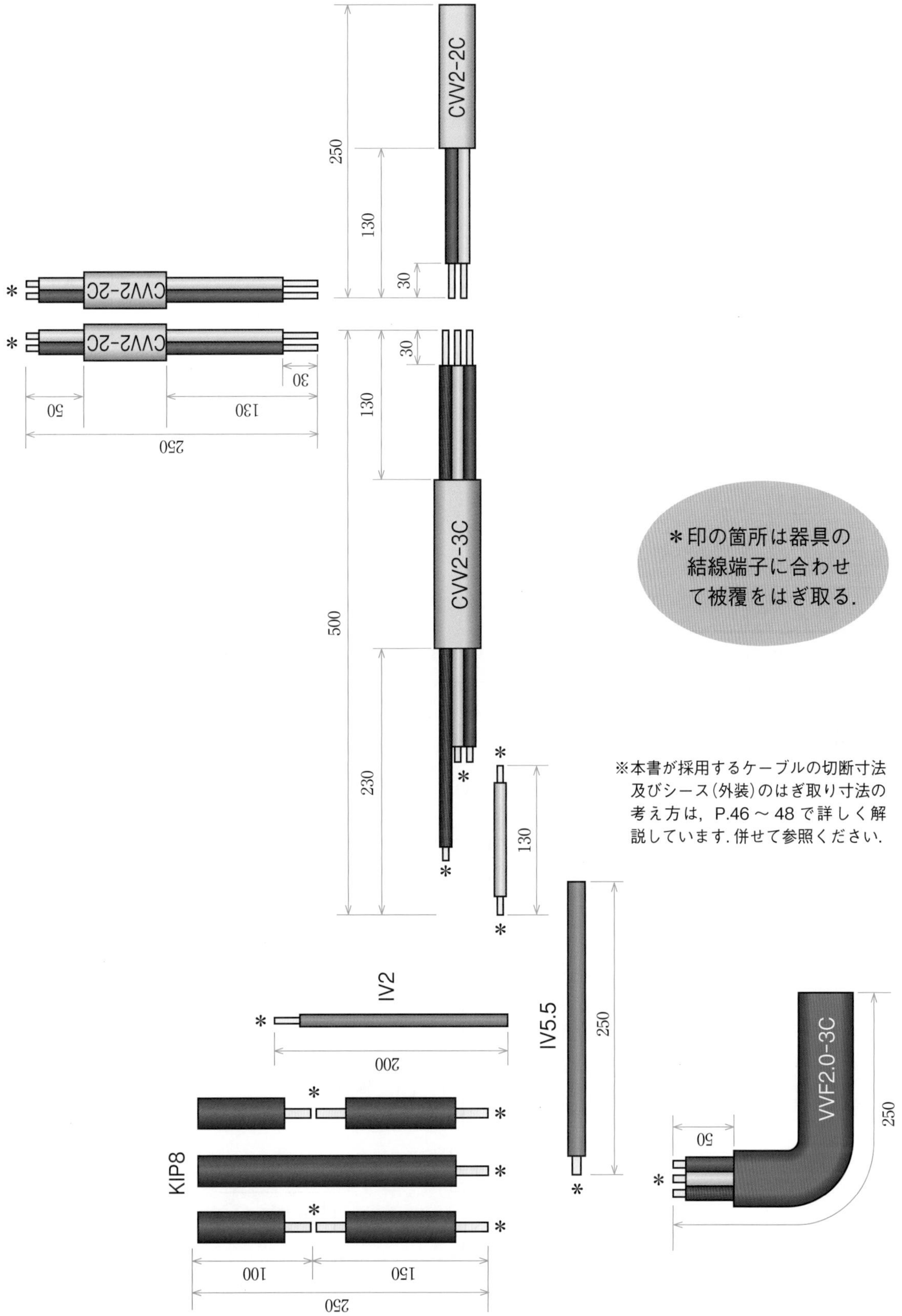

CVV2-2C

250
130
30

CVV2-2C

CVV2-2C

30
50
130
250

＊印の箇所は器具の
結線端子に合わせ
て被覆をはぎ取る.

30
130
500

CVV2-3C

230

130

IV5.5

250

IV2

200

KIP8

100
150
250

※本書が採用するケーブルの切断寸法
及びシース（外装）のはぎ取り寸法の
考え方は，P.46〜48で詳しく解
説しています.併せて参照ください.

WVF2.0-3C

50
250

※作品のサイズが大きいため，上記の図は横向きで掲載しています. 本書を横にして確認ください.

複線図の書き方

手順1

❶ CT 及び変圧器の一次側の配線をする.

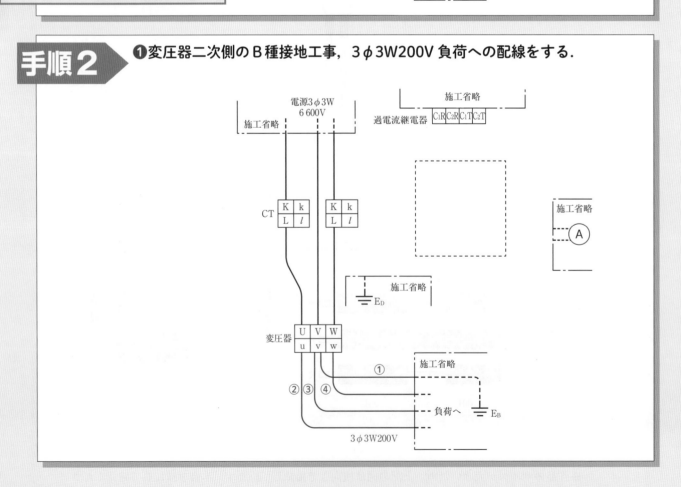

手順2

❶変圧器二次側の B 種接地工事, 3φ3W200V 負荷への配線をする.

手順3

❶CT～過電流継電器～電流計の配線をする.
❷CTのD種接地工事の配線をする.

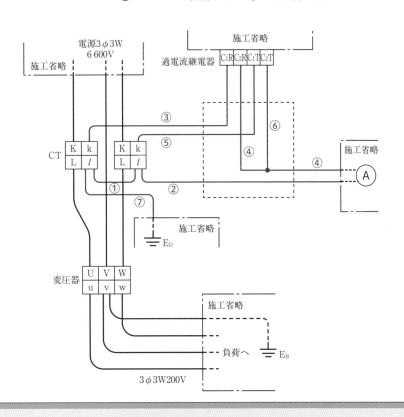

手順4

❶電線の接続点に印を付ける. リングスリーブ……●
❷電線の種類, 太さ, 色を記入する.
❸リングスリーブの圧着マークを記入する.

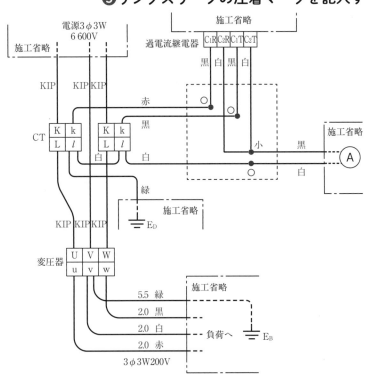

作業手順	ポイント
●試験問題を読み取り，電気回路図(複線図)を書く． ＊電線接続点(●印)及び電線の色別を明らかにする．	● P.210 参照
●絶縁電線・ケーブルの切断寸法を決める． ＊シース及び絶縁被覆のはぎ取り寸法を考えておく．	● P.211 参照
●アウトレットボックスにゴムブッシング4個を取り付ける．	
●CT(端子台)及び三相変圧器(端子台)にKIP8mm² を結線する． ＊R相，T相は，CT 一次側(K端子)の結線とCT 一次側(L端子)から三相変圧器一次側(U，W端子)に結線する． ＊S相は，三相変圧器一次側(V端子)に直接結線する．	●図3．CT 結線図に従って結線． ● S相のKIP8mm² 1本は，切断しないこと． ●ねじの締付けは，十分に．
●三相変圧器(端子台)二次側にVVF 2.0-3C を結線する． ●接地線は IV 5.5mm²(緑線)を結線する．	●接地線は，v端子に結線．
●CT(端子台)二次側の結線をする． ＊k，l端子にCVV2-3C を結線し，切断及びシース・絶縁被覆のはぎ取りをして，アウトレットボックス内に挿入する． ＊l端子間の「わたり線」は，2mm²(白線)で結線する． ●接地線は，IV2 mm²(緑線)を結線する．	●図3．CT 結線図に従って結線． ● CVV ケーブルは，シース端で介在物を切除する．
●過電流継電器(端子台)にCVV2-2C を2本結線し，切断及びシース・絶縁被覆のはぎ取りをして，アウトレットボックス内に挿入する．	
●電流計(省略)へのCVV2-2C のシース・絶縁被覆のはぎ取りをして，アウトレットボックス内に挿入する．	●電流計(省略)は，S相の電流を測定するように接続．

●アウトレットボックス内のリングスリーブ接続をする．
　＊接続電線の電線色別に注意して接続する．
●圧着マークの確認をする．

接続電線		スリーブ	圧着マーク
2 mm²	2本	小	○
2 mm²	3本	小	小

●施工作品の点検，修正をする．
●(図1．配線図)の配置に整形する．

●点検：「欠陥」の箇所を見つける．
●修正：「欠陥」の箇所を手直しする．

●絶縁電線・ケーブルの切断及びシース・絶縁被覆のはぎ取りは，①始めにP.211 の図のように，全部の加工を行う．②各器具付けごとに，切断～被覆のはぎ取りをする．どちらの方法でもよい．

完成施工写真

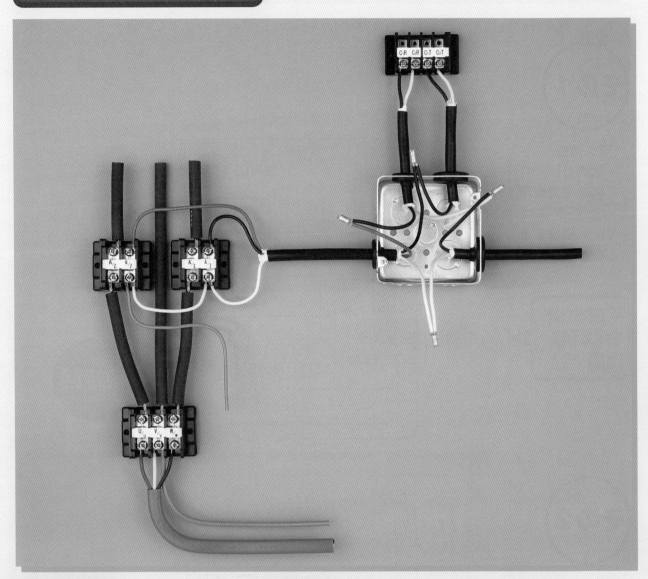

結線チェック

1. CT一次側から三相変圧器に至る3線
   - R相：電源～CTのK端子・L端子～三相変圧器のU端子
   - S相：電源～三相変圧器のV端子
   - T相：電源～CTのK端子・L端子～三相変圧器のW端子
2. 変圧器二次側
   - 3φ3W 200Vの3線：u, v, w端子
   - B種接地工事の接地線：v端子
3. CT二次側
   - R相CTのk端子～OCRのC_1R・C_2R端子～
   - T相CTのk端子～OCRのC_1T・C_2T端子～ } 接続～電流計
   - R相CTのl端子～T相CTのl端子～電流計
   - D種接地工事の接地線：R相CTのl端子
4. 電流計
   - S相の電流を測定
5. 電線色別
   - 接地線：緑
   - R相CTのk端子～ジョイントボックス：赤
   - T相CTのk端子～ジョイントボックス：黒
   - R相CTのl端子～T相CTのl端子～ジョイントボックス：白
   - 三相変圧器二次側　u相：赤，v相：白，w相：黒
6. 電線接続
   - リングスリーブ接続
     （2mm² 2本）＝小スリーブ（マーク：○）
     （2mm² 3本）＝小スリーブ（マーク：小）

※施工手順の動画はP.257のQRコードからご覧になることができます.

公表問題No.7で考えられる別な回路

電流計切換スイッチを省略した場合は，その1，その2のような回路が考えられます．

その1

（施工条件）
- 電流計は，R相の電流を測定するように，接続すること．

平成30年 令和元年 出題

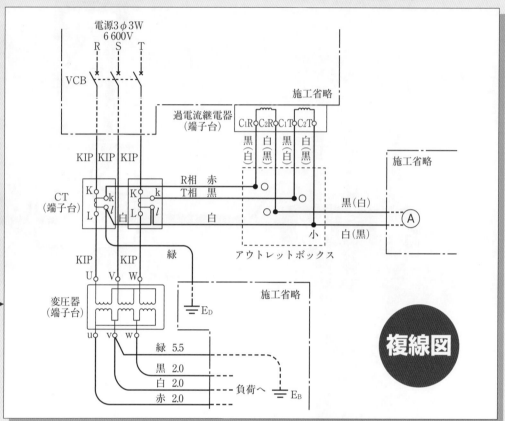

複線図

その2

（施工条件）
- 電流計は，T相の電流を測定するように，接続すること．

令和4年 令和5年 出題

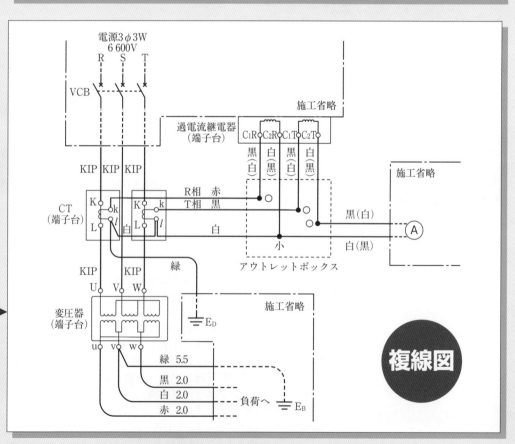

複線図

電流計切換スイッチを設置した場合は，その3のような回路が考えられます．

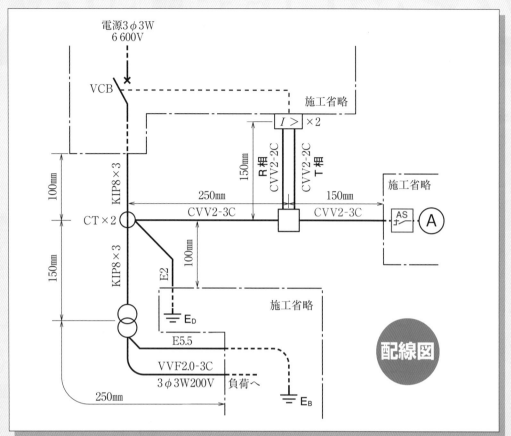

配線図

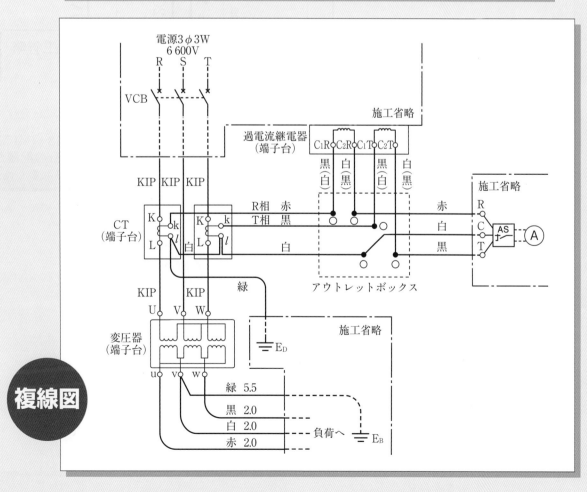

複線図

　図1に示す配線工事を与えられた全ての材料（予備品を除く）を使用し，〈**施工条件**〉に従って完成させなさい．

なお，

1. 変圧器及び電磁開閉器は端子台で代用する．
2. ————·————·———— で示した部分は施工を省略する．
3. 電線接続箇所のテープ巻きや絶縁キャップによる絶縁処理は省略する．
4. ジョイントボックス（アウトレットボックス）の接地工事は省略する．
5. 作品は保護板（板紙）に取り付けないものとする． ［試験時間　60分］

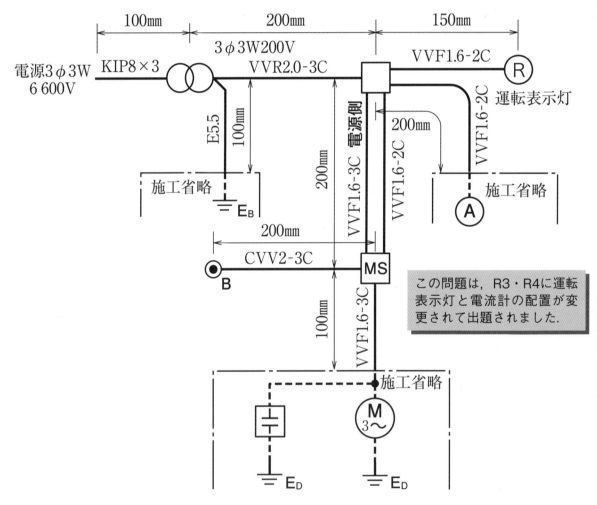

図1．配線図

注：1．図記号は，原則として JIS C 0617-1 〜 13 及び JIS C 0303：2000 に準拠して示してある．また，作業に直接関係のない部分等は，省略又は簡略化してある．
　　2．Ⓡは，ランプレセプタクルを，MS は，電磁開閉器を示す．

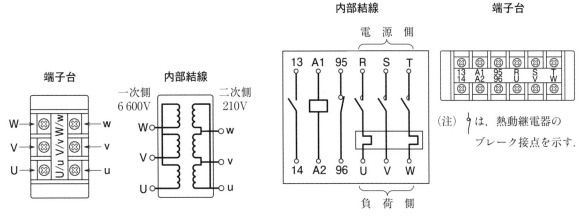

図2．変圧器代用の端子台説明図

図3．電磁開閉器代用の端子台説明図

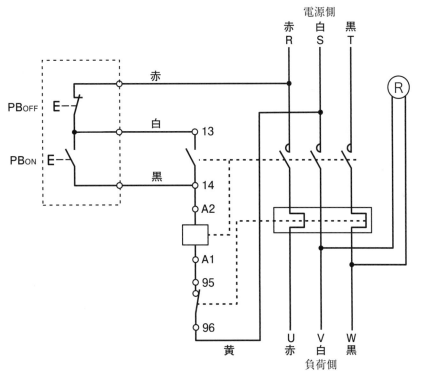

図4．制御回路図

施工条件

1．配線及び器具の配置は，**図1**に従って行うこと．

2．変圧器代用の端子台は，**図2**に従って使用すること．

3．電磁開閉器代用の端子台は，**図3**に従って使用すること．

4．制御回路の結線は，**図4**に従って行うこと．

5．**電流計は，変圧器二次側のv相に接続すること．**

公表問題 No. 8

6．変圧器の接地線は，v端子に結線すること．

7．電線の色別（ケーブルの場合は絶縁被覆の色）は，次によること．

①接地線は，緑色を使用する．

②接地側電線は，電流計の回路を除きすべて白色を使用する．

③変圧器の二次側の配線は，u相に赤色，v相に白色，w相に黒色を使用する．

④電磁開閉器の端子相互間の配線に使用する電線は，黄色を使用する．

⑤電動機回路の電源に使用する電線及び押しボタンスイッチに使用する電線の色別は，図4による．

⑥ランプレセプタクルの受金ねじ部の端子には，白色の電線を結線する．

8．ジョイントボックスを経由する電線は，すべて接続箇所を設け，リングスリーブによる接続とすること．

9．ジョイントボックスは，打抜き済みの穴だけをすべて使用すること．

10．押しボタンスイッチ内の既設配線は，取り除いたり，変更したりしないこと．

支給材料

材　　　　料		
1．高圧絶縁電線（KIP），8mm^2	長さ約　300mm	1本
2．600Vビニル絶縁ビニルシースケーブル丸形，2.0mm，3心	長さ約　350mm	1本
3．600Vビニル絶縁ビニルシースケーブル平形，1.6mm，3心	長さ約　500mm	1本
4．600Vビニル絶縁ビニルシースケーブル平形，1.6mm，2心	長さ約1100mm	1本
5．制御用ビニル絶縁ビニルシースケーブル，2mm^2，3心	長さ約　350mm	1本
6．600Vビニル絶縁電線，5.5mm^2，緑色	長さ約　200mm	1本
7．600Vビニル絶縁電線，2mm^2，黄色	長さ約　500mm	1本
8．端子台（変圧器の代用），3P		1個
9．端子台（電磁開閉器の代用），6P		1個
10．押しボタンスイッチ（接点1a，1b，既設配線付，箱なし）		1個
11．ランプレセプタクル（カバーなし）		1個
12 ジョイントボックス（アウトレットボックス 19mm 2箇所，25mm 3箇所 ノックアウト打抜き済み）		1個
13．ゴムブッシング（19）		2個
14．ゴムブッシング（25）		3個
15．リングスリーブ（小）　　　　　　　　　　　　（予備品を含む）		9個
・受験番号札		1枚
・ビニル袋		1枚

材料の写真

支給材料

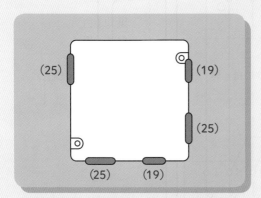

アウトレットボックスの使用法

電磁開閉器代用の端子台

押しボタンスイッチ

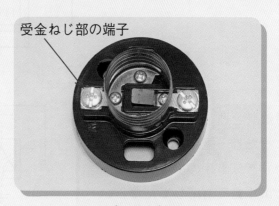

受金ねじ部の端子

ランプレセプタクル

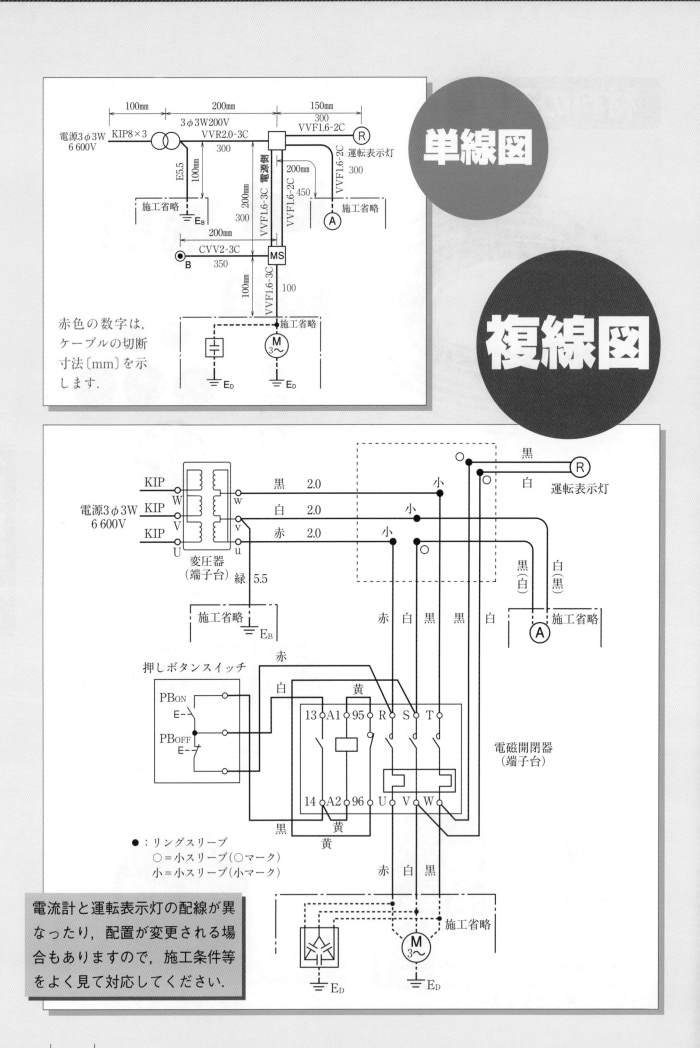

単線図

複線図

赤色の数字は，ケーブルの切断寸法〔mm〕を示します．

●：リングスリーブ
○＝小スリーブ（○マーク）
小＝小スリーブ（小マーク）

電流計と運転表示灯の配線が異なったり，配置が変更される場合もありますので，施工条件等をよく見て対応してください．

材料の寸法出し （絶縁電線・ケーブルの切断方法）

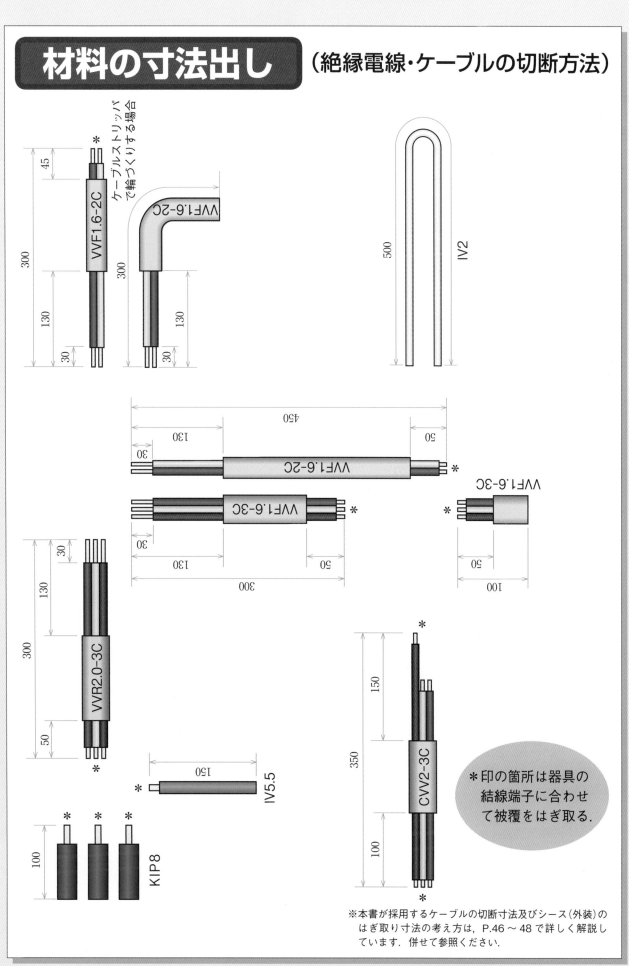

*印の箇所は器具の
結線端子に合わせ
て被覆をはぎ取る.

※本書が採用するケーブルの切断寸法及びシース（外装）の
はぎ取り寸法の考え方は，P.46〜48で詳しく解説し
ています．併せて参照ください.

※作品のサイズが大きいため，上記の図は横向きで掲載しています．本書を横にして確認ください.

公表問題No.8と合格解答　**223**

複線図の書き方

手順1

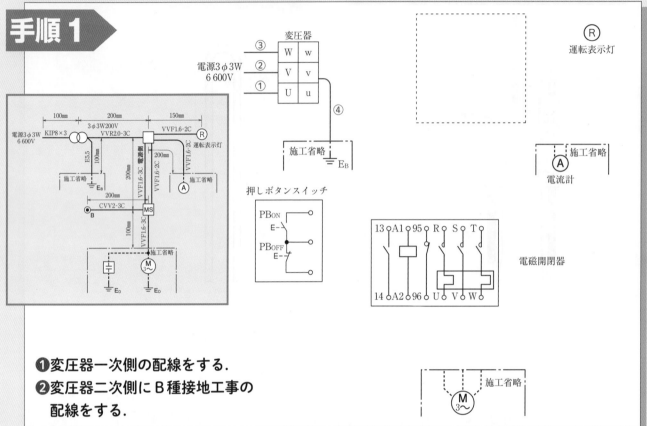

❶変圧器一次側の配線をする.

❷変圧器二次側にB種接地工事の
配線をする.

手順2

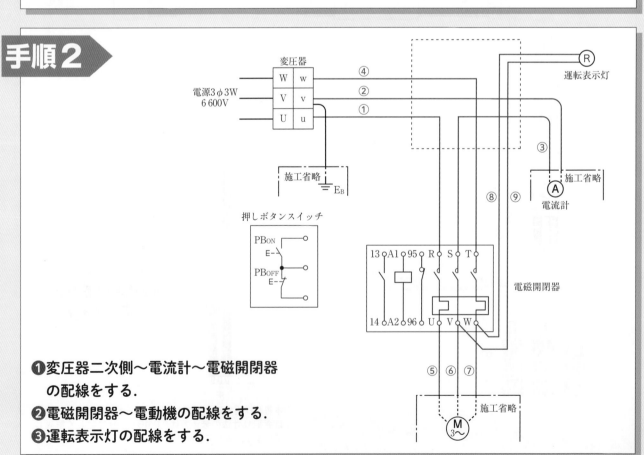

❶変圧器二次側〜電流計〜電磁開閉器
の配線をする.

❷電磁開閉器〜電動機の配線をする.

❸運転表示灯の配線をする.

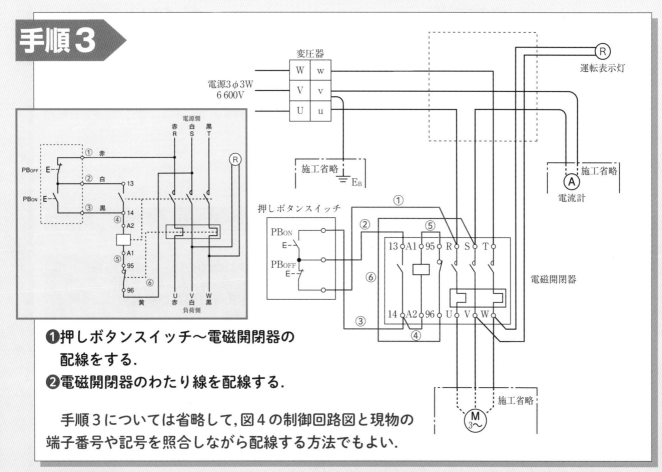

手順3

❶押しボタンスイッチ〜電磁開閉器の
　配線をする.
❷電磁開閉器のわたり線を配線する.

　手順3については省略して,図4の制御回路図と現物の
端子番号や記号を照合しながら配線する方法でもよい.

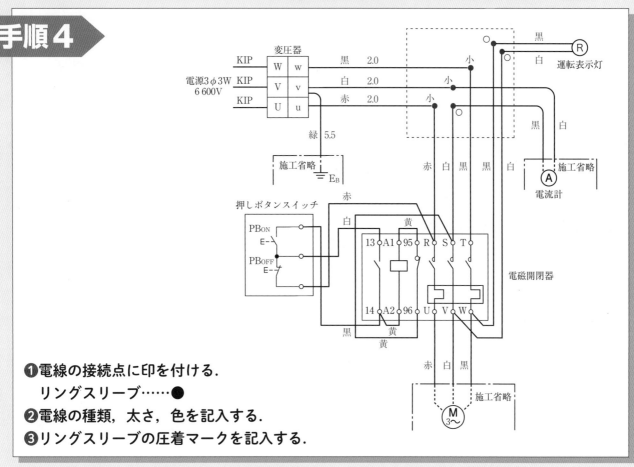

手順4

❶電線の接続点に印を付ける.
　リングスリーブ……●
❷電線の種類,太さ,色を記入する.
❸リングスリーブの圧着マークを記入する.

作業手順	ポイント
●試験問題を読み取り，電気回路図(複線図)を書く． ＊電線接続点(●印)及び電線の色別を明らかにする．	● P.222 参照
●絶縁電線・ケーブルの切断寸法を決める． ＊シース及び絶縁被覆のはぎ取り寸法を考えておく．	● P.223 参照
●アウトレットボックスにゴムブッシング5個を取り付ける．	
●変圧器(端子台)一次側に KIP8mm² 3本を結線する．	●ねじの締付けは，十分に．
●変圧器(端子台)二次側の結線をする． ＊VVR2.0-3C を結線し，切断及びシース・絶縁被覆の はぎ取りをして，アウトレットボックス内に挿入する． ●接地線は，IV5.5mm² (緑線)を結線する．	● 3φ3W200V は，u 相に赤線，v 相 に白線，w 相に黒線を結線． ● VVR の白線及び接地線は，v 端子 に結線．
●電磁開閉器(端子台)の電源側端子に VVF1.6-3C を結線 し，切断及びシース・絶縁被覆のはぎ取りをする． ●電磁開閉器(端子台)の負荷側端子に，電動機(省略)への VVF1.6-3C 及び運転表示灯への VVF1.6-2C を結線し， 切断及びシース・絶縁被覆のはぎ取りをする． ●電磁開閉器(端子台)から電源への VVF1.6-3C 及び運転 表示灯への VVF1.6-2C を，アウトレットボックス内に 挿入する．	●変圧器二次側から電磁開閉器及び電 動機に至る同相配線の電線色別を合 わせる． ●運転表示灯は，V 相と W 相間に接 続．
●ランプレセプタクル(運転表示灯)に VVF1.6-2C を結線 し，切断及びシース・絶縁被覆のはぎ取りをして，アウ トレットボックス内に挿入する．	●受金ねじ部の端子は白線を結線． ●ケーブルは台座の下部から挿入．
●電流計(省略)の VVF1.6-2C の切断及びシース・絶縁被覆 のはぎ取りをして，アウトレットボックス内に挿入する．	●電流計(省略)は，v 相に接続．
●電磁開閉器(端子台)と押しボタンスイッチ間を CVV2-3C で結線する． ＊電磁開閉器の端子間の「わたり線」は，IV2mm² (黄線) で結線する．	●図4.制御回路図に従って結線． ● CVV ケーブルは，シース端で介在 物を切除．
●アウトレットボックス内のリングスリーブ接続をする． ＊接続電線の電線色別に注意して接続する． ●圧着マークの確認をする．	

接続電線		スリーブ	圧着マーク
1.6 mm	2本	小	○
2.0 mm	1本	小	小
1.6 mm	1本		

作業手順	ポイント
●施工作品の点検，修正をする． ●(図1. 配線図)の配置に整形する．	●点検：「欠陥」の箇所を見つける． ●修正：「欠陥」の箇所を手直しする．

●絶縁電線・ケーブルの切断及びシース・絶縁被覆のはぎ取りは，①始めに P.223 の図のように，
全部の加工を行う．②各器具付けごとに，切断～被覆のはぎ取りをする．どちらの方法でもよい．

完成施工写真

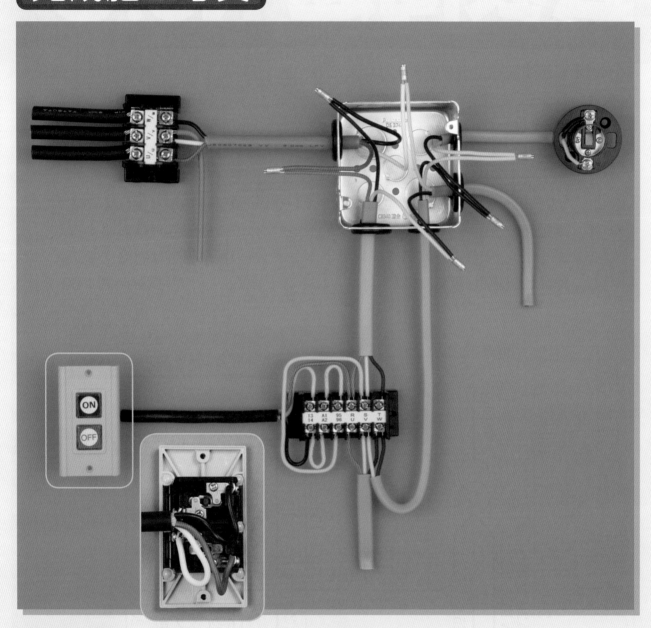

結線チェック

1. 変圧器一次側　・3線：U，V，W端子
2. 変圧器二次側　・3φ3W200Vの3線：u，v，w端子
　　　　　　　　　・B種接地工事の接地線：v端子
3. 電流計　　　　・変圧器二次側のv相
4. 運転表示灯　　・電磁開閉器の負荷側V相とW相間
5. 電線色別　　　・接地線：緑
　　　　　　　　　・接地側電線（電流計の回路を除く）：白
　　　　　　　　　・変圧器二次側　u相：赤，v相：白，w相：黒
　　　　　　　　　・電磁開閉器　R相とU相：赤，S相とV相：白，T相とW相：黒
　　　　　　　　　・押しボタンスイッチ～電磁開閉器
　　　　　　　　　　PB$_{OFF}$～R端子：赤，PB$_{ON}$・PB$_{OFF}$～13端子：白，PB$_{ON}$～14端子：黒
　　　　　　　　　・電磁開閉器内のわたり線：黄
　　　　　　　　　・ランプレセプタクルの受金ねじ部の端子：白
6. 電線接続　　　・リングスリーブ接続：
　　　　　　　　　　（1.6mm 2本）　　　　　　　　＝小スリーブ（マーク：○）
　　　　　　　　　　（2.0mm 1本＋1.6mm 1本）＝小スリーブ（マーク：小）

※施工手順の動画はP.257のQRコードからご覧になることができます.

公表問題 No.9

図1に示す配線工事を与えられた全ての材料（予備品を除く）を使用し、〈**施工条件**〉に従って完成させなさい。

なお、

1. 変圧器、タイムスイッチ及び自動点滅器は端子台で代用する。
2. ─── ‑ ─── ‑ ─── で示した部分は施工を省略する。
3. VVF用ジョイントボックスは支給していないので、その取り付けは省略する。
4. 電線接続箇所のテープ巻きや絶縁キャップによる絶縁処理は省略する。
5. ジョイントボックス（アウトレットボックス）の接地工事は省略する。
6. 作品は保護板（板紙）に取り付けないものとする。　　　　［**試験時間　60分**］

器具の配置を変更した別な回路も考えられます（P.238～241を参照）。

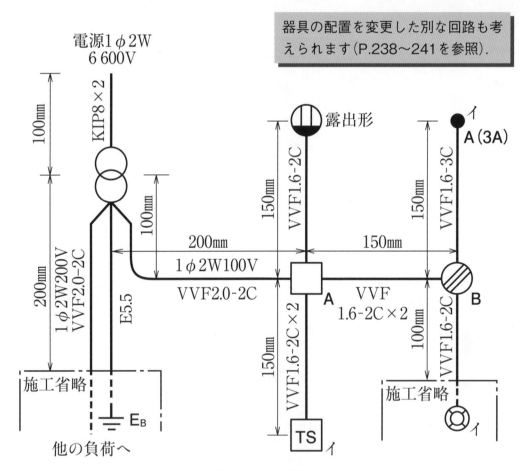

図1．配線図

注：1．図記号は、原則として JIS C 0617‑1 ～ 13 及び JIS C 0303：2000 に準拠して示してある。また、作業に直接関係のない部分等は、省略又は簡略化してある。

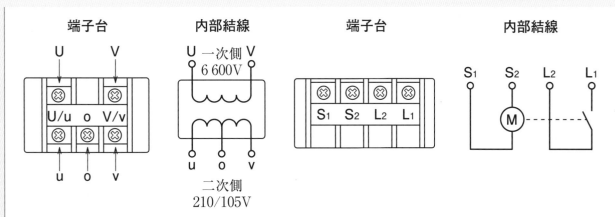

図2．変圧器代用の端子台説明図

図3．タイムスイッチ代用の端子台説明図

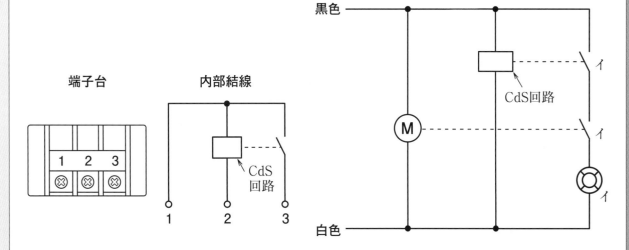

図4．自動点滅器代用の端子台説明図

図5．屋外灯回路の展開接続図

施工条件

1．配線及び器具の配置は，**図1**に従って行うこと．

2．変圧器代用の端子台は，**図2**に従って使用すること．

3．タイムスイッチ代用の端子台は，**図3**に従って使用すること．
  なお，**端子 S_2 を接地側**とする．

4．自動点滅器代用の端子台は，**図4**に従って使用すること．

5．屋外灯回路の接続は，**図5**に従って行うこと．

6．タイムスイッチの電源用電線には，2心ケーブル1本を使用すること．

7．ジョイントボックスAからVVF用ジョイントボックスBに至る自動点滅器の電源用電線には，2心ケーブル1本を使用すること．

8．電線の色別(ケーブルの場合は絶縁被覆の色)は，次によること．
  ①接地線は，**緑色**を使用する．
  ②接地側電線は，すべて**白色**を使用する．

③変圧器二次側から露出形コンセント，タイムスイッチ及び自動点滅器に至る非接地側電線は，**黒色**を使用する．

④露出形コンセントの接地側極端子(**W**と表示)には，**白色の電線**を結線する．

9．ジョイントボックス**A**及び**VVF**用ジョイントボックス**B**部分を経由する電線は，その部分ですべて接続箇所を設け，その接続方法は，次によること．

①**A**部分は，リングスリーブによる接続とする．

②**B**部分は，差込形コネクタによる接続とする．

10．ジョイントボックスは，**打抜き済みの穴だけをすべて使用すること**．

11．露出形コンセントは，ケーブルを台座の下部(裏側)から挿入して使用すること．なお，結線はケーブルを挿入した部分に近い端子に行うこと．

支給材料

材　　　料		
1．高圧絶縁電線(KIP)，8mm²	長さ約　200mm	1本
2．600Vビニル絶縁ビニルシースケーブル平形(シース青色)，2.0mm，2心	長さ約　700mm	1本
3．600Vビニル絶縁ビニルシースケーブル平形，1.6mm，3心	長さ約　300mm	1本
4．600Vビニル絶縁ビニルシースケーブル平形，1.6mm，2心	長さ約 1 850mm	1本
5．600Vビニル絶縁電線，5.5mm²，緑色	長さ約　200mm	1本
6．端子台(変圧器の代用)，3P		1個
7．端子台(タイムスイッチの代用)，4P		1個
8．端子台(自動点滅器の代用)，3P		1個
9．露出形コンセント(カバーなし)		1個
10．ジョイントボックス(アウトレットボックス19mm 4箇所 ノックアウト打抜き済み)		1個
11．ゴムブッシング(19)		4個
12．リングスリーブ(小)	(予備品を含む)	3個
13．リングスリーブ(中)	(予備品を含む)	3個
14．差込形コネクタ(2本用)		3個
15．差込形コネクタ(3本用)		1個
・受験番号札		1枚
・ビニル袋		1枚

材料の写真

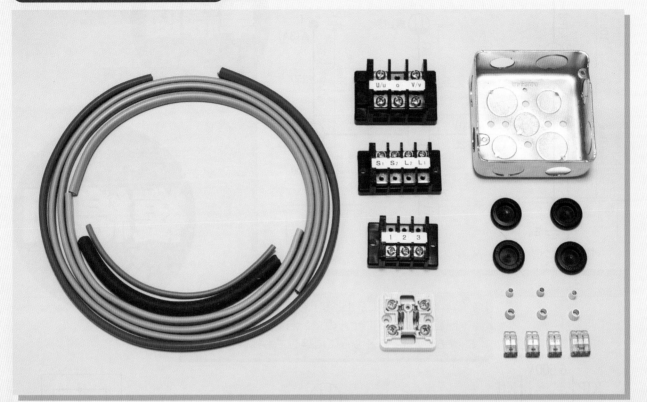

支給材料

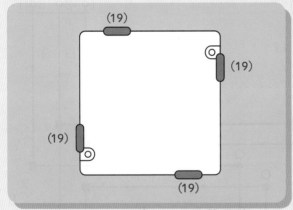

アウトレットボックスの使用法

タイムスイッチ代用の端子台

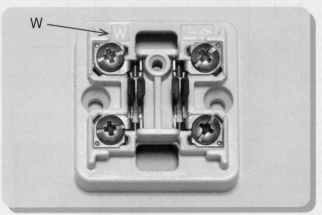

露出形コンセント

自動点滅器代用の端子台

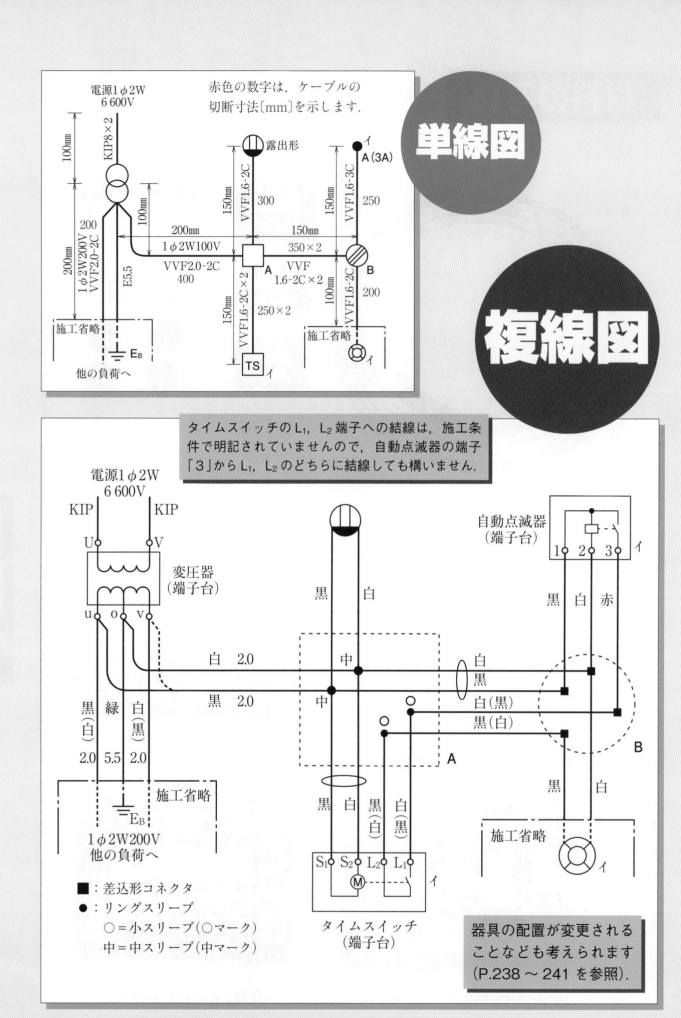

赤色の数字は，ケーブルの
切断寸法〔mm〕を示します.

単線図

電源1φ2W
6 600V

100mm

KIP8×2

露出形

イ
A（3A）

VVF1.6-2C
150mm
300

VVF1.6-3C
150mm
250

100mm

200
1φ2W200V
VVF2.0-2C

200mm
1φ2W200V
VVF2.0-2C

E5.5

200mm
1φ2W100V
VVF2.0-2C
400

150mm

350×2

150mm

VVF
1.6-2C×2

B
200

VVF1.6-2C

100mm

施工省略

150mm
VVF1.6-2C×2
250×2

施工省略

EB

他の負荷へ

TS イ

イ

複線図

タイムスイッチのL₁，L₂端子への結線は，施工条
件で明記されていませんので，自動点滅器の端子
「3」からL₁，L₂のどちらに結線しても構いません.

電源1φ2W
6 600V

KIP   KIP

U   V

変圧器
（端子台）

自動点滅器
（端子台）

1   2   3   イ

u   o   v

黒   白

黒   白   赤

黒
（白）

緑

白
（黒）

白   2.0

中

白
黒

2.0 5.5 2.0

黒   2.0

中

白（黒）

黒（白）

施工省略

A

B

EB

1φ2W200V
他の負荷へ

黒   白   黒
（白）

白
（黒）

黒   白

施工省略

■：差込形コネクタ

●：リングスリーブ

　○＝小スリーブ（○マーク）

　中＝中スリーブ（中マーク）

S₁ S₂ L₂ L₁

Ⓜ   イ

タイムスイッチ
（端子台）

イ

器具の配置が変更される
ことなども考えられます
（P.238 ～ 241 を参照）.

材料の寸法出し （絶縁電線・ケーブルの切断方法）

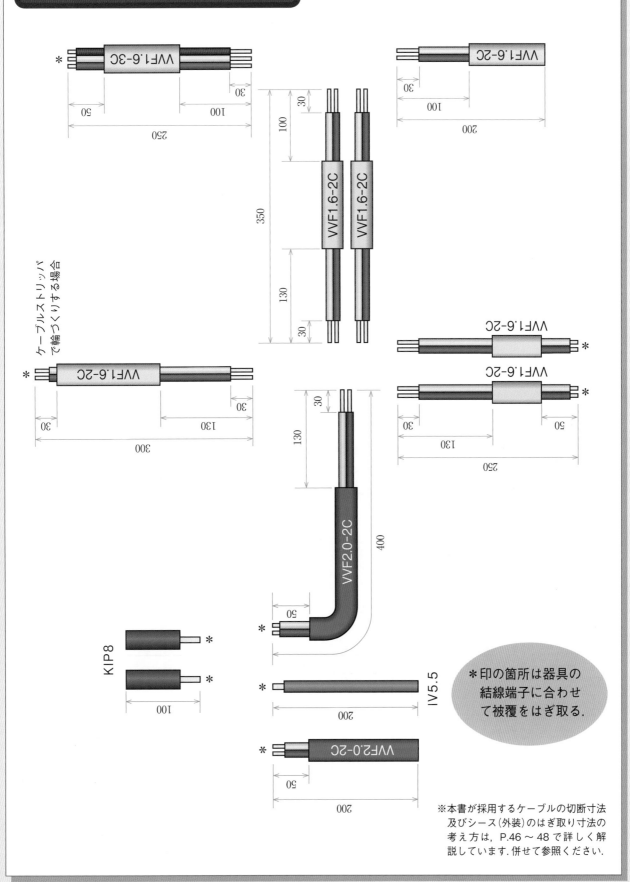

VVF1.6-3C
30
50
100
250

VVF1.6-2C
30
100
200

VVF1.6-2C
VVF1.6-2C
30
100
350
130
30

ケーブルストリッパで輪づくりする場合

VVF1.6-2C
30
30
130
300

VVF1.6-2C
VVF1.6-2C
30
50
130
250

VVF2.0-2C
30
50
130
400

IV5.5
200

KIP8
100

VVF2.0-2C
50
200

*印の箇所は器具の結線端子に合わせて被覆をはぎ取る.

※本書が採用するケーブルの切断寸法及びシース（外装）のはぎ取り寸法の考え方は，P.46 〜 48 で詳しく解説しています．併せて参照ください．

※作品のサイズが大きいため，上記の図は横向きで掲載しています．本書を横にして確認ください．

複線図の書き方

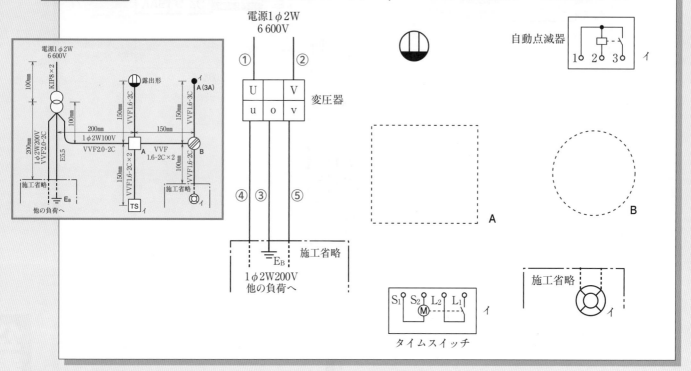

手順1
①変圧器一次側の配線をする.
②変圧器二次側のB種接地工事，1φ2W200V 他の負荷への配線をする.

手順2
①変圧器二次側〜自動点滅器の端子「1」「2」の配線をする.
②アウトレットボックス〜タイムスイッチの端子「S₁」「S₂」の配線をする.
③アウトレットボックス〜コンセントの配線をする.

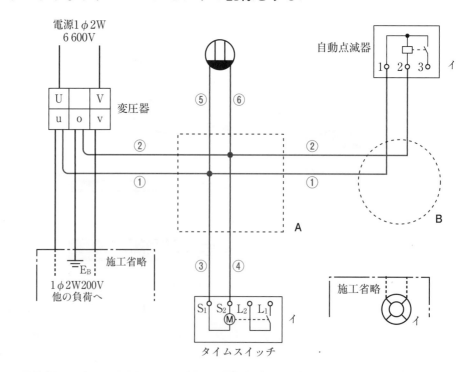

手順3

❶自動点滅器の端子「3」～タイムスイッチの端子「L₁」の配線をする.

❷タイムスイッチの端子「L₂」～屋外灯の配線をする.

❸屋外灯～接地側電線の配線をする.

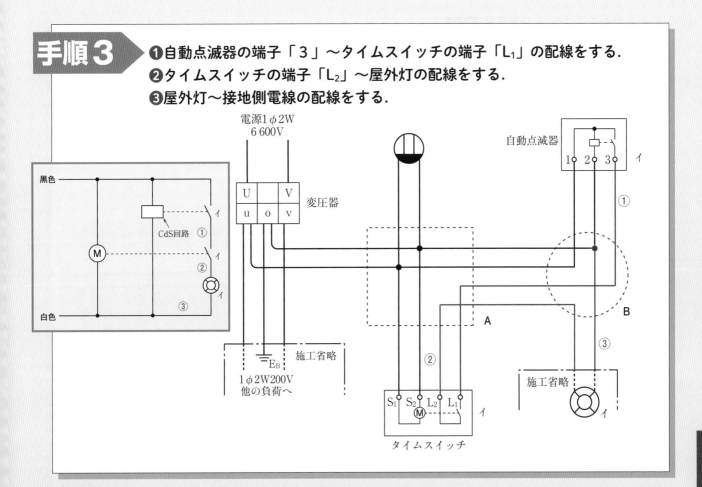

手順4

❶電線の接続点に印を付ける. リングスリーブ……● 差込形コネクタ……■

❷2心ケーブル1本，電線の種類，太さ，色を記入する.

❸リングスリーブの圧着マークを記入する.

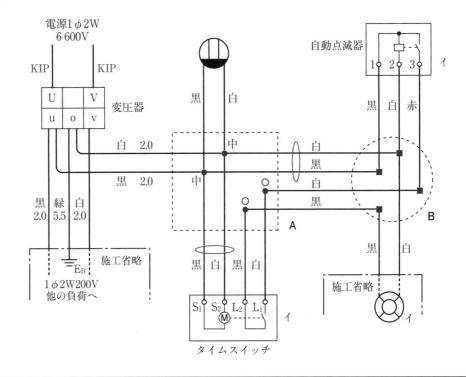

公表問題No.9と合格解答 | **235**

作業手順	ポイント

●試験問題を読み取り，電気回路図(複線図)を書く．
　＊電線接続点(●・■印)及び電線の色別を明らかにする．

　●P.232 参照

●絶縁電線・ケーブルの切断寸法を決める．
　＊シース及び絶縁被覆のはぎ取り寸法を考えておく．

　●P.233 参照

●アウトレットボックスにゴムブッシング4個を取り付ける．

●変圧器(端子台)一次側に KIP 8mm² 2本を結線する．

　●ねじの締付けは，十分に．

●変圧器(端子台)二次側の結線をする．
　＊1φ2W200V の端子に VVF2.0-2C を結線する．
　＊1φ2W100V の端子に VVF2.0-2C を結線し，切断及びシース・絶縁被覆のはぎ取りをして，アウトレットボックス内に挿入する．
●接地線は，IV5.5mm²(緑線)を結線する．

　●1φ2W200V は u，v 端子に結線．
　●1φ2W100V は u，o(又は v，o)端子に結線．
　●1φ2W100V の白線及び接地線は，o 端子に結線．

●露出形コンセントに VVF1.6-2C を結線し，切断及びシース・絶縁被覆のはぎ取りをして，アウトレットボックス内に挿入する．

　●接地側極端子(W 表示)は白線を結線．
　●ケーブルは台座の下部から挿入．

●タイムスイッチ(端子台)に VVF1.6-2C(2本)を結線し，切断及びシース・絶縁被覆のはぎ取りをして，アウトレットボックス内に挿入する．

　●図5．屋外灯回路の展開接続図に従って結線．
　●電源用電線には VVF1.6-2C を1本使用する．

●自動点滅器(端子台)に VVF1.6-3C を結線し，VVF用ジョイントボックス側のシース・絶縁被覆のはぎ取りをする．

　●図5．屋外灯回路の展開接続図に従って結線．
　●結線端子と電線色別に注意．

●屋外灯への VVF1.6-2C の VVF 用ジョイントボックス側のシース・絶縁被覆のはぎ取りをする．

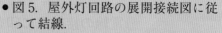

●ジョイントボックス間の VVF1.6-2C(2本)の切断及びシース・絶縁被覆のはぎ取りをして，一端(シースはぎ取り 13cm 側)をアウトレットボックス内に挿入する．

接続電線		スリーブ	圧着マーク
1.6 mm	2本	小	○
2.0 mm	1本	中	中
1.6 mm	3本		

●ジョイントボックス内の電線接続をする．
　＊アウトレットボックス内はリングスリーブ接続．
　＊VVF用ジョイントボックス内は差込形コネクタ接続．
●圧着マークの確認をする．

●施工作品の点検，修正をする．
●(図1．配線図)の配置に整形する．

　●点検：「欠陥」の箇所を見つける．
　●修正：「欠陥」の箇所を手直しする．

●絶縁電線・ケーブルの切断及びシース・絶縁被覆のはぎ取りは，①始めに P.233 の図のように，全部の加工を行う．②各器具付けごとに，切断〜被覆のはぎ取りをする．どちらの方法でもよい．

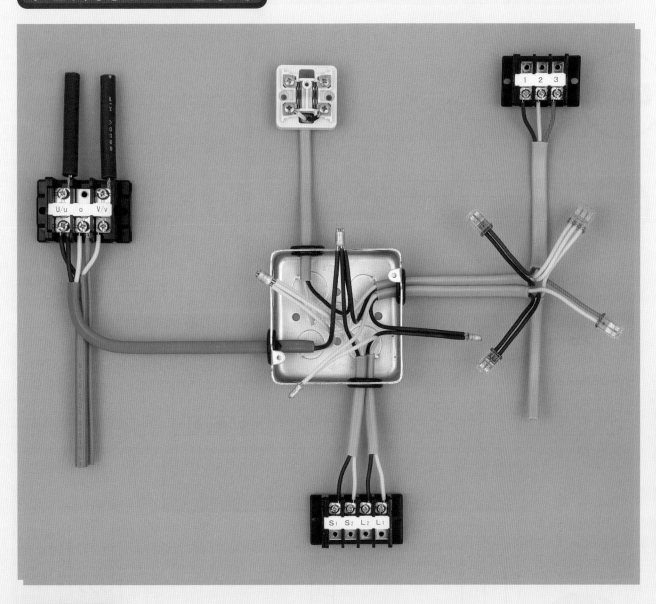

結線チェック

1. 変圧器一次側　• 2線：U，V 端子
2. 変圧器二次側　• 1φ2W 100V の2線：u, o 端子（又は v, o 端子）
　　　　　　　　　• 1φ2W 200V の2線：u, v 端子
　　　　　　　　　• B種接地工事の接地線：o 端子
3. 2心ケーブル　• タイムスイッチの電源用電線
　　 1本　　　　• ジョイントボックスA から VVF 用ジョイントボックスB に
　　　　　　　　　　至る自動点滅機の電源用電線
4. 電線色別　　　• 接地線：緑
　　　　　　　　　• 1φ2W100V　接地側電線：白
　　　　　　　　　　　　　　　　　変圧器二次側からの非接地側電線：黒
　　　　　　　　　• 自動点滅器　1端子：黒，2端子：白，3端子：赤
　　　　　　　　　• タイムスイッチ　S₁ 端子：黒　S₂ 端子：白
　　　　　　　　　• コンセントの接地側極端子（W表示）：白
5. 電線接続　　　• アウトレットボックス：リングスリーブ接続
　　　　　　　　　　（1.6mm 2本）　　　　　　　　＝小スリーブ（マーク：○）
　　　　　　　　　　（2.0mm 1本＋ 1.6mm 3本）＝中スリーブ（マーク：中）
　　　　　　　　　• VVF 用ジョイントボックス：差込形コネクタ接続

※施工手順の動画は P. 257 の QR コードからご覧になることができます.

公表問題No.9で考えられる別な回路

器具の配置を変えた場合は，その1，その2，その3，その4のような回路が考えられます．

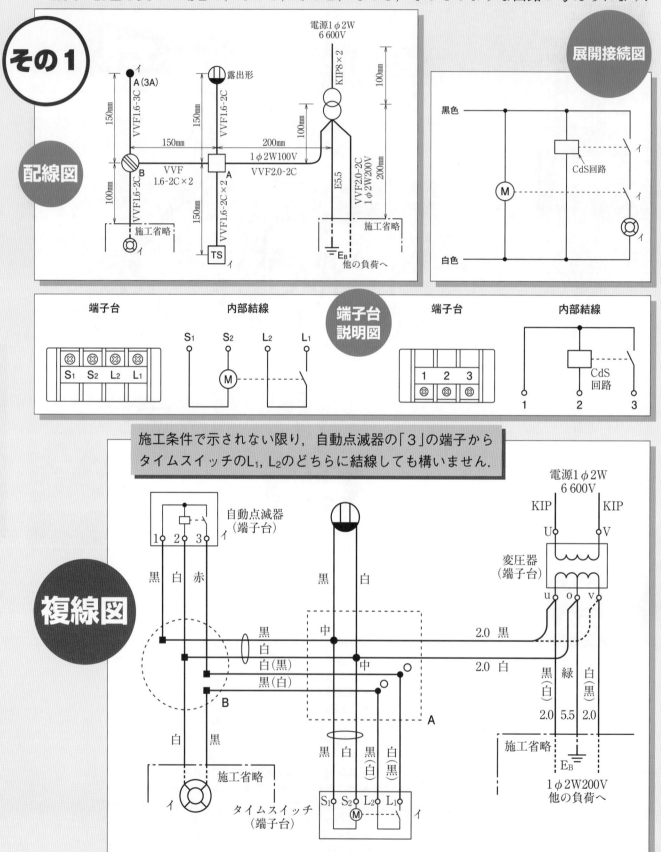

その1

配線図

展開接続図

端子台説明図

施工条件で示されない限り，自動点滅器の「3」の端子からタイムスイッチのL₁, L₂のどちらに結線しても構いません．

複線図

配線図

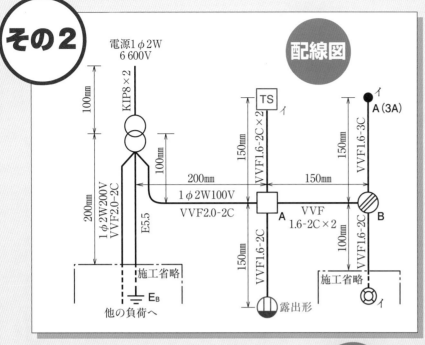

電源1φ2W
6 600V

KIP8×2

100mm

200mm
1φ2W200V
VVF2.0-2C

E5.5

施工省略

E_B
他の負荷へ

100mm

200mm
1φ2W100V
VVF2.0-2C

TS イ

150mm
VVF1.6-2C×2

150mm
VVF1.6-2C

露出形

A

150mm
VVF 1.6-2C×2

A(3A) イ

150mm
VVF1.6-3C

B

100mm
VVF1.6-2C

施工省略

イ

展開接続図

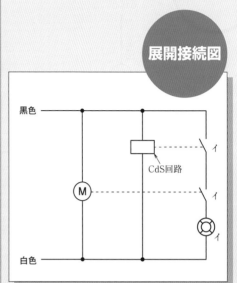

黒色

CdS回路 イ

M

イ

白色 イ

端子台説明図

| 端子台 | 内部結線 | 端子台 | 内部結線 |

S_1 S_2 L_2 L_1

M

S_1 S_2 L_2 L_1

1 2 3

CdS 回路

1 2 3

施工条件で示されない限り，自動点滅器の「3」の端子から
タイムスイッチのL_1, L_2のどちらに結線しても構いません.

複線図

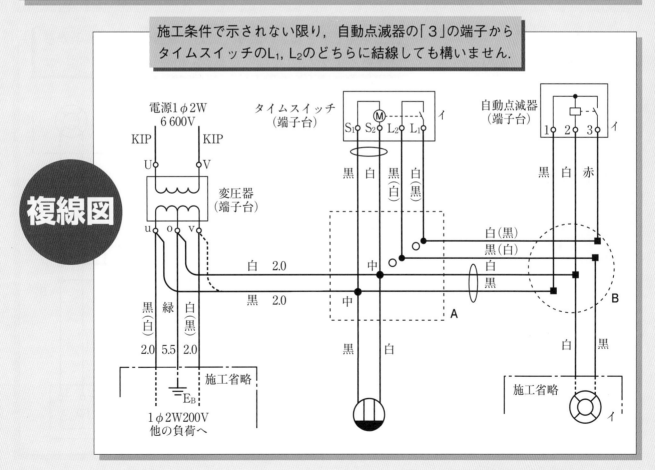

電源1φ2W
6 600V

KIP KIP

U V

変圧器
（端子台）

u o v

黒(白) 緑 白(黒)
2.0 5.5 2.0

施工省略
E_B
1φ2W200V
他の負荷へ

白 2.0

黒 2.0

タイムスイッチ
（端子台）

S_1 S_2 L_2 L_1 イ

M

黒 白 黒
(白) 白 (黒)

中

中

黒 白

A

自動点滅器
（端子台）

1 2 3 イ

黒 白 赤

白(黒)
黒(白)

白
黒

B

白 黒

施工省略 イ

公表問題No.9と合格解答 | 239

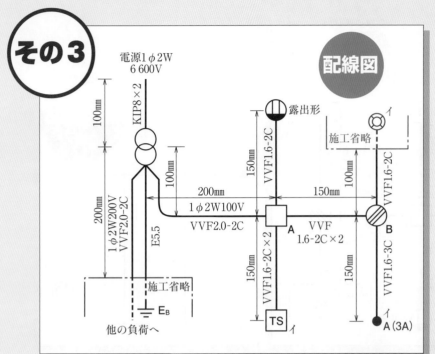

配線図

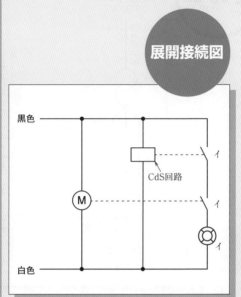

展開接続図

端子台説明図

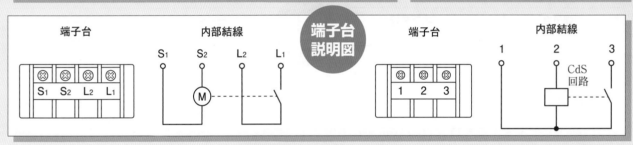

複線図

施工条件で示されない限り，自動点滅器の「3」の端子から
タイムスイッチのL₁，L₂のどちらに結線しても構いません．

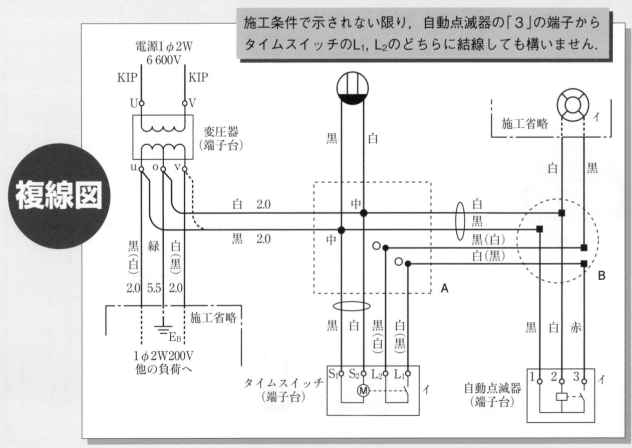

配線図

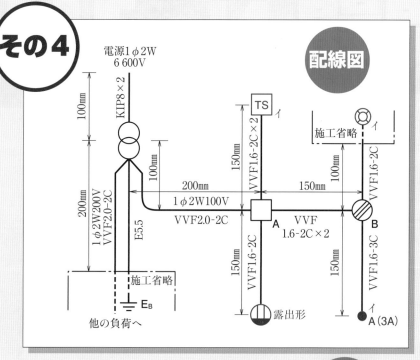

電源1φ2W 6 600V

KIP8×2

100mm

100mm

1φ2W200V VVF2.0-2C

200mm

E5.5

施工省略

E_B

他の負荷へ

1φ2W100V VVF2.0-2C

TS イ

VVF1.6-2C×2

150mm

施工省略 イ

200mm

150mm

100mm

VVF1.6-2C

A

VVF 1.6-2C×2

B

VVF1.6-2C

VVF1.6-3C

150mm

VVF1.6-2C

露出形

150mm

A(3A)

イ

展開接続図

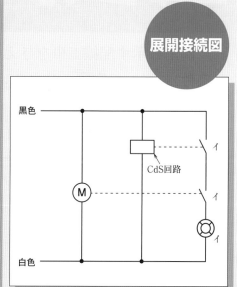

黒色

CdS回路

M

白色

イ

イ

イ

端子台説明図

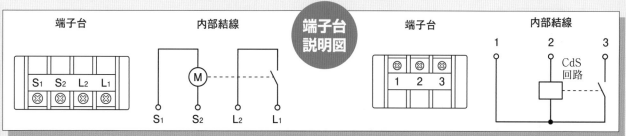

端子台

内部結線

S_1 S_2 L_2 L_1

M

S_1 S_2 L_2 L_1

端子台

1 2 3

内部結線

1 2 3

CdS回路

施工条件で示されない限り，自動点滅器の「3」の端子からタイムスイッチのL_1，L_2のどちらに結線しても構いません．

複線図

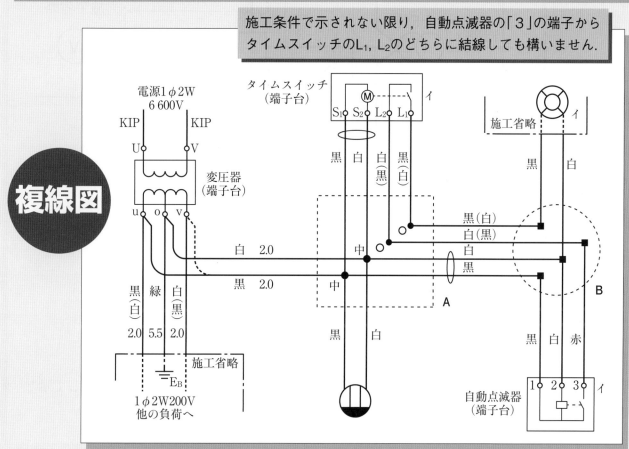

電源1φ2W 6 600V

KIP KIP

U V

変圧器 (端子台)

u o v

黒(白) 緑 白(黒)

2.0 5.5 2.0

施工省略

E_B

1φ2W200V 他の負荷へ

白 2.0

黒 2.0

タイムスイッチ (端子台)

M イ

S_1 S_2 L_2 L_1

黒 白 白(黒) 黒(白)

中

中

黒 白

施工省略 イ

黒 白

黒(白) 白(黒) 白 黒

A

B

自動点滅器 (端子台)

1 2 3 イ

黒 白 赤

公表問題 No.9

図1に示す配線工事を与えられた全ての材料（予備品を除く）を使用し，〈**施工条件**〉に従って完成させなさい.

なお，

1. VT，VCB補助接点及び表示灯は端子台で代用する.
2. ─── · ─── · ─── で示した部分は施工を省略する.
3. 電線接続箇所のテープ巻きや絶縁キャップによる絶縁処理は省略する.
4. ジョイントボックス（アウトレットボックス）の接地工事は省略する.
5. 作品は保護板（板紙）に取り付けないものとする. ［試験時間 60分］

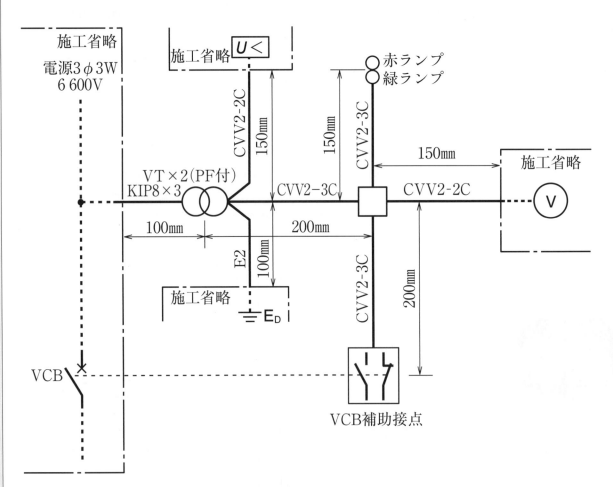

図1．配線図

注：1．図記号は，原則として JIS C 0617-1～13 及び JIS C 0303：2000 に準拠して示してある．また，作業に直接関係のない部分等は，省略又は簡略化してある．

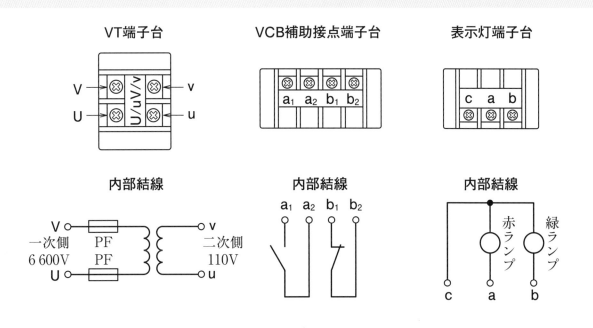

図2．VT，VCB 補助接点及び表示灯代用の端子台説明図

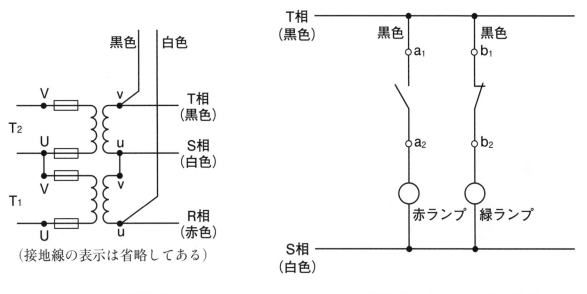

図3．VT 結線図

図4．VCB 開閉表示灯回路の展開接続図

公表問題
No.
10

施工条件

1. 配線及び器具の配置は，**図1**に従って行うこと．
2. VT，VCB 補助接点及び表示灯代用の端子台は，**図2**に従って使用すること．
3. VT 代用の端子台の結線及び配置は，**図3**に従い，かつ，次のように行うこと．
   ①**接地線は**，VT（T₁）の **v 端子**に結線する．
   ②VT 代用の端子台の二次側端子の**わたり線は**，より線2mm² （白色）を使用する．
   ③不足電圧継電器に至る配線は，VT（T₁）の **u 端子**及び VT（T₂）の **v 端子**に結線する．

4．VCB 開閉表示灯回路の接続は，**図4**に従って行うこと．

5．**電圧計は，R相とS相間に接続すること．**

6．電線の色別（ケーブルの場合は絶縁被覆の色）は，次によること．

　①接地線は，**緑色**を使用する．

　②接地側電線は，すべて**白色**を使用する．

　③VT の二次側からジョイントボックスに至る配線は，R相に**赤色**，S相に**白色**，T相に**黒色**を使用する．

7．ジョイントボックスを経由する電線は，すべて接続箇所を設け，リングスリーブによる接続とすること．

8．ジョイントボックスは，**打抜き済みの穴だけをすべて使用すること．**

支給材料

材 料		
1．高圧絶縁電線（KIP），8 mm²	長さ約　500mm	1本
2．制御用ビニル絶縁ビニルシースケーブル，2 mm²，3 心	長さ約 1 200mm	1本
3．制御用ビニル絶縁ビニルシースケーブル，2 mm²，2 心	長さ約　500mm	1本
4．600 V ビニル絶縁電線，2 mm²，緑色	長さ約　200mm	1本
5．端子台（VT の代用），2 P		2個
6．端子台（VCB 補助接点の代用），4 P		1個
7．端子台 （表示灯の代用），3 P		1個
8．ジョイントボックス（アウトレットボックス　19mm 4箇所 ノックアウト打抜き済み）		1個
9．ゴムブッシング（19）		4個
10．リングスリーブ（小） （予備品を含む）		7個
・受験番号札		1枚
・ビニル袋		1枚

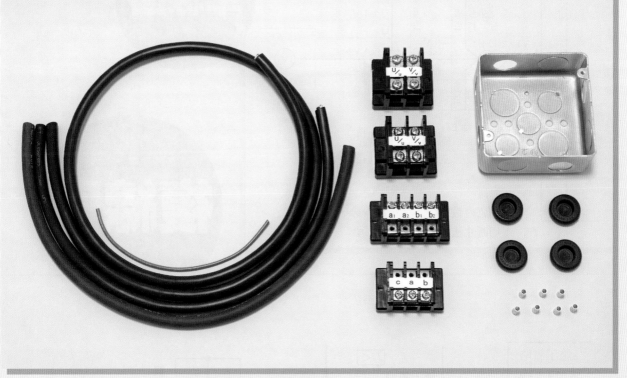

支給材料

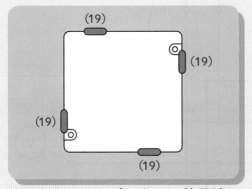

アウトレットボックスの使用法

VT 代用の端子台

表示灯代用の端子台

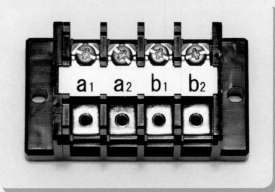

VCB 補助接点代用の端子台

公表問題
No.
10

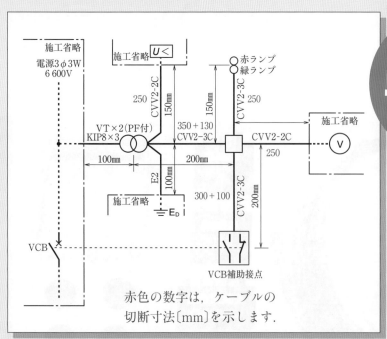

単線図

赤色の数字は，ケーブルの
切断寸法〔mm〕を示します．

複線図

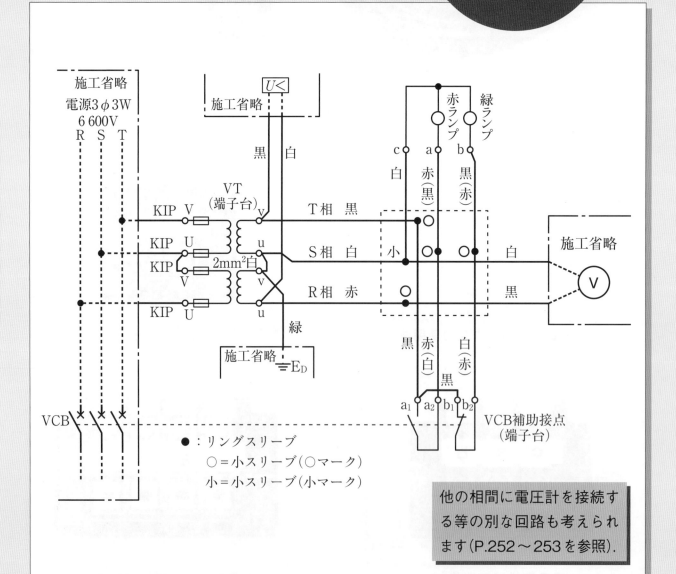

● ：リングスリーブ
○ ＝小スリーブ（○マーク）
小 ＝小スリーブ（小マーク）

他の相間に電圧計を接続す
る等の別な回路も考えられ
ます（P.252～253を参照）．

材料の寸法出し （絶縁電線・ケーブルの切断方法）

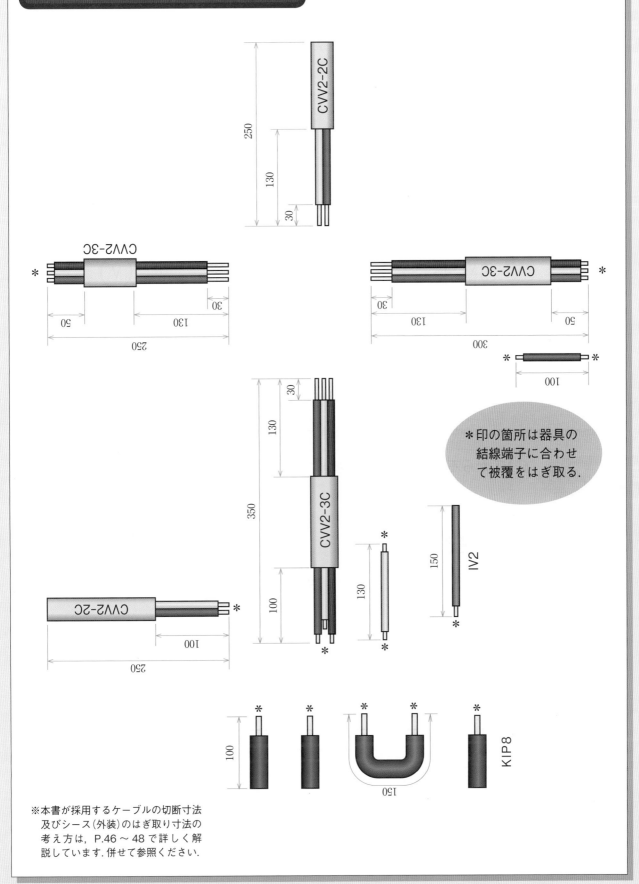

CVV2-2C

CVV2-3C

CVV2-3C

CVV2-3C

CVV2-2C

IV2

KIP8

＊印の箇所は器具の
結線端子に合わせ
て被覆をはぎ取る.

※本書が採用するケーブルの切断寸法
及びシース(外装)のはぎ取り寸法の
考え方は，P.46～48で詳しく解
説しています.併せて参照ください.

※作品のサイズが大きいため，上記の図は横向きで掲載しています.本書を横にして確認ください.

公表問題
No.
10

複線図の書き方

手順 1

❶ VT 一次側の配線をする.

❷ VT 二次側のわたり線, D種接地工事, 電圧計への配線をする.

施工省略 $U<$

赤ランプ　緑ランプ

c　a　b

VT (T_2)

④
③
①
②

V | v
U | u

V | v
U | u

⑤
⑧
⑦
⑥

VT (T_1)

施工省略 $\doteq E_D$

施工省略

Ⓥ

a_1 a_2 b_1 b_2

VCB補助接点

手順 2

❶ VT から不足電圧継電器へ配線する.

施工省略 $U<$

赤ランプ　緑ランプ

c　a　b

①　②

VT (T_2)

V | v
U | u

V | v
U | u

VT (T_1)

施工省略 $\doteq E_D$

施工省略

Ⓥ

a_1 a_2 b_1 b_2

VCB補助接点

施工省略
電源3φ3W
6 600V

施工省略 $U<$

赤ランプ
緑ランプ

CVV2-2C
150mm

CVV2-3C
150mm

150mm
施工省略

VT×2(PF付)
KIP8×3

CVV2-3C

CVV2-2C

Ⓥ

100mm

E_2
100mm

200mm

施工省略
$\doteq E_D$

CVV2-3C

200mm

VCB

200mm

VCB補助接点

手順3 ❶ VCB 補助接点で赤ランプが点灯する回路を配線する.
❷ VCB 補助接点で緑ランプが点灯する回路を配線する.

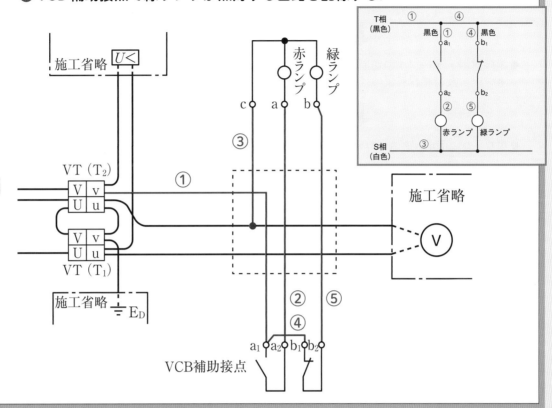

手順4 ❶電線の接続点に印を付ける. リングスリーブ……●
❷電線の種類, 太さ, 色を記入する.
❸リングスリーブの圧着マークを記入する.

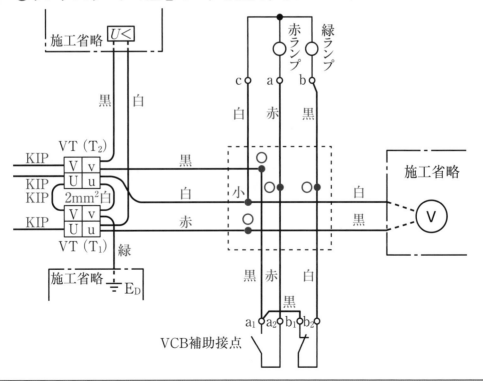

作業手順	ポイント
●試験問題を読み取り，電気回路図(複線図)を書く． 　＊電線接続点(●印)及び電線の色別を明らかにする．	● P.246 参照
●絶縁電線・ケーブルの切断寸法を決める． 　＊シース及び絶縁被覆のはぎ取り寸法を考えておく．	● P.247 参照
●アウトレットボックスにゴムブッシング4個を取り付ける．	
● VT (端子台) 一次側に KIP 8mm² 3本及び「わたり線」の結線をする．	●図3．VT 結線図に従って結線．
● VT (端子台)二次側の結線をする． 　＊二次側に CVV2-3C を結線し，切断及びシース・絶縁被覆のはぎ取りをして，アウトレットボックス内に挿入する． 　＊「わたり線」は，2 mm² (白線)で結線する． ●接地線は，IV2mm² (緑線)を結線する． ●不足電圧継電器(省略)への CVV2-2C を結線する．	●図3．VT 結線図に従って結線． ●接地線は，VT (T₁)の v 端子に結線．
●パイロットランプ (端子台) に CVV2-3C を結線し，切断及びシース・絶縁被覆のはぎ取りをして，アウトレットボックス内に挿入する．	●図4．VCB 開閉表示灯回路の展開接続図に従って結線．
● VCB 補助接点(端子台)に CVV2-3C を結線し，切断及びシース・絶縁被覆のはぎ取りをして，アウトレットボックス内に挿入する． ●「わたり線」は，2 mm² (黒線)で結線する．	●図4．VCB 開閉表示灯回路の展開接続図に従って結線．
●電圧計 (省略) への CVV2-2C を切断及びシース・絶縁被覆のはぎ取りをして，アウトレットボックス内に挿入する．	●電圧計(省略)は，R相とS相間に接続．

●アウトレットボックス内のリングスリーブ接続をする．
　＊接続電線の電線色別に注意して接続する．
●圧着マークの確認をする．

接続電線		スリーブ	圧着マーク
2 mm²	2本	小	○
2 mm²	3本	小	小

●施工作品の点検，修正をする．
●(図1．配線図)の配置に整形する．

●点検：「欠陥」の箇所を見つける．
●修正：「欠陥」の箇所を手直しする．

●絶縁電線・ケーブルの切断及びシース・絶縁被覆のはぎ取りは，①始めに P.247 の図のように，全部の加工を行う．②各器具付けごとに，切断〜被覆のはぎ取りをする．どちらの方法でもよい．

完成施工写真

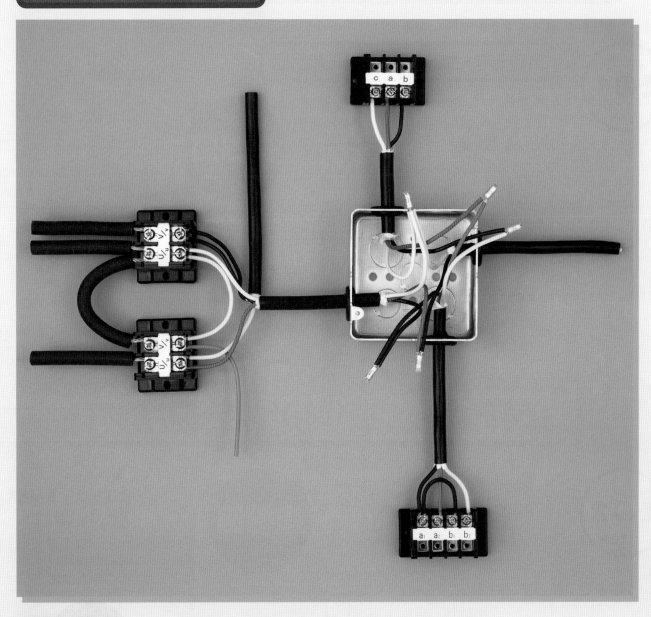

結線チェック

1. VTの一次側 ・3線：VT（T$_1$）のU端子，VT（T$_2$）のU，V端子
   ・わたり線：VT（T$_1$）のV端子〜VT（T$_2$）のU端子
2. VTの二次側 ・VT〜ジョイントボックスの3線：VT（T$_1$）のu端子，VT（T$_2$）のu，v端子
   ・わたり線：VT（T$_1$）のv端子〜VT（T$_2$）のu端子
   ・UVRの2線：VT（T$_1$）のu端子，VT（T$_2$）のv端子
   ・D種接地工事の接地線：VT（T$_1$）のv端子
3. 電圧計 ・R相とS相間
4. 電線色別 ・接地線：緑
   ・接地側電線：白
   ・VT二次側〜ジョイントボックス　R相：赤，S相：白，T相：黒
   ・VTわたり線：白
   ・VCB補助接点及び表示灯：図4．VCB開閉表示灯回路の展開接続図による．
5. 電線接続 ・リングスリーブ接続
   （2mm^2 2本）＝小スリーブ（マーク：○）
   （2mm^2 3本）＝小スリーブ（マーク：小）

※施工手順の動画はP．257のQRコードからご覧になることができます．

公表問題No.10で考えられる別な回路

電圧計切換スイッチを省略した場合は，その1，その2のような回路が考えられます．

その1

令和元年・令和4年・令和5年出題

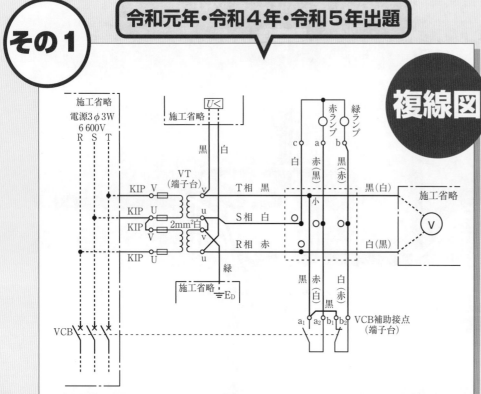

複線図

（施工条件）
- 電圧計は，T相とR相間に接続すること．

展開接続図

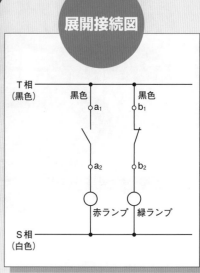

その2

複線図

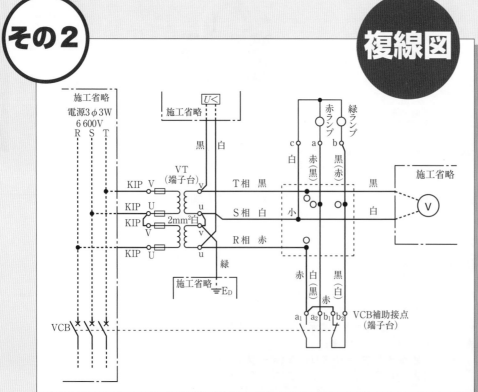

（施工条件）
- 電圧計は，S相とT相間に接続すること．
- 接地側電線はすべて白色とする．

展開接続図

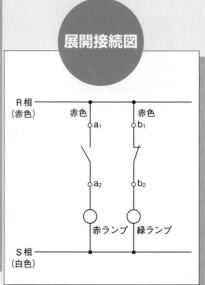

その3　電圧計切換スイッチを設置した場合は，その3のようになります．

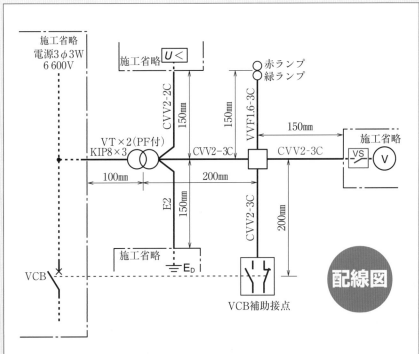

配線図

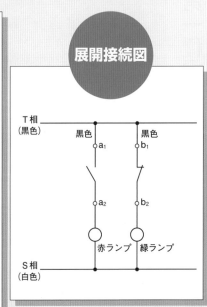

展開接続図

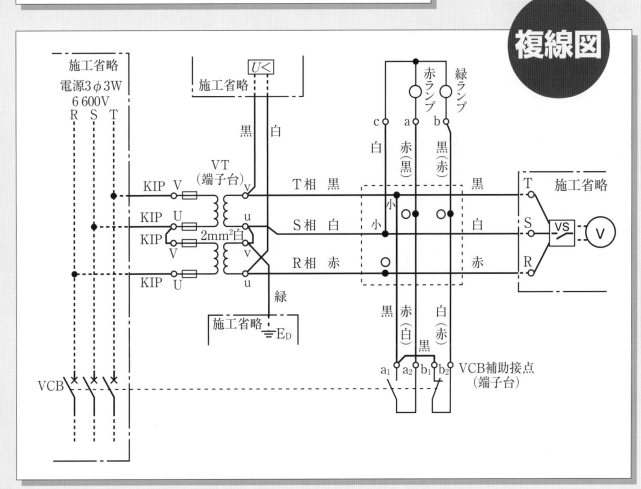

複線図

	材　　料	単位	No.1	No.2	No.3	No.4
1	高圧絶縁電線(KIP)　8mm²	〔mm〕	200	200	500	200
2	600V ビニル絶縁電線　5.5mm²　(黒)	〔mm〕		200		
3	〃　　　　〃　　　　(白)	〔mm〕		200		
4	〃　　　　〃　　　　(緑)	〔mm〕	200	200	200	200
5	〃　　　　2mm²　　　(緑)	〔mm〕				
6	〃　　　　〃　　　　(黄)	〔mm〕				
7	〃　　　　1.6mm　　(黒)	〔mm〕				
8	〃　　　　〃　　　　(白)	〔mm〕				
9	〃　　　　〃　　　　(緑)	〔mm〕	200		150	
10	〃　　　　2.0mm　　(緑)	〔mm〕				200
11	600V ビニル絶縁ビニルシースケーブル 平形　2.0mm　2心　青	〔mm〕	800	500	450	500
12	〃　　　　平形　2.0mm　3心　青	〔mm〕			400	
13	〃　　　　平形　2.0mm　3心(黒・白・緑)	〔mm〕				300
14	〃　　　　平形　1.6mm　2心	〔mm〕	2 200	600	1 700	1 150
15	〃　　　　平形　1.6mm　3心	〔mm〕	750	1 100	450	
16	〃　　　　平形　1.6mm　4心	〔mm〕				450
17	〃　　　　丸形　2.0mm　3心	〔mm〕				
18	制御用ビニル絶縁ビニルシースケーブル　2mm²　2心	〔mm〕				
19	〃　　　　　　　　3心	〔mm〕				
20	ランプレセプタクル(カバーなし)	〔個〕	1	1	1	1
21	引掛シーリングローゼット(ボディ(角形)のみ)	〔個〕			1	1
22	埋込連用タンブラスイッチ(片切)	〔個〕		1	2	1
23	〃　　　　(3路)	〔個〕	2	1		
24	〃　　　　(両切)	〔個〕	1			
25	露出形コンセント	〔個〕				
26	埋込連用コンセント	〔個〕	1			
27	埋込連用接地極付コンセント	〔個〕			1	1
28	埋込コンセント　(15A250V 接地極付)	〔個〕	1			
29	〃　　　3P　(15A250V 接地極付)	〔個〕				
30	埋込連用パイロットランプ(白)	〔個〕				1
31	〃　　　　(赤)	〔個〕				
32	埋込連用取付枠	〔枚〕	1	1	1	1
33	配線用遮断器(100V，2極1素子)	〔個〕		1		
34	押しボタンスイッチ(接点1a，1b，箱なし)	〔個〕				
35	端子台　2P　大　(変圧器，変流器，計器用変圧器の代用)	〔個〕			1	
36	〃　　3P　大　(変圧器の代用)	〔個〕	1	1	1	1
37	〃　　3P　小　(自動点滅器，配線用遮断器及び接地端子， 開閉器，表示灯の代用)	〔個〕		1		
38	〃　　4P　小　(タイムスイッチ，過電流継電器，VCB補 助接点の代用)	〔個〕				
39	〃　　6P　小　(開閉器，電磁開閉器の代用)	〔個〕				
40	ジョイントボックス(アウトレットボックス)	〔個〕	1	1	1	1
41	ねじなし電線管(E19)　90mm	〔本〕				
42	ねじなしボックスコネクタ(E19)　ロックナット付き	〔個〕				
43	絶縁ブッシング(19)	〔個〕				
44	ゴムブッシング(19)	〔個〕	2	4	4	2
45	〃　　　(25)	〔個〕	4			3
46	リングスリーブ(小)	〔個〕	8	4	3	3
47	〃　　　(中)	〔個〕			1	1
48	差込形コネクタ(2本用)	〔個〕	4	1	4	
49	〃　　　(3本用)	〔個〕		2		

(注)　合計欄は，単に集計した数を示したものです．アウトレットボックス，ゴムブッシング，端子台等は，

No.5	No.6	No.7	No.8	No.9	No.10	集　計	材　　　料
500	600	750	300	200	500	3 950mm	高圧絶縁電線(KIP)　8 mm^2
	600					800mm	600V ビニル絶縁電線　5.5mm^2　(黒)
						200mm	〃　　　　　　〃　　　(白)
200	200	300	200	200		1 900mm	〃　　　　　　〃　　　(緑)
		200			200	400mm	〃　　　　　2 mm^2　(緑)
			500			500mm	〃　　　　　　〃　　　(黄)
	300					300mm	〃　　　　　1.6mm　(黒)
	300					300mm	〃　　　　　　〃　　　(白)
150						500mm	〃　　　　　　〃　　　(緑)
						200mm	〃　　　　　2.0mm　(緑)
				700		2 950mm	600V ビニル絶縁ビニルシースケーブル　　平形　2.0mm　2心　青
600		300				1 300mm	〃　　　　　平形　2.0mm　3心　青
						300mm	〃　　　　　平形　2.0mm　3心(黒・白・緑)
1 000	850		1 100	1 850		10 450mm	〃　　　　　平形　1.6mm　2心
1 000	500		500	300		4 600mm	〃　　　　　平形　1.6mm　3心
						450mm	〃　　　　　平形　1.6mm　4心
	400		350			750mm	〃　　　　　丸形　2.0mm　3心
		850			500	1 350mm	制御用ビニル絶縁ビニルシースケーブル　2mm^2　2心
		500	350		1 200	2 050mm	〃　　　　　3心
	1		1			6個	ランプレセプタクル(カバーなし)
						2個	引掛シーリングローゼット(ボディ(角形)のみ)
						4個	埋込連用タンブラスイッチ(片切)
						3個	〃　　　　　(3路)
						1個	〃　　　　　(両切)
				1		1個	露出形コンセント
						1個	埋込連用コンセント
						2個	埋込連用接地極付コンセント
						1個	埋込コンセント　(15A250V 接地極付)
1						1個	〃　　　3P　(15A250V 接地極付)
1						2個	埋込連用パイロットランプ(白)
1						1個	〃　　　　　(赤)
1						5枚	埋込連用取付枠
						1個	配線用遮断器(100V, 2極1素子)
			1			1個	押しボタンスイッチ(接点1a, 1b, 箱なし)
2	3	2			2	10個	端子台　2P　大　(変圧器, 変流器, 計器用変圧器の代用)
		1	1	1		7個	〃　　3P　大　(変圧器の代用)
	1			1	1	5個	〃　　3P　小　(自動点滅器, 配線用遮断器及び接地端子, 開閉器, 表示灯の代用)
		1		1	1	3個	〃　　4P　小　(タイムスイッチ, 過電流継電器, VCB補助接点の代用)
1			1			2個	〃　　6P　小　(開閉器, 電磁開閉器の代用)
1	1	1	1	1	1	10個	ジョイントボックス(アウトレットボックス)
	1					1本	ねじなし電線管(E19)　90mm
	1					1個	ねじなしボックスコネクタ(E19)　ロックナット付き
	1					1個	絶縁ブッシング(19)
3	2	2	2	4	4	29個	ゴムブッシング(19)
3	2	2	3			17個	〃　　　(25)
4	6	4	6	2	5	45個	リングスリーブ(小)
2				2		6個	〃　　　(中)
				3		12個	差込形コネクタ(2本用)
				1		3個	〃　　　(3本用)

複数回使用できることから，必要最小限の個数を揃えられることも考慮してください．

参考：公表問題10問の施工手順動画

　下記QRコードからインターネット（YouTube）にアクセスすると，各問題の施工手順を撮影した動画を視聴できます．動画を視聴することで実際の手順や作業内容が具体的にイメージできますので，ぜひ活用ください．

【視聴上の注意点】

　動画は，あくまで参考として視聴ください．なお，動画と，本書第4編（P.116～P.253）で示す解説とは一部が異なります．

　動画については，あくまで施工手順や作業内容をイメージするためのものとして捉えていただき，内容については本編に従って取り組んでください．

　また，シースと絶縁被覆のはぎ取り寸法や施工の基本作業についても，動画が本書の指針と異なる部分がありますが，どちらも誤りではありません．ご承知おきのうえ，視聴ください．

● **異なる箇所の例**
- 一部の課題寸法が異なる
- 一部の作業方法，作業手順が異なる

● **はぎ取り寸法の違い**
- 一部の端子台に結線するシースのはぎ取り寸法
- アウトレットボックス内での接続に必要なシースのはぎ取り（本編解説では130mm，動画では100mm）
- 電線の絶縁被覆はぎ取り（本編解説では30mm，動画では20mm）

● No.1

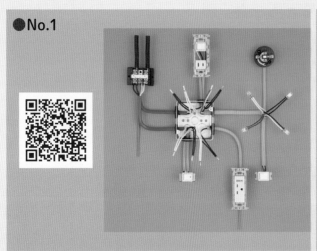

● No.2

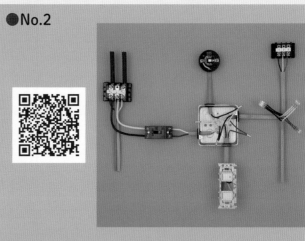

● No.3

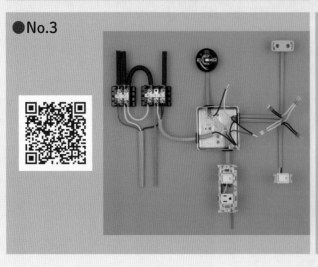

● No.4

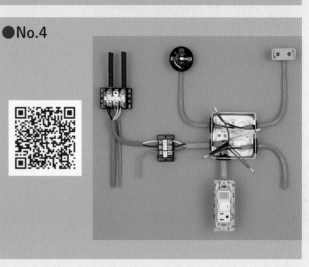

●No.5

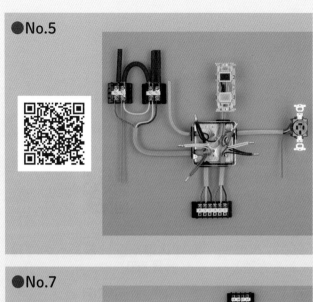

●No.6

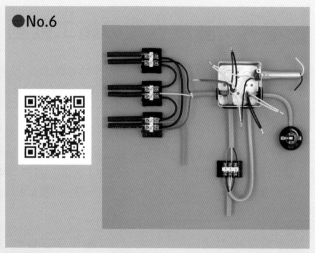

●No.7

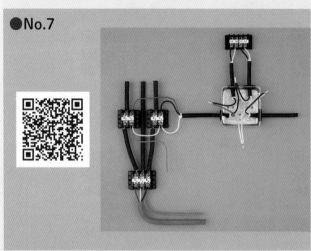

●No.8

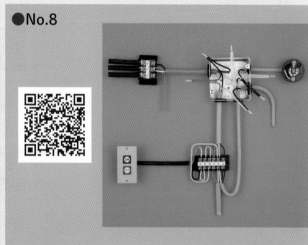

●No.9

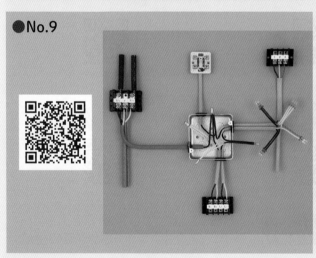

●No.10

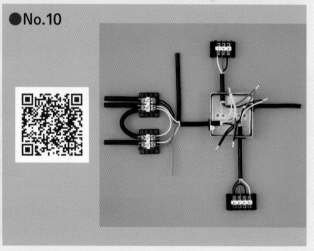

参考：基本作業の施工動画

下記QRコードからインターネット（YouTube）にアクセスすると，基本作業の様子を確認することができます．動画を視聴することで実際の手順や作業内容が具体的にイメージできますので，ぜひ活用ください．

【注意】
　動画は，『2024年版 第二種電気工事士技能試験 公表問題の合格解答』用に作成したものであるため，動画タイトルに「【第二種電気工事士〜】」と表示されますが，基本作業の内容は一種・二種ともに変わりません．

●埋込連用配線器具への結線（器具2個）

●絶縁電線の絶縁被覆はぎ取り

●ランプレセプタクルへの結線（ペンチによる方法）

●埋込連用配線器具への結線（器具3個）

●VVFケーブルのシースのはぎ取り

●露出形コンセントへの結線（ペンチによる方法）

●配線用遮断器への結線

●VVRケーブルのシースのはぎ取り

●引掛シーリングローゼットへの結線（角形）

●端子台への結線

●リングスリーブによる電線接続

●引掛シーリングローゼットへの結線（丸形）

●PF管とアウトレットボックスの接続

●差込形コネクタによる電線接続

●埋込連用取付枠への配線器具の取り付け

●ねじなし電線管とアウトレットボックスの接続

●輪づくり

●埋込連用配線器具への結線（器具1個）

●ボンド線の取り付け

令和5年度 技能試験 問題と解答

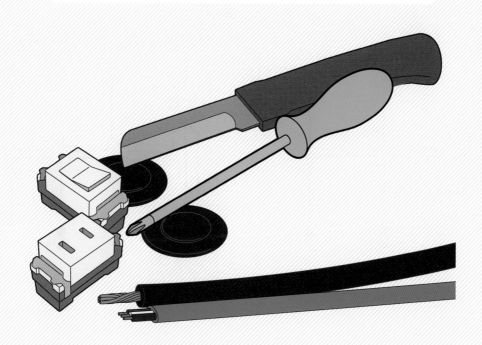

令和5年度 技能試験の候補問題

　令和5年度の技能試験は，学科試験の免除者も学科試験の合格者も，12月10日（日）に実施されました．ここでは，候補問題の公表から，試験問題の解答・解説まで，簡単に紹介いたします．

●（一財）電気技術者試験センターから公表された候補問題

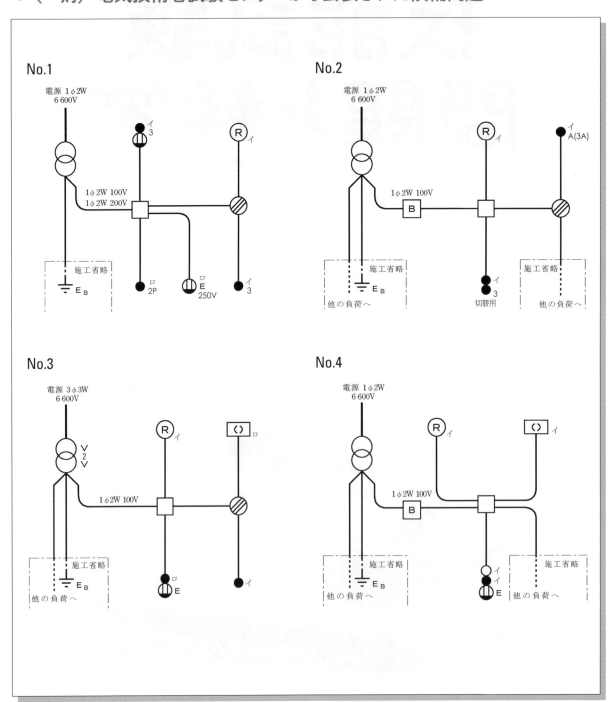

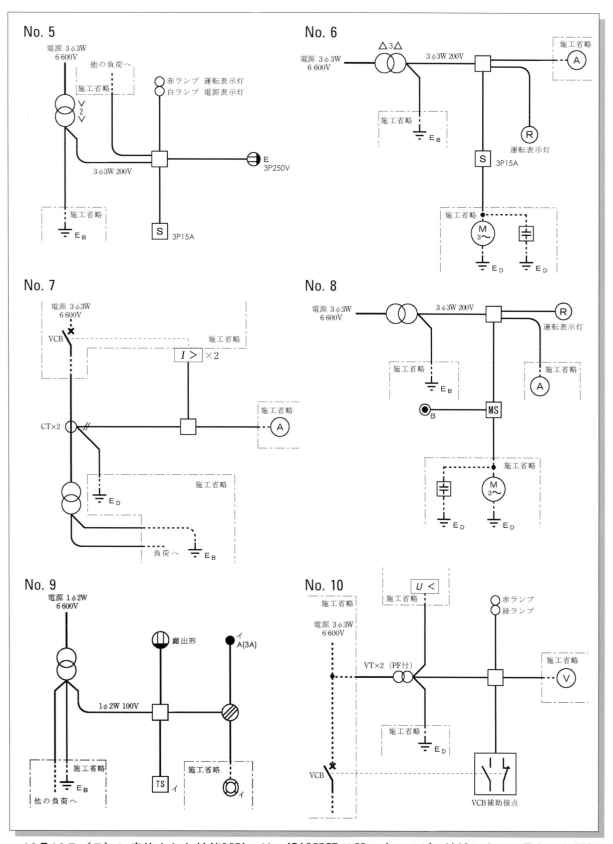

- 12月10日（日）に実施された技能試験では，候補問題10問のすべてが，地域によって異なった問題で出題されました．
- 公表された候補問題で，No. 1，No. 2，No. 3，No. 4については，機器・器具の配置が変更されて出題されました．

試験問題と解答

● 候補問題No.1

図1に示す配線工事を与えられた全ての材料（予備品を除く）を使用し，**＜施工条件＞**に従って完成させなさい。
なお，

1. 変圧器は端子台で代用する。
2. ―・―・― で示した部分は施工を省略する。
3. VVF用ジョイントボックス及びスイッチボックスは支給していないので，その取り付けは省略する。
4. 電線接続箇所のテープ巻きや絶縁キャップによる絶縁処理は省略する。
5. ジョイントボックス（アウトレットボックス）の接地工事は省略する。
6. 作品は保護板（板紙）に取り付けないものとする。

試験時間
60分

図1．配線図

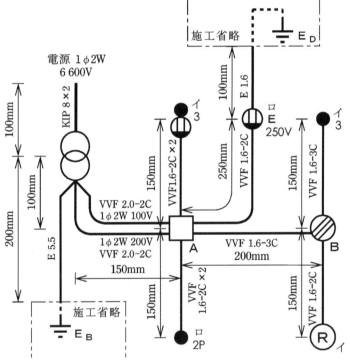

（注）

1. 図記号は，原則として JIS C 0617-1〜13及び JIS C 0303:2000に準拠して示してある。
   また，作業に直接関係のない部分等は，省略又は簡略化してある。
2. Ⓡ は，ランプレセプタクルを示す。

図2．変圧器代用の端子台説明図

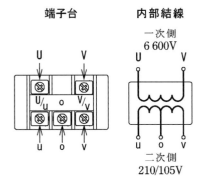

端子台　　　　　　内部結線

一次側
6 600V

二次側
210/105V

図3．変圧器結線図

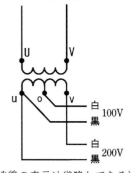

白 ┐
黒 ┘ 100V

白 ┐
黒 ┘ 200V

（接地線の表示は省略してある）

＜ 施工条件 ＞

1．配線及び器具の配置は，**図1**に従って行うこと。

2．変圧器代用の端子台は，**図2**に従って使用すること。

3．変圧器代用の端子台の結線は，**図3**に従って行うこと。

4．スイッチの配線方法は，次によること。
　　・3路スイッチの記号「0」の端子には電源側又は負荷側の電線を接続し，
　　　記号「1」と「3」の端子にはスイッチ相互間の電線を結線する。
　　・100V回路においては電源から3路スイッチ（イ）とコンセントの組合せ部分に至る電源側電線には，
　　　2心ケーブル1本を使用すること。
　　・200V回路においては電源からスイッチ（ロ）に至る電源側電線には，2心ケーブル1本を使用すること。

5．電線の色別（ケーブルの場合は絶縁被覆の色）は，次によること。
　　①接地線は，**緑色**を使用する。
　　②接地側電線は，すべて**白色**を使用する。
　　③100V回路の3路スイッチ（イ）とコンセントの組合せ部分に至る非接地側電線は，すべて**黒色**を使用する。
　　④200V回路の変圧器u相からコンセントに至る配線は，すべて**黒色**を使用する。
　　⑤次の器具の端子には，**白色**の電線を結線する。
　　　・ランプレセプタクルの受金ねじ部の端子
　　　・コンセントの接地側極端子（Wと表示）

6．ジョイントボックスA及び VVF 用ジョイントボックスB部分を経由する電線は，その部分で
　すべて接続箇所を設け，その接続方法は，次によること。
　　①A部分は，リングスリーブによる接続とする。
　　②B部分は，差込形コネクタによる接続とする。

7．ジョイントボックスは，**打抜き済みの穴だけをすべて使用すること**。

8．埋込連用取付枠は，3路スイッチ（イ）とコンセントの組合せ部分に使用すること。

1.	高圧絶縁電線（KIP），8mm²，長さ約200mm	1本
2.	600V ビニル絶縁ビニルシースケーブル平形（シース青色），2.0mm，2 心，長さ約800mm	1本
3.	600V ビニル絶縁ビニルシースケーブル平形，1.6mm，3 心，長さ約750mm	1本
4.	600V ビニル絶縁ビニルシースケーブル平形，1.6mm，2 心，長さ約1100mm	2本
5.	600V ビニル絶縁電線，5.5mm²，緑色，長さ約200mm	1本
6.	600V ビニル絶縁電線，1.6mm，緑色，長さ約200mm	1本
7.	端子台（変圧器の代用），3P	1個
8.	ランプレセプタクル（カバーなし）	1個
9.	埋込連用取付枠	1枚
10.	埋込連用タンブラスイッチ（3 路）	2個
11.	埋込連用タンブラスイッチ（両切）	1個
12.	埋込連用コンセント	1個
13.	埋込コンセント（15A250V 接地極付）	1個
14.	ジョイントボックス（アウトレットボックス 19mm 2 箇所，25mm 4 箇所 ノックアウト打抜き済み）	1個
15.	ゴムブッシング（19）	2個
16.	ゴムブッシング（25）	4個
17.	リングスリーブ（小）（予備品を含む）	12個
18.	差込形コネクタ（2 本用）	4個
•	受験番号札	1枚
•	ビニル袋	1枚

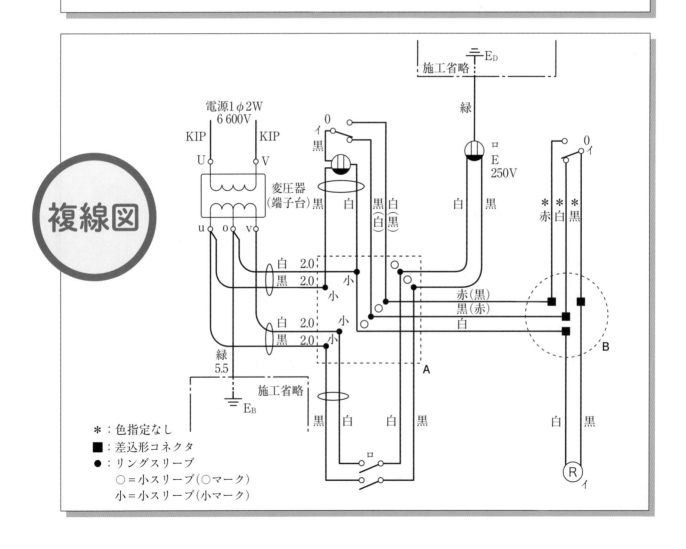

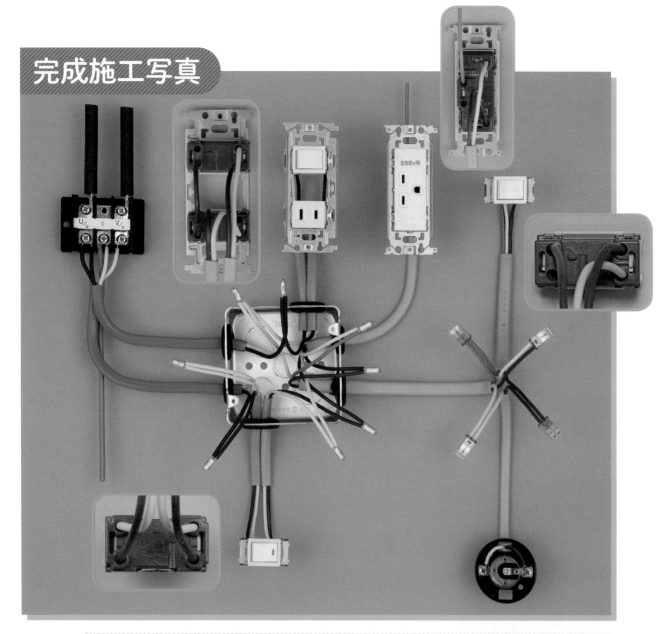

完成施工写真

チェックポイント

1. **変圧器一次側** ・2線：U，V端子

2. **変圧器二次側** ・1φ2W100V の2線：u，o端子　・1φ2W200V の2線：u，v端子
　　　　　　　　　・B種接地工事の接地線：o端子

3. **2心ケーブル** ・100V 回路の電源から3路スイッチ（イ）とコンセントの組合せの電源側電線
　　1本　　　　・200V 回路の電源からスイッチ（ロ）に至る電源側電線

4. **電線色別** ・接地線：緑
　　　　　　　・1φ2W100V　接地側電線：白，変圧器二次側からの非接地側電線：黒
　　　　　　　・変圧器のu端子から 200V コンセント：黒
　　　　　　　・ランプレセプタクルの受金ねじ部の端子：白
　　　　　　　・埋込連用コンセントの接地側極端子（W表示）：白
　　　　　　　・電源側3路スイッチの「0」端子：黒
　　　　　　　・200V コンセントの接地極端子（⏚ 表示）：緑

5. **電線接続** ・リングスリーブの圧着マーク
　　　　　　　　1.6mm × 2 ＝○
　　　　　　　　2.0mm × 1 ＋ 1.6mm × 1 ＝小
　　　　　　　　2.0mm × 1 ＋ 1.6mm × 2 ＝小

● 候補問題 No. 2

図1に示す配線工事を与えられた全ての材料(予備品を除く)を使用し，**＜施工条件＞**に従って完成させなさい。
なお，

1. 変圧器及び自動点滅器は端子台で代用する。
2. ―・― で示した部分は施工を省略する。
3. VVF用ジョイントボックス及びスイッチボックスは支給していないので，その取り付けは省略する。
4. 電線接続箇所のテープ巻きや絶縁キャップによる絶縁処理は省略する。
5. ジョイントボックス（アウトレットボックス）の接地工事は省略する。
6. 作品は保護板（板紙）に取り付けないものとする。

試験時間 60分

図1．配線図

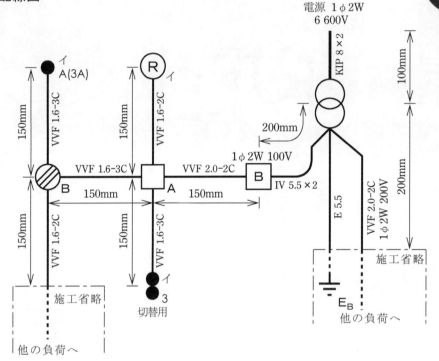

（注）

1. 図記号は，原則として JIS C 0617-1〜13及び JIS C 0303:2000に準拠して示してある。
   また，作業に直接関係のない部分等は，省略又は簡略化してある。

2. Ⓡ は，ランプレセプタクルを示す。

図2．変圧器代用の端子台説明図

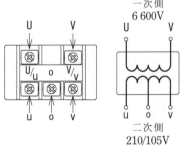

図3．自動点滅器代用の端子台説明図

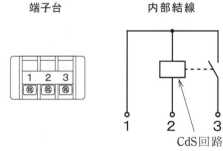

図4．ランプレセプタクル回路の展開接続図

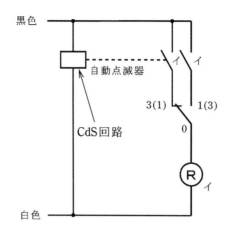

黒色

自動点滅器

CdS回路

3(1)　1(3)

0

R イ

イ　イ

白色

＜ 施工条件 ＞

1．配線及び器具の配置は，**図1**に従って行うこと。

2．変圧器代用の端子台は，**図2**に従って使用すること。

3．自動点滅器代用の端子台は，**図3**に従って使用すること。

4．ランプレセプタクル回路の接続は，**図4**に従って行うこと。

5．電線の色別（ケーブルの場合は絶縁被覆の色）は，次によること。
　　①接地線は，**緑色**を使用する。
　　②接地側電線は，すべて**白色**を使用する。
　　③変圧器二次側から点滅器イ，自動点滅器及び他の負荷（1φ2W 100V）に至る非接地側電線は，
　　　黒色を使用する。
　　④次の器具の端子には，**白色**の電線を結線する。
　　　・配線用遮断器の接地側極端子（**N**と表示）
　　　・ランプレセプタクルの受金ねじ部の端子

6．ジョイントボックスA及び VVF 用ジョイントボックスB部分を経由する電線は，その部分で
　すべて接続箇所を設け，その接続方法は，次によること。
　　①A部分は，リングスリーブによる接続とする。
　　②B部分は，差込形コネクタによる接続とする。

7．ジョイントボックスは，**打抜き済みの穴だけをすべて使用**すること。

材　　　料	
1.　高圧絶縁電線（KIP），8mm², 長さ約 200mm	1本
2.　600V ビニル絶縁ビニルシースケーブル平形（シース青色），2.0mm，2 心，長さ約 500mm　‥‥	1本
3.　600V ビニル絶縁ビニルシースケーブル平形，1.6mm，3 心，長さ約 1100mm　‥‥‥‥‥‥	1本
4.　600V ビニル絶縁ビニルシースケーブル平形，1.6mm，2 心，長さ約 600mm　‥‥‥‥‥‥	1本
5.　600V ビニル絶縁電線，5.5mm²，黒色，長さ約 200mm　‥‥‥‥‥‥‥‥‥‥‥‥	1本
6.　600V ビニル絶縁電線，5.5mm²，白色，長さ約 200mm　‥‥‥‥‥‥‥‥‥‥‥‥	1本
7.　600V ビニル絶縁電線，5.5mm²，緑色，長さ約 200mm　‥‥‥‥‥‥‥‥‥‥‥‥	1本
8.　端子台（変圧器の代用），3P　‥‥‥‥‥‥‥‥‥‥‥‥‥‥‥‥‥‥‥‥‥‥	1個
9.　端子台（自動点滅器の代用），3P　‥‥‥‥‥‥‥‥‥‥‥‥‥‥‥‥‥‥‥‥	1個
10.　配線用遮断器（100V，2 極 1 素子）　‥‥‥‥‥‥‥‥‥‥‥‥‥‥‥‥‥‥‥	1個
11.　ランプレセプタクル（カバーなし）　‥‥‥‥‥‥‥‥‥‥‥‥‥‥‥‥‥‥‥	1個
12.　埋込連用タンブラスイッチ（片切）　‥‥‥‥‥‥‥‥‥‥‥‥‥‥‥‥‥‥‥	1個
13.　埋込連用タンブラスイッチ（3 路）　‥‥‥‥‥‥‥‥‥‥‥‥‥‥‥‥‥‥‥	1個
14.　埋込連用取付枠　‥‥‥‥‥‥‥‥‥‥‥‥‥‥‥‥‥‥‥‥‥‥‥‥‥‥‥	1枚
15.　ジョイントボックス（アウトレットボックス 19mm 4 箇所 ノックアウト打抜き済み）　‥‥‥‥‥	1個
16.　ゴムブッシング（19）　‥‥‥‥‥‥‥‥‥‥‥‥‥‥‥‥‥‥‥‥‥‥‥‥	4個
17.　リングスリーブ（小）　‥‥‥‥‥‥‥‥‥‥‥‥‥‥‥‥‥‥‥（予備品を含む）　‥‥	6個
18.　差込形コネクタ（2 本用）　‥‥‥‥‥‥‥‥‥‥‥‥‥‥‥‥‥‥‥‥‥‥	1個
19.　差込形コネクタ（3 本用）　‥‥‥‥‥‥‥‥‥‥‥‥‥‥‥‥‥‥‥‥‥‥	2個
・　受験番号札　‥‥‥‥‥‥‥‥‥‥‥‥‥‥‥‥‥‥‥‥‥‥‥‥‥‥‥‥‥	1枚
・　ビニル袋　‥‥‥‥‥‥‥‥‥‥‥‥‥‥‥‥‥‥‥‥‥‥‥‥‥‥‥‥‥‥	1枚

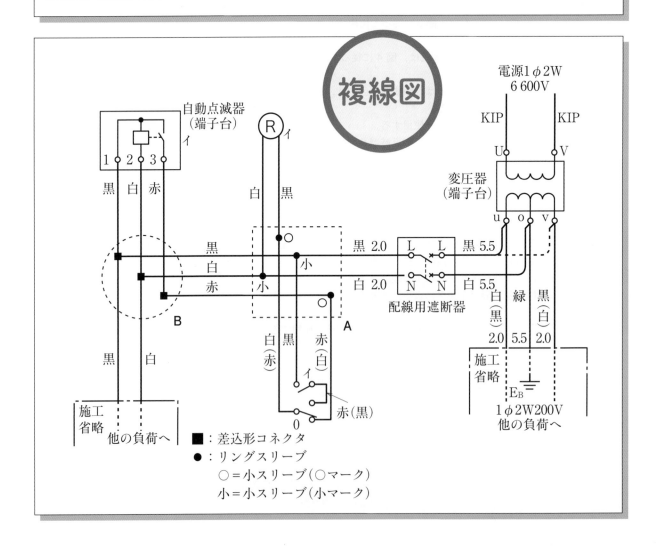

完成施工写真

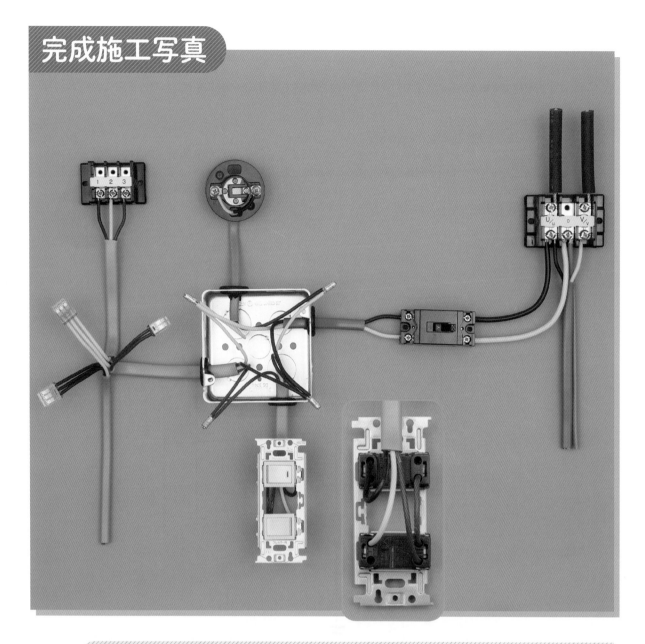

チェックポイント

1. 変圧器一次側 ・2線：U，V端子
2. 変圧器二次側 ・1φ2W100V の2線：u，o端子又はv，o端子
   ・1φ2W200V の2線：u，v端子
   ・B種接地工事の接地線：o端子
3. 電線の色別 ・接地線：緑
   ・1φ2W100V 接地側電線：白，変圧器二次側からの非接地側電線：黒
   ・配線用遮断器の接地側極端子（N表示）：白
   ・自動点滅器 1端子：黒，2端子：白，3端子：赤
   ・ランプレセプタクルの受金ねじ部の端子：白
4. 電線接続 ・リングスリーブの圧着マーク
   1.6mm×2 ＝○
   2.0mm×1 + 1.6mm×2 ＝小

● 候補問題No.3

図1に示す配線工事を与えられた全ての材料(予備品を除く)を使用し，**＜施工条件＞**に従って完成させなさい。
なお，

1. 変圧器は端子台で代用する。
2. ――・――・―― で示した部分は施工を省略する。
3. VVF用ジョイントボックス及びスイッチボックスは支給していないので，その取り付けは省略する。
4. 電線接続箇所のテープ巻きや絶縁キャップによる絶縁処理は省略する。
5. ジョイントボックス（アウトレットボックス）の接地工事は省略する。
6. 作品は保護板（板紙）に取り付けないものとする。

試験時間
60分

図1．配線図

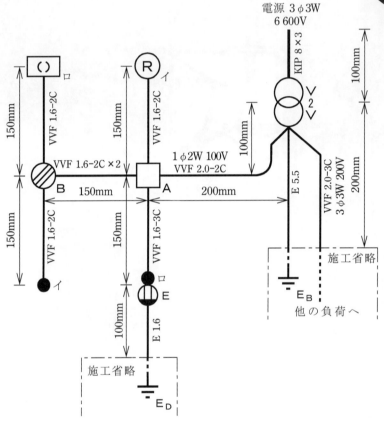

（注）

1. 図記号は，原則として JIS C 0617-1～13及び JIS C 0303:2000に準拠して示してある。
   また，作業に直接関係のない部分等は，省略又は簡略化してある。
2. Ⓡ は，ランプレセプタクルを示す。

図2．変圧器代用の端子台説明図

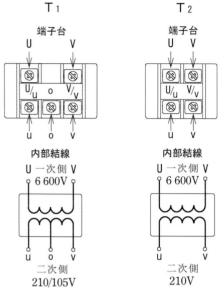

図3．変圧器結線図

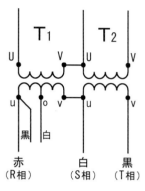

（接地線の表示は省略してある）

＜ 施工条件 ＞

1．配線及び器具の配置は，**図1**に従って行うこと。

2．変圧器代用の端子台は，**図2**に従って使用すること。

3．変圧器代用の端子台の結線及び配置は，**図3**に従い，かつ，次のように行うこと。
 ①**変圧器二次側の単相負荷回路は，変圧器T1のu，oの端子に結線する。**
 ②**接地線は，変圧器T1のo端子に結線する。**
 ③変圧器代用の端子台の二次側端子の**わたり線**は，太さ2.0mm（白色）を使用する。

4．電線の色別（ケーブルの場合は絶縁被覆の色）は，次によること。
 ①接地線は，**緑色**を使用する。
 ②接地側電線は，すべて**白色**を使用する。
 ③変圧器二次側から点滅器及びコンセントに至る非接地側電線は，すべて**黒色**を使用する。
 ④三相負荷回路の配線は，R相に**赤色**，S相に**白色**，T相に**黒色**を使用する。
 ⑤次の器具の端子には，**白色**の電線を結線する。
 ・ランプレセプタクルの受金ねじ部の端子
 ・コンセントの接地側極端子（Wと表示）
 ・引掛シーリングローゼットの接地側極端子（接地側と表示）

5．ジョイントボックスA及び VVF 用ジョイントボックスB部分を経由する電線は，その部分で
 すべて接続箇所を設け，その接続方法は，次によること。
 ①A部分は，リングスリーブによる接続とする。
 ②B部分は，差込形コネクタによる接続とする。

6．ジョイントボックスは，**打抜き済みの穴だけをすべて**使用すること。

7．埋込連用取付枠は，点滅器（ロ）及びコンセント部分に使用すること。

材　　料		
1. 高圧絶縁電線（KIP），8mm²，長さ約500mm ・・・・・・・・・・・・・・・・・・・・・・・・・・・・・・・・・・		1本
2. 600Vビニル絶縁ビニルシースケーブル平形（シース青色），2.0mm，3心，長さ約400mm ・・・・		1本
3. 600Vビニル絶縁ビニルシースケーブル平形（シース青色），2.0mm，2心，長さ約450mm ・・・・		1本
4. 600Vビニル絶縁ビニルシースケーブル平形，1.6mm，3心，長さ約450mm ・・・・・・・・・・・・・・		1本
5. 600Vビニル絶縁ビニルシースケーブル平形，1.6mm，2心，長さ約1700mm ・・・・・・・・・・・・		1本
6. 600Vビニル絶縁電線，5.5mm²，緑色，長さ約200mm ・・・・・・・・・・・・・・・・・・・・・・・・・・・		1本
7. 600Vビニル絶縁電線，1.6mm，緑色，長さ約150mm ・・・・・・・・・・・・・・・・・・・・・・・・・・・・		1本
8. 端子台（変圧器の代用），3P ・・		1個
9. 端子台（変圧器の代用），2P ・・		1個
10. ランプレセプタクル（カバーなし） ・・・		1個
11. 引掛シーリングローゼット（ボディのみ） ・・・・・・・・・・・・・・・・・・・・・・・・・・・・・・・・・・・		1個
12. 埋込連用タンブラスイッチ（片切） ・・		2個
13. 埋込連用接地極付コンセント ・・		1個
14. 埋込連用取付枠 ・・		1枚
15. ジョイントボックス（アウトレットボックス 19mm 4箇所ノックアウト打抜き済み） ・・・・・・・・		1個
16. ゴムブッシング（19） ・・・		4個
17. リングスリーブ（小） ・・・・・・・・・・・・・・・・・・・・・・・・・・・・・・・・（予備品を含む）		5個
18. リングスリーブ（中） ・・・・・・・・・・・・・・・・・・・・・・・・・・・・・・・・・（予備品を含む）		2個
19. 差込形コネクタ（2本用） ・・		4個
・ 受験番号札 ・・・		1枚
・ ビニル袋 ・・		1枚

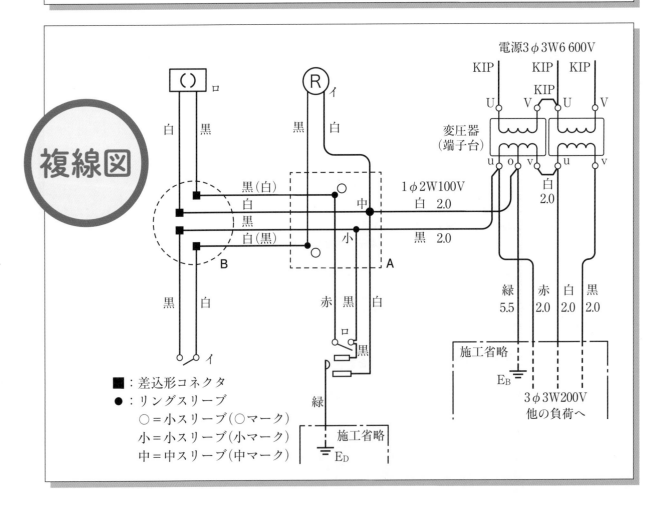

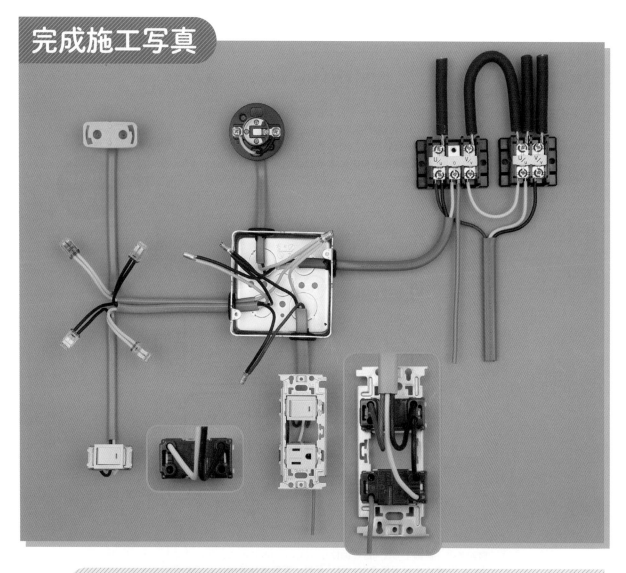

チェックポイント

1. **変圧器一次側** ・3線：変圧器 T_1 の U 端子，変圧器 T_2 の U，V 端子
   ・わたり線：変圧器 T_1 の V 端子～変圧器 T_2 の U 端子
2. **変圧器二次側** ・1φ2W100V の 2 線：変圧器 T_1 の u，o 端子
   ・3φ3W200V の 3 線：変圧器 T_1 の u 端子，変圧器 T_2 の u，v 端子
   ・わたり線：変圧器 T_1 の v 端子～変圧器 T_2 の u 端子
   ・B種接地工事の接地線：変圧器 T_1 の o 端子
3. **電線の色別** ・接地線：緑
   ・1φ2W100V　接地側電線：白，変圧器二次側からの非接地側電線：黒
   ・3φ3W200V　R相：赤　S相：白　T相：黒
   ・変圧器二次側わたり線：白
   ・ランプレセプタクルの受金ねじ部の端子：白
   ・引掛シーリングローゼットの接地側極端子(接地側表示)：白
   ・コンセントの接地側極端子(W表示)：白
   ・コンセントの接地極端子(⏚表示)：緑
4. **電線接続** ・リングスリーブの圧着接続
   　1.6mm×2＝小スリーブ(○マーク)
   　2.0mm×1＋1.6mm×2＝小スリーブ(小マーク)
   　2.0mm×1＋1.6mm×3＝中スリーブ(中マーク)

● 候補問題No.4

図1に示す配線工事を与えられた全ての材料（予備品を除く）を使用し，**＜施工条件＞**に従って完成させなさい。
なお，

1. 変圧器，配線用遮断器及び接地端子は端子台で代用する。
2. ——・—— で示した部分は施工を省略する。
3. スイッチボックスは支給していないので，その取り付けは省略する。
4. 電線接続箇所のテープ巻きや絶縁キャップによる絶縁処理は省略する。
5. ジョイントボックス（アウトレットボックス）の接地工事は省略する。
6. 作品は保護板（板紙）に取り付けないものとする。

試験時間 60分

図1．配線図

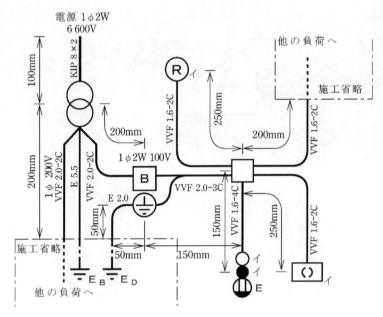

（注）

1. 図記号は，原則として JIS C 0617-1〜13及び JIS C 0303:2000に準拠して示してある。
   また，作業に直接関係のない部分等は，省略又は簡略化してある。
2. Ⓡ は，ランプレセプタクルを示す。

図2．変圧器代用の端子台説明図

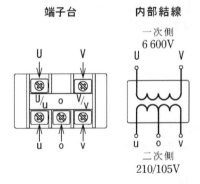

図3．配線用遮断器及び接地端子代用の端子台説明図

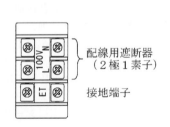

＜ 施工条件 ＞

1．配線及び器具の配置は，**図1**に従って行うこと。

2．変圧器代用の端子台は，**図2**に従って使用すること。

3．配線用遮断器及び接地端子代用の端子台は，**図3**に従って使用すること。

4．**確認表示灯（パイロットランプ）は，引掛シーリングローゼット及びランプレセプタクルと同時点滅とすること。**

5．電線の色別（ケーブルの場合は絶縁被覆の色）は，次によること。
　　①接地線は，**緑色**を使用する。
　　②接地側電線は，すべて**白色**を使用する。
　　③変圧器二次側から点滅器，コンセント及び他の負荷（1φ2W 100V）に至る非接地側電線は，
　　　すべて**黒色**を使用する。
　　④次の器具の端子には，**白色**の電線を結線する。
　　　・配線用遮断器の接地側極端子（**N**と表示）
　　　・ランプレセプタクルの受金ねじ部の端子
　　　・コンセントの接地側極端子（**W**と表示）
　　　・引掛シーリングローゼットの接地側極端子（接地側と表示）

6．ジョイントボックスを経由する電線は，すべて接続箇所を設け，リングスリーブによる接続とすること。

7．ジョイントボックスは，**打抜き済みの穴だけをすべて使用する**こと。

材　料		
1.	高圧絶縁電線（KIP），8mm²，長さ約200mm …………………………	1本
2.	600Vビニル絶縁ビニルシースケーブル平形（シース青色），2.0mm，2心，長さ約500mm ……	1本
3.	600Vビニル絶縁ビニルシースケーブル平形，2.0mm，3心，長さ約300mm …………	1本
4.	600Vビニル絶縁ビニルシースケーブル平形，1.6mm，4心，長さ約450mm …………	1本
5.	600Vビニル絶縁ビニルシースケーブル平形，1.6mm，2心，長さ約1150mm ………	1本
6.	600Vビニル絶縁電線，5.5mm²，緑色，長さ約200mm …………………	1本
7.	600Vビニル絶縁電線，2.0mm，緑色，長さ約200mm …………………	1本
8.	端子台（変圧器の代用），3P ………………………………………	1個
9.	端子台（配線用遮断器及び接地端子の代用），3P …………………	1個
10.	ランプレセプタクル（カバーなし） ………………………………	1個
11.	引掛シーリングローゼット（ボディのみ） ………………………	1個
12.	埋込連用取付枠 ……………………………………………………	1枚
13.	埋込連用パイロットランプ ………………………………………	1個
14.	埋込連用タンブラスイッチ（片切） ………………………………	1個
15.	埋込連用接地極付コンセント ……………………………………	1個
16.	ジョイントボックス（アウトレットボックス　19mm 2箇所，25mm 3箇所　ノックアウト打抜き済み）‥	1個
17.	ゴムブッシング（19） ……………………………………………	2個
18.	ゴムブッシング（25） ……………………………………………	3個
19.	リングスリーブ（小） …………………………………（予備品を含む）	5個
20.	リングスリーブ（中） …………………………………（予備品を含む）	2個
・	受験番号札 …………………………………………………………	1枚
・	ビニル袋 ……………………………………………………………	1枚

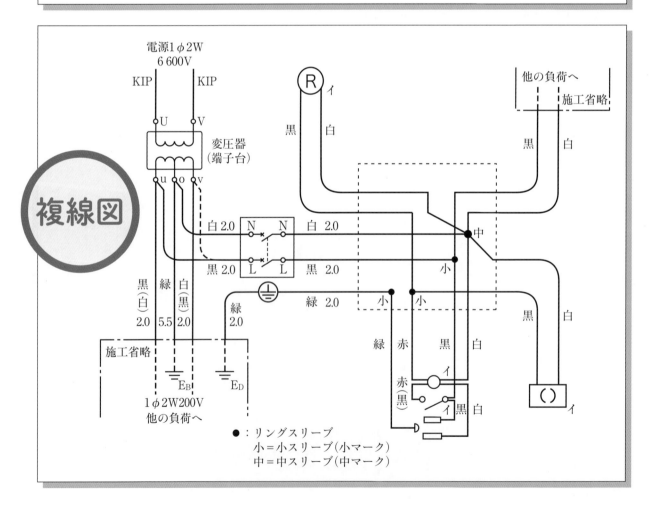

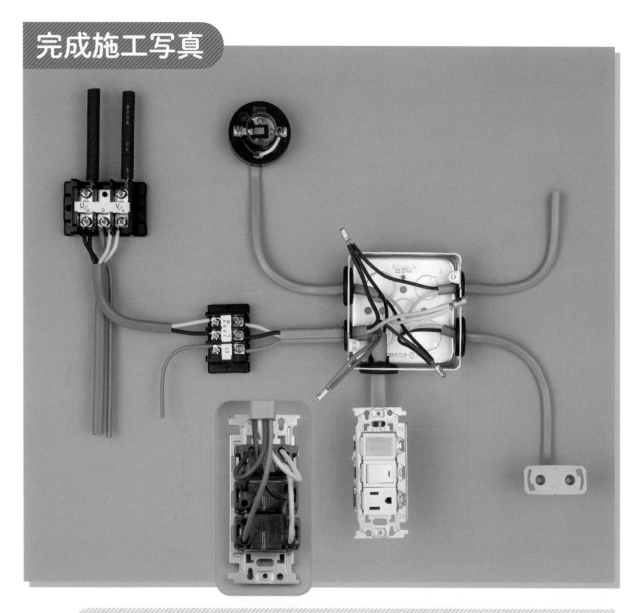

チェックポイント

1. **変圧器一次側** ・2線：U，V端子
2. **変圧器二次側** ・1φ2W100Vの2線：u，o端子又はv，o端子
   ・1φ2W200Vの2線：u，v端子
   ・B種接地工事の接地線：o端子
3. **電線色別** ・接地線：緑
   ・1φ2W100V　接地側電線：白，変圧器二次側からの非接地側電線：黒
   ・配線用遮断器の接地側極端子（N表示）：白
   ・ランプレセプタクルの受金ねじ部の端子：白
   ・引掛シーリングローゼットの接地側極端子（接地側表示）：白
   ・コンセントの接地側極端子（W表示）：白
   ・コンセントの接地極端子（⏚表示）：緑
4. **電線接続** ・リングスリーブの圧着接続
   1.6mm×3＝小スリーブ（小マーク）
   2.0mm×1＋1.6mm×1＝小スリーブ（小マーク）
   2.0mm×1＋1.6mm×2＝小スリーブ（小マーク）
   2.0mm×1＋1.6mm×4＝中スリーブ（中マーク）

● 候補問題No.5

図1に示す配線工事を与えられた全ての材料(予備品を除く)を使用し，**＜施工条件＞**に従って完成させなさい。
なお，

1. 変圧器及び開閉器は端子台で代用する。
2. ━・━・━ で示した部分は施工を省略する。
3. スイッチボックスは支給していないので，その取り付けは省略する。
4. 電線接続箇所のテープ巻きや絶縁キャップによる絶縁処理は省略する。
5. ジョイントボックス（アウトレットボックス）の接地工事は省略する。
6. 作品は保護板（板紙）に取り付けないものとする。

試験時間
60分

図1. 配線図

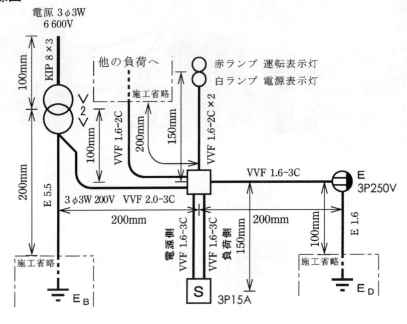

電源 3φ3W
6 600V

KIP 8×3

他の負荷へ

施工省略

VVF 1.6-2C

赤ランプ 運転表示灯
白ランプ 電源表示灯

VVF 1.6-2C×2

VVF 1.6-3C

E
3P250V

100mm

200mm

100mm

200mm

150mm

E 5.5

3φ3W 200V VVF 2.0-3C

200mm

電源側
VVF 1.6-3C

VVF 1.6-3C
負荷側

150mm

200mm

100mm

E 1.6

施工省略

E_B

S

3P15A

施工省略

E_D

（注）
1. 図記号は，原則として JIS C 0617-1～13及び JIS C 0303:2000に準拠して示してある。
また，作業に直接関係のない部分等は，省略又は簡略化してある。

図2. 変圧器代用の端子台説明図

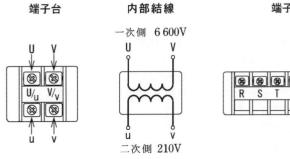

端子台

内部結線

一次側 6 600V

U   V

U/u   V/v

u   v

二次側 210V

図3. 開閉器代用の端子台説明図

端子台

内部結線

電源側   負荷側
R S T   X Y Z

R S T X Y Z

図4. 変圧器結線図

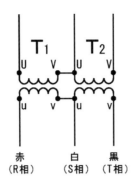

赤　　　白　　　黒
（R相）（S相）（T相）

（接地線の表示は省略してある）

＜ 施工条件 ＞

1. 配線及び器具の配置は，**図1**に従って行うこと。

2. 変圧器代用の端子台は，**図2**に従って使用すること。

3. 開閉器代用の端子台は，**図3**に従って使用すること。

4. 変圧器代用の端子台の結線及び配置は，**図4**に従い，かつ，次のように行うこと。
   ①**接地線**は，変圧器**T₁のv端子**に結線する。
   ②変圧器代用の端子台の二次側端子の**わたり線**は，太さ2.0mm（**白色**）を使用する。

5. 他の負荷は，S相とT相間に接続すること。

6. 電源表示灯はS相とT相間に，運転表示灯はY相とZ相間に接続すること。

7. ジョイントボックスから電源表示灯及び運転表示灯に至る電線には，2 心ケーブル 1 本を
   それぞれ使用すること。

8. 電線の色別（ケーブルの場合は絶縁被覆の色）は，次によること。
   ①接地線は，**緑色**を使用する。
   ②接地側電線は，すべて**白色**を使用する。
   ③変圧器の二次側の配線は，R相に**赤色**，S相に**白色**，T相に**黒色**を使用する。
   ④開閉器の負荷側から動力用コンセントに至る配線は，X相に**赤色**，Y相に**白色**，Z相に**黒色**を使用する。

9. ジョイントボックスを経由する電線は，すべて接続箇所を設け，リングスリーブによる接続とすること。

10. ジョイントボックスは，**打抜き済みの穴だけをすべて使用すること。**

	材　　料	
1.	高圧絶縁電線（KIP），8mm²，長さ約500mm ・・・・・・・・・・・・・・・・・・・・・・・・・・・・・・・・・・	1本
2.	600Vビニル絶縁ビニルシースケーブル平形（シース青色），2.0mm，3心，長さ約600mm ・・・・・・	1本
3.	600Vビニル絶縁ビニルシースケーブル平形，1.6mm，3心，長さ約1000mm ・・・・・・・・・・・・・	1本
4.	600Vビニル絶縁ビニルシースケーブル平形，1.6mm，2心，長さ約1000mm ・・・・・・・・・・・・・	1本
5.	600Vビニル絶縁電線，5.5mm²，緑色，長さ約200mm ・・・・・・・・・・・・・・・・・・・・・・・・・・・・	1本
6.	600Vビニル絶縁電線，1.6mm，緑色，長さ約150mm ・・・・・・・・・・・・・・・・・・・・・・・・・・・・・	1本
7.	端子台（変圧器の代用），2P ・・	2個
8.	端子台（開閉器の代用），6P ・・	1個
9.	埋込コンセント，3P，接地極付15A ・・	1個
10.	埋込連用取付枠 ・・	1枚
11.	埋込連用パイロットランプ（赤） ・・・	1個
12.	埋込連用パイロットランプ（白） ・・・	1個
13.	ジョイントボックス（アウトレットボックス 19mm 3箇所，25mm 3箇所 ノックアウト打抜き済み）・・	1個
14.	ゴムブッシング（19） ・・・	3個
15.	ゴムブッシング（25） ・・・	3個
16.	リングスリーブ（小） ・・・・・・・・・・・・・・・・・・・・・・・・・・・・・・・（予備品を含む）	6個
17.	リングスリーブ（中） ・・・・・・・・・・・・・・・・・・・・・・・・・・・・・・・（予備品を含む）	3個
・	受験番号札 ・・・	1枚
・	ビニル袋 ・・・	1枚

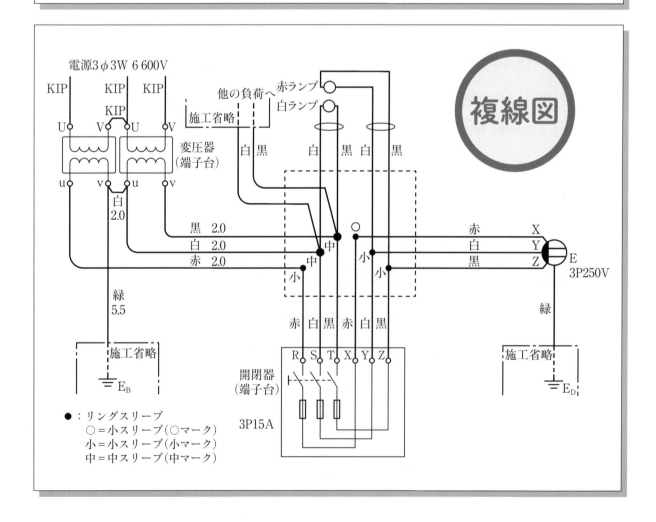

完成施工写真

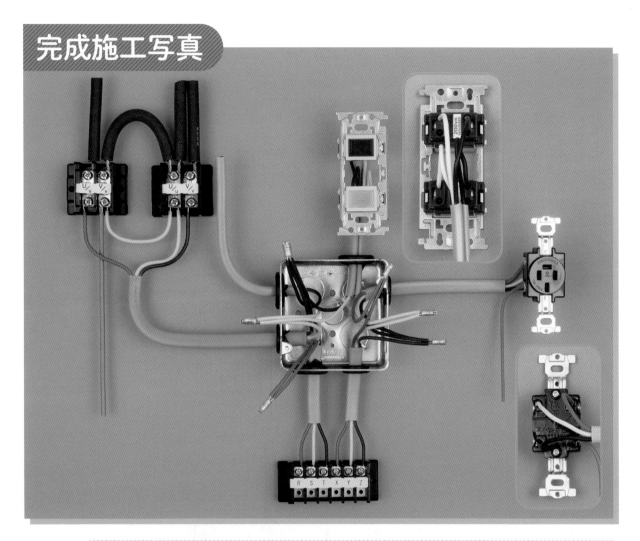

チェックポイント

1. 変圧器一次側　• 3線：変圧器 T_1 のU端子，変圧器 T_2 のU，V端子
　　　　　　　　• わたり線：変圧器 T_1 のV端子〜変圧器 T_2 のU端子

2. 変圧器二次側　• 3φ3W200V の3線：変圧器 T_1 のu端子，変圧器 T_2 のu，v端子
　　　　　　　　• わたり線：変圧器 T_1 のv端子〜変圧器 T_2 のu端子
　　　　　　　　• B種接地工事の接地線：変圧器 T_1 のv端子

3. 他の負荷　　　• 2線：S相とT相間

4. 表示灯　　　　• 電源表示灯（白ランプ）：S相とT相間
　　　　　　　　• 運転表示灯（赤ランプ）：Y相とZ相間

5. 2心ケーブル　• ジョイントボックスから電源表示灯及び運転表示灯に至る電線
　　1本

6. 電線色別　　　• 接地線：緑
　　　　　　　　• 変圧器二次側わたり線：白
　　　　　　　　• 接地側電線：白
　　　　　　　　• 変圧器の二次側〜開閉器：R相：赤色，S相：白色，T相：黒色
　　　　　　　　• 開閉器〜コンセント　　：X相：赤色，Y相：白色，Z相：黒色
　　　　　　　　• コンセントの接地極端子（⏚ 表示）：緑

7. 電線接続　　　• リングスリーブの圧着接続
　　　　　　　　　1.6mm×2＝小スリーブ（○マーク）　1.6mm×3＝小スリーブ（小マーク）
　　　　　　　　　2.0mm×1＋1.6mm×1＝小スリーブ（小マーク）
　　　　　　　　　2.0mm×1＋1.6mm×3＝中スリーブ（中マーク）

● 候補問題No.6

図1に示す配線工事を与えられた全ての材料(予備品を除く)を使用し，＜施工条件＞に従って完成させなさい。
なお，

1．変圧器及び開閉器は端子台で代用する。
2．—・—・— で示した部分は施工を省略する。
3．電線接続箇所のテープ巻きや絶縁キャップによる絶縁処理は省略する。
4．金属管とジョイントボックス（アウトレットボックス）とを電気的に接続することは省略する。
5．ジョイントボックス（アウトレットボックス）の接地工事は省略する。
6．作品は保護板（板紙）に取り付けないものとする。

試験時間 60分

図1．配線図

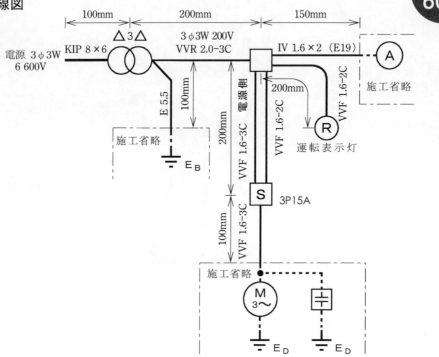

（注）
　1．図記号は，原則としてJIS C 0617-1～13及び JIS C 0303:2000に準拠して示してある。
　　また，作業に直接関係のない部分等は，省略又は簡略化してある。
　2．Ⓡ は，ランプレセプタクルを示す。

図2．変圧器代用の端子台説明図　　図3．開閉器代用の端子台説明図

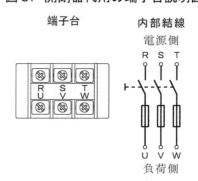

図4．変圧器結線図

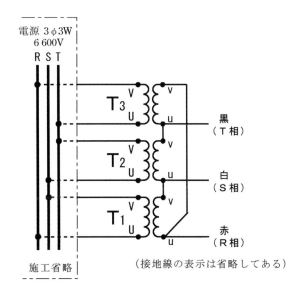

電源 3φ3W
6 600V
R S T

T₃

T₂

T₁

黒
（T相）

白
（S相）

赤
（R相）

施工省略

（接地線の表示は省略してある）

＜ 施工条件 ＞

1．配線及び器具の配置は，**図1**に従って行うこと。

2．変圧器代用の端子台は，**図2**に従って使用すること。

3．開閉器代用の端子台は，**図3**に従って使用すること。

4．変圧器代用の端子台の結線及び配置は，**図4**に従い，かつ，次のように行うこと。
　①**接地線**は，変圧器T₁のv端子に結線する。
　②変圧器代用の端子台の二次側端子の**わたり線**は，IV5.5mm²（**黒色**）を使用する。

5．**電流計は，変圧器二次側のS相に接続すること。**

6．運転表示灯は，開閉器負荷側のU相とV相間に接続すること。

7．電線の色別（ケーブルの場合は絶縁被覆の色）は，次によること。
　①接地線は，**緑色**を使用する。
　②接地側電線は，電流計の回路及びわたり線を除きすべて**白色**を使用する。
　③変圧器の二次側の配線は，わたり線を除きR相に**赤色**，S相に**白色**，T相に**黒色**を使用する。
　④開閉器の負荷側から電動機に至る配線は，U相に**赤色**，V相に**白色**，W相に**黒色**を使用する。
　⑤ランプレセプタクルの受金ねじ部の端子には，**白色**の電線を結線する。

8．ジョイントボックスを経由する電線は，すべて接続箇所を設け，リングスリーブによる接続とすること。

9．ジョイントボックスは，**打抜き済みの穴だけをすべて使用すること。**

10．ねじなしボックスコネクタは，ジョイントボックス側に取り付けること。

材　　　料	
1.　高圧絶縁電線（KIP），8mm², 長さ約 600mm ・・・・・・・・・・・・・・・・・・・・・・・・・	1本
2.　600V ビニル絶縁ビニルシースケーブル丸形，2.0mm，3 心，長さ約 400mm ・・・・・・・・・・・・	1本
3.　600V ビニル絶縁ビニルシースケーブル平形，1.6mm，3 心，長さ約 500mm ・・・・・・・・・・・・	1本
4.　600V ビニル絶縁ビニルシースケーブル平形，1.6mm，2 心，長さ約 850mm ・・・・・・・・・・・・	1本
5.　600V ビニル絶縁電線，5.5mm²，黒色，長さ約 600mm ・・・・・・・・・・・・・・・・・・・	1本
6.　600V ビニル絶縁電線，5.5mm²，緑色，長さ約 200mm ・・・・・・・・・・・・・・・・・・・	1本
7.　600V ビニル絶縁電線，1.6mm，黒色，長さ約 300mm ・・・・・・・・・・・・・・・・・・・・	1本
8.　600V ビニル絶縁電線，1.6mm，白色，長さ約 300mm ・・・・・・・・・・・・・・・・・・・・	1本
9.　端子台（変圧器の代用），2P ・・・・・・・・・・・・・・・・・・・・・・・・・・・・・・・・・	3個
10.　端子台（開閉器の代用），3P ・・・・・・・・・・・・・・・・・・・・・・・・・・・・・・・・	1個
11.　ランプレセプタクル（カバーなし） ・・・・・・・・・・・・・・・・・・・・・・・・・・・・・・	1個
12.　ジョイントボックス（アウトレットボックス 19mm 3 箇所，25mm 2 箇所	
ノックアウト打抜き済み） ・・	1個
13.　ねじなし電線管（E19），長さ約 90mm（端口処理済み） ・・・・・・・・・・・・・・・・・・・	1本
14.　ねじなしボックスコネクタ（E19）ロックナット付，接地用端子は省略 ・・・・・・・・・・・・	1個
15.　絶縁ブッシング（19） ・・・・・・・・・・・・・・・・・・・・・・・・・・・・・・・・・・・・	1個
16.　ゴムブッシング（19） ・・・・・・・・・・・・・・・・・・・・・・・・・・・・・・・・・・・・	2個
17.　ゴムブッシング（25） ・・・・・・・・・・・・・・・・・・・・・・・・・・・・・・・・・・・・	2個
18.　リングスリーブ（小） ・・・・・・・・・・・・・・・・・・・・・・・・・・（予備品を含む）	8個
・　受験番号札 ・・	1枚
・　ビニル袋 ・・・	1枚

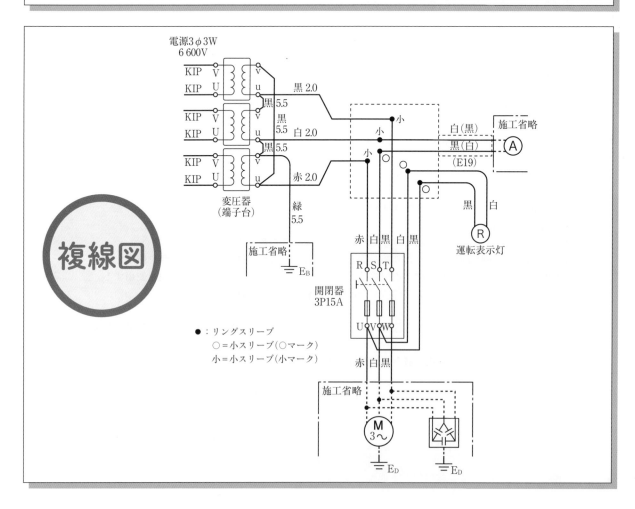

完成施工写真

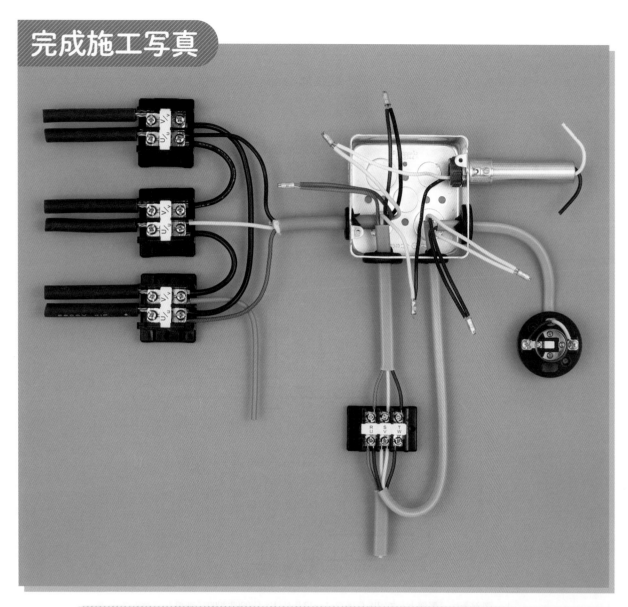

チェックポイント

1. 変圧器一次側　• 6線：各変圧器のU，V端子
2. 変圧器二次側　• 3φ3W200Vの3線：各変圧器のu端子
　　　　　　　　• わたり線：変圧器 T_1 のv端子〜変圧器 T_2 のu端子
　　　　　　　　　　　　　　変圧器 T_2 のv端子〜変圧器 T_3 のu端子
　　　　　　　　　　　　　　変圧器 T_3 のv端子〜変圧器 T_1 のu端子
　　　　　　　　• B種接地工事の接地線：変圧器 T_1 のv端子
3. 電流計　　　　• 変圧器二次側のS相
4. 運転表示灯　　• 開閉器負荷側のU相とV相間
5. 電線色別　　　• 接地線：緑
　　　　　　　　• 接地側電線（電流計の回路，わたり線を除く）：白
　　　　　　　　• 変圧器二次側　R相：赤，S相：白，T相：黒，わたり線：黒
　　　　　　　　• 開閉器　R相とU相：赤，S相とV相：白，T相とW相：黒
　　　　　　　　• ランプレセプタクルの受金ねじ部の端子：白
6. 電線接続　　　• リングスリーブの圧着マーク
　　　　　　　　　1.6mm×2＝○
　　　　　　　　　2.0mm×1 + 1.6mm×1＝小

図1に示す配線工事を与えられた全ての材料(予備品を除く)を使用し, **＜施工条件＞**に従って完成させなさい。
なお,

1. 変圧器, CT及び過電流継電器は端子台で代用する。
2. ――・―― で示した部分は施工を省略する。
3. 電線接続箇所のテープ巻きや絶縁キャップによる絶縁処理は省略する。
4. ジョイントボックス（アウトレットボックス）の接地工事は省略する。
5. 作品は保護板（板紙）に取り付けないものとする。

試験時間
60分

図1. 配線図

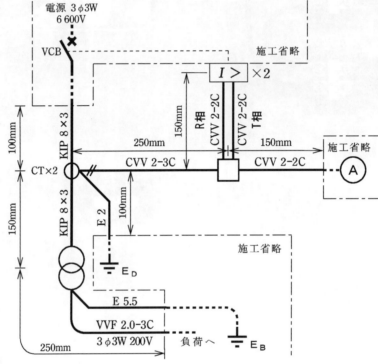

（注）

1. 図記号は, 原則として JIS C 0617-1〜13及び JIS C 0303:2000に準拠して示してある。
 また, 作業に直接関係のない部分等は, 省略又は簡略化してある。
2. 電線相互間の離隔距離は問わない。

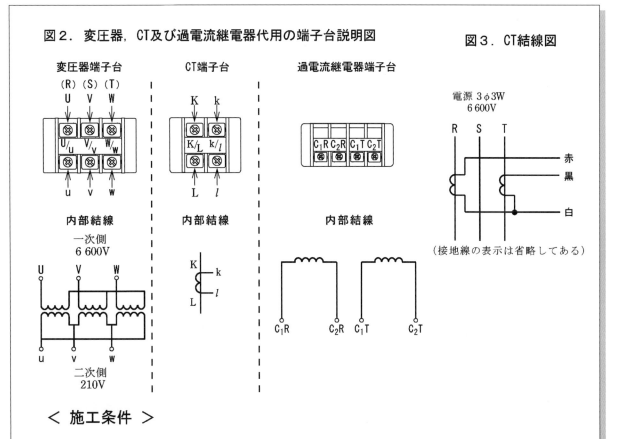

図2．変圧器，CT及び過電流継電器代用の端子台説明図　　　図3．CT結線図

＜ 施工条件 ＞

1．配線及び器具の配置は，**図1**に従って行うこと。

2．変圧器，CT及び過電流継電器代用の端子台は，**図2**に従って使用すること。

3．CTの結線は，**図3**に従い，かつ，次のように行うこと。
　①CTの**K**側を高圧の電源側として使用する。
　②CTの**1**端子に結線できる電線本数は**2本以下**とする。
　③CTの**接地線**は，CTの**二次側 l 端子**に結線する。
　④CTの二次側端子の**わたり線**は，**太さ2mm²（白色）**を使用する。
　⑤CTの**k**端子からは，R相，T相それぞれ過電流継電器のC_1R，C_1T端子に結線する。

4．**電流計は，T相の電流を測定するように，接続すること。**

5．**変圧器の接地線は，v端子に結線すること。**

6．電線の色別（ケーブルの場合は絶縁被覆の色）は，次によること。
　①**接地線**は，**緑色**を使用する。
　②CTの二次側からジョイントボックスに至る配線は，R相に**赤色**，T相に**黒色**を使用する。
　③変圧器の二次側の配線は，u相に**赤色**，v相に**白色**，w相に**黒色**を使用する。

7．ジョイントボックスを経由する電線は，すべて接続箇所を設け，リングスリーブによる接続とすること。

8．ジョイントボックスは，**打抜き済みの穴だけをすべて使用すること。**

材　料

1. 高圧絶縁電線 (KIP)，8mm^2，長さ約 750mm ･････････････････････････････ 1本
2. 制御用ビニル絶縁ビニルシースケーブル，2mm^2，3 心，長さ約 500mm ････････ 1本
3. 制御用ビニル絶縁ビニルシースケーブル，2mm^2，2 心，長さ約 850mm ････････ 1本
4. 600V ビニル絶縁ビニルシースケーブル平形 (シース青色)，2.0mm，3 心，長さ約 300mm ･････ 1本
5. 600V ビニル絶縁電線，5.5mm^2，緑色，長さ約 300mm ･･･････････････････ 1本
6. 600V ビニル絶縁電線，2mm^2，緑色，長さ 200mm ･･････････････････････ 1本
7. 端子台 (変圧器の代用)，3P ･･･ 1個
8. 端子台 (CT の代用)，2P ･･ 2個
9. 端子台 (過電流継電器の代用)，4P ･･･････････････････････････････････ 1個
10. ジョイントボックス (アウトレットボックス 19mm 2 箇所，25mm 2 箇所
　　　　　　　　　　　　　　　　　　　　　　ノックアウト打抜き済み) ･･ 1個
11. ゴムブッシング (19) ･･･ 2個
12. ゴムブッシング (25) ･･･ 2個
13. リングスリーブ (小) ･･･････････････････････････････ (予備品を含む) 6個

- 受験番号札 ･･ 1枚
- ビニル袋 ･･･ 1枚

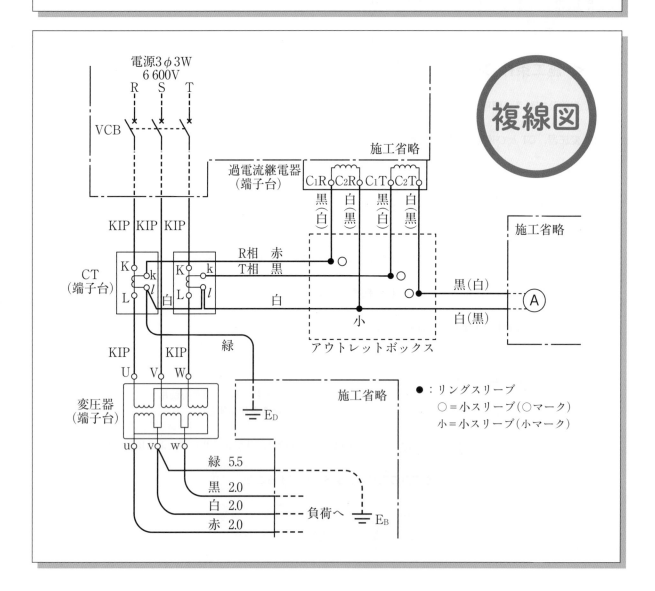

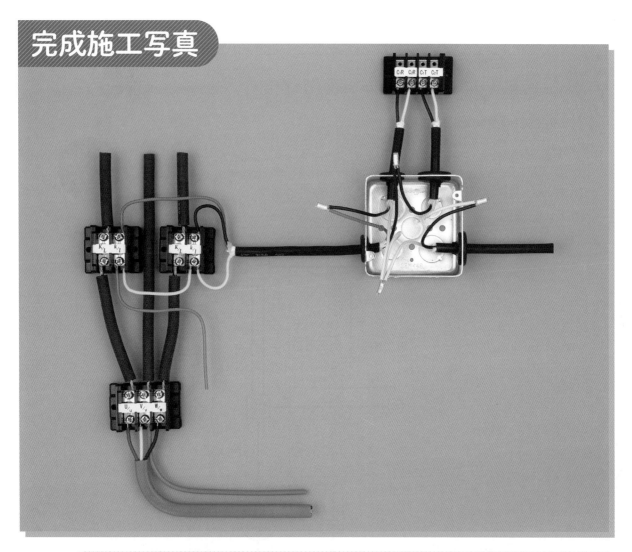

完成施工写真

チェックポイント

1. CT 一次側から三相変圧器に至る3線
   - R相：電源〜CT の K 端子・L 端子〜三相変圧器の U 端子
   - S相：電源〜三相変圧器の V 端子
   - T相：電源〜CT の K 端子・L 端子〜三相変圧器の W 端子
2. 変圧器二次側　・3φ3W200V の 3 線：u，v，w端子
   - B種接地工事の接線線：v端子
3. CT 二次側　・R相 CT の k 端子〜OCR の C_1R・C_2R 端子〜 ⎫
   - R相 CT の l 端子〜T相 CT の l 端子〜 ⎬ 接続〜電流計
   - T相 CT の k 端子〜OCR の C_1T・C_2T 端子〜電流計
   - D種接地工事の接線線：R相 CT の l 端子
4. 電流計　・T相の電流を測定
5. 電線色別　・接地線：緑
   - R相 CT の k 端子〜ジョイントボックス：赤
   - T相 CT の k 端子〜ジョイントボックス：黒
   - R相 CT の l 端子〜T相 CT の l 端子〜ジョイントボックス：白
   - 三相変圧器二次側　u相：赤，v相：白，w相：黒
6. 電線接続　・リングスリーブの圧着マーク
   - $2\,\text{mm}^2 \times 2 = ○$
   - $2\,\text{mm}^2 \times 3 = 小$

● 候補問題No.8

図1に示す配線工事を与えられた全ての材料(予備品を除く)を使用し，＜施工条件＞に従って完成させなさい。
なお，

1．変圧器及び電磁開閉器は端子台で代用する。
2．—・—・— で示した部分は施工を省略する。
3．電線接続箇所のテープ巻きや絶縁キャップによる絶縁処理は省略する。
4．ジョイントボックス（アウトレットボックス）の接地工事は省略する。
5．作品は保護板（板紙）に取り付けないものとする。

試験時間
60分

図1．配線図

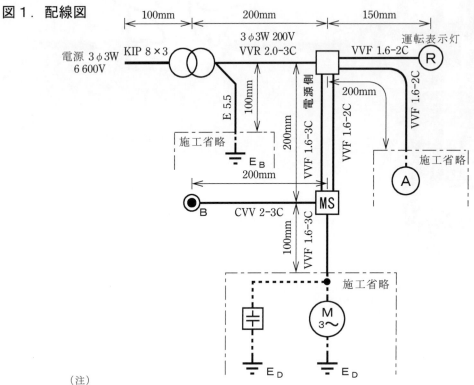

（注）
1．図記号は，原則としてJIS C 0617-1〜13及び JIS C 0303:2000に準拠して示してある。
また，作業に直接関係のない部分等は，省略又は簡略化してある。
2． Ⓡ は，ランプレセプタクルを， MS は，電磁開閉器を示す。

図2．変圧器代用の端子台説明図　　　図3．電磁開閉器代用の端子台説明図

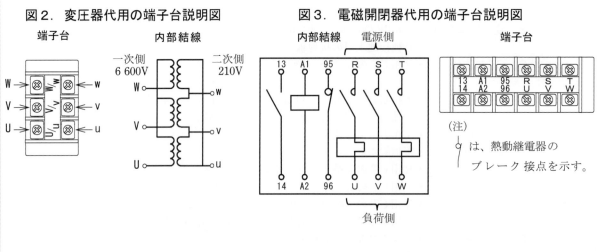

図4．制御回路図

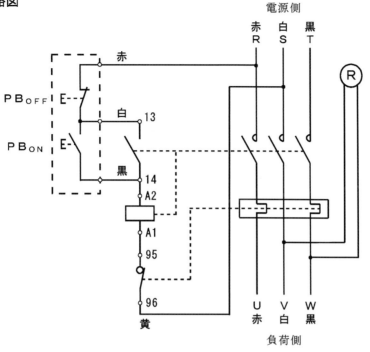

＜ 施工条件 ＞

1．配線及び器具の配置は，**図1**に従って行うこと。

2．変圧器代用の端子台は，**図2**に従って使用すること。

3．電磁開閉器代用の端子台は，**図3**に従って使用すること。

4．制御回路の結線は，**図4**に従って行うこと。

5．**電流計は，変圧器二次側のv相に接続する**こと。

6．**変圧器の接地線は，v端子**に結線すること。

7．電線の色別（ケーブルの場合は絶縁被覆の色）は，次によること。
　　①接地線は，**緑色**を使用する。
　　②接地側電線は，電流計の回路を除きすべて**白色**を使用する。
　　③変圧器の二次側の配線は，u相に**赤色**，v相に**白色**，w相に**黒色**を使用する。
　　④**電磁開閉器の端子相互間の配線に使用する電線は，黄色**を使用する。
　　⑤電動機回路の電源に使用する電線及び押しボタンに使用する電線の色別は，**図4**による。
　　⑥ランプレセプタクルの受金ねじ部の端子には，**白色**の電線を結線する。

8．ジョイントボックスを経由する電線は，すべて接続箇所を設け，リングスリーブによる接続とすること。

9．ジョイントボックスは，**打抜き済みの穴だけをすべて使用する**こと。

10．押しボタンスイッチ内の**既設配線**は，**取り除いたり，変更したりしない**こと。

材　　　料	
1. 高圧絶縁電線（KIP），8mm², 長さ約 300mm ・・・	1本
2. 600V ビニル絶縁ビニルシースケーブル丸形，2.0mm，3 心，長さ約 350mm ・・・・・・・・・・	1本
3. 600V ビニル絶縁ビニルシースケーブル平形，1.6mm，3 心，長さ約 500mm ・・・・・・・・・・	1本
4. 600V ビニル絶縁ビニルシースケーブル平形，1.6mm，2 心，長さ約 1100mm ・・・・・・・・	1本
5. 制御用ビニル絶縁ビニルシースケーブル，2mm²，3 心，長さ約 350mm ・・・・・・・・・・・・・	1本
6. 600V ビニル絶縁電線，5.5mm²，緑色，長さ約 200mm ・・・・・・・・・・・・・・・・・・・・・・・・・・・	1本
7. 600V ビニル絶縁電線，2mm²，黄色，長さ約 500mm ・・・・・・・・・・・・・・・・・・・・・・・・・・・・・	1本
8. 端子台（変圧器の代用），3P ・・	1個
9. 端子台（電磁開閉器の代用），6P ・・	1個
10. 押しボタンスイッチ（接点 1a，1b，既設配線付，箱なし）・・・・・・・・・・・・・・・・・・・・・・・・・・	1個
11. ランプレセプタクル（カバーなし）・・	1個
12. ジョイントボックス（アウトレットボックス 19mm 2 箇所，25mm 3 箇所 　　　　　　　　　　　　　　　　　　　　ノックアウト打抜き済み）・・	1個
13. ゴムブッシング（19）・・	2個
14. ゴムブッシング（25）・・	3個
15. リングスリーブ（小）・・・（予備品を含む）	9個
・ 受験番号札 ・・	1枚
・ ビニル袋 ・・・	1枚

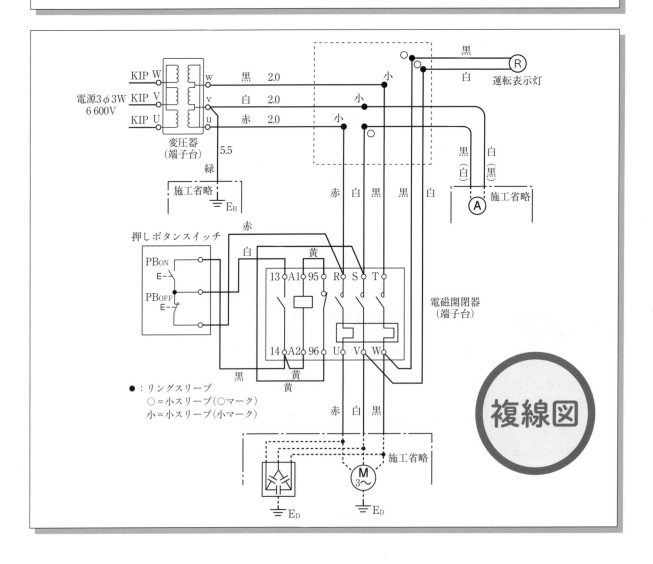

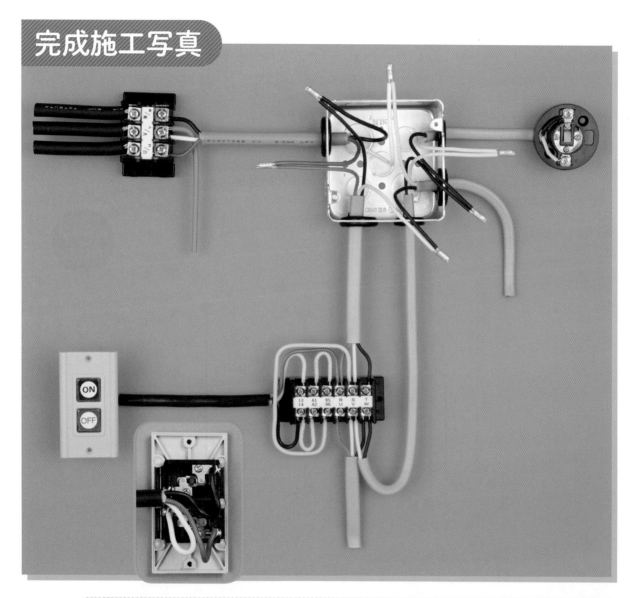

完成施工写真

チェックポイント

1. 変圧器一次側　・3線：U，V，W端子
2. 変圧器二次側　・3φ3W200Vの3線：u，v，w端子
　　　　　　　　・B種接地工事の接地線：v端子
3. 電流計　　　　・変圧器二次側v相
4. 運転表示灯　　・電磁開閉器の負荷側V相とW相間
5. 電線色別　　　・接地線：緑
　　　　　　　　・接地側電線（電流計の回路を除く）：白
　　　　　　　　・変圧器二次側　　u相：赤，v相：白，w相：黒
　　　　　　　　・電磁開閉器　　R相とU相：赤，S相とV相：白，T相とW相：黒
　　　　　　　　・押しボタンスイッチ～電磁開閉器
　　　　　　　　　　PB$_{OFF}$～R端子：赤，PB$_{ON}$・PB$_{OFF}$～13端子：白，PB$_{ON}$～14端子：黒
　　　　　　　　・電磁開閉器のわたり線：黄
　　　　　　　　・ランプレセプタクルの受金ねじ部の端子：白
6. 電線接続　　　・リングスリーブの圧着マーク
　　　　　　　　　1.6mm×2＝○
　　　　　　　　　2.0mm×1＋1.6mm×1＝小

図1に示す配線工事を与えられた全ての材料(予備品を除く)を使用し，＜施工条件＞に従って完成させなさい。なお，

1．変圧器，タイムスイッチ及び自動点滅器は端子台で代用する。
2．— ・— ・— で示した部分は施工を省略する。
3．VVF用ジョイントボックスは支給していないので，その取り付けは省略する。
4．電線接続箇所のテープ巻きや絶縁キャップによる絶縁処理は省略する。
5．ジョイントボックス（アウトレットボックス）の接地工事は省略する。
6．作品は保護板（板紙）に取り付けないものとする。

図1．配線図

試験時間 **60分**

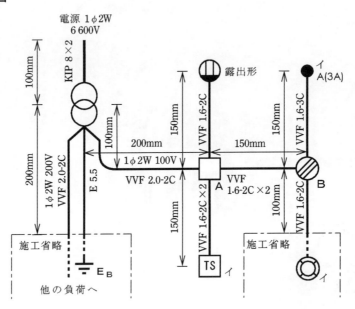

（注）図記号は，原則としてJIS C 0617-1～13及び JIS C 0303:2000に準拠して示してある。
また，作業に直接関係のない部分等は，省略又は簡略化してある。

図2．変圧器代用の端子台説明図

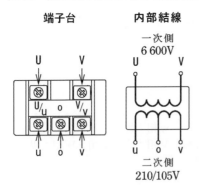

図3．タイムスイッチ代用の端子台説明図

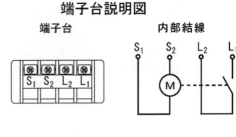

図4. 自動点滅器代用の端子台説明図

端子台

内部結線

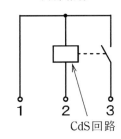

1 2 3

CdS回路

図5. 屋外灯回路の展開接続図

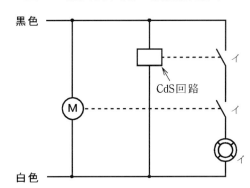

黒色

CdS回路

M

白色

＜ 施工条件 ＞

1．配線及び器具の配置は，**図1**に従って行うこと。

2．変圧器代用の端子台は，**図2**に従って使用すること。

3．タイムスイッチ代用の端子台は，**図3**に従って使用すること。
   なお，**端子 S_2 を接地側**とする。

4．自動点滅器代用の端子台は，**図4**に従って使用すること。

5．屋外灯回路の接続は，**図5**に従って行うこと。

6．タイムスイッチの電源用電線には，2心ケーブル1本を使用すること。

7．ジョイントボックスAからVVF用ジョイントボックスBに至る自動点滅器の電源用電線には，
   2心ケーブル1本を使用すること。

8．電線の色別（ケーブルの場合は絶縁被覆の色）は，次によること。
   ①接地線は，**緑色**を使用する。
   ②接地側電線は，すべて**白色**を使用する。
   ③変圧器二次側から露出形コンセント，タイムスイッチ及び自動点滅器に至る非接地側電線は，
   黒色を使用する。
   ④露出形コンセントの接地側極端子（Wと表示）には，**白色の電線**を結線する。

9．ジョイントボックスA及びVVF用ジョイントボックスB部分を経由する電線は，その部分で
   すべて接続箇所を設け，その接続方法は，次によること。
   ①A部分は，リングスリーブによる接続とする。
   ②B部分は，差込形コネクタによる接続とする。

10．ジョイントボックスは，**打抜き済みの穴だけをすべて**使用すること。

11．露出形コンセントは，ケーブルを台座の下部（裏側）から挿入して使用すること。
   なお，結線はケーブルを挿入した部分に近い端子に行うこと。

材　料	
1. 高圧絶縁電線（KIP），8mm², 長さ約200mm ・・・・・・・・・・・・・・・・・・・・・・・・・・・・・	1本
2. 600V ビニル絶縁ビニルシースケーブル平形（シース青色），2.0mm，2 心，長さ約700mm ・・・・・・・	1本
3. 600V ビニル絶縁ビニルシースケーブル平形，1.6mm，3 心，長さ約300mm ・・・・・・・	1本
4. 600V ビニル絶縁ビニルシースケーブル平形，1.6mm，2 心，長さ約1850mm ・・・・・・	1本
5. 600V ビニル絶縁電線，5.5mm²，緑色，長さ約200mm ・・・・・・・・・・・・・・・・・・・・・・・・・	1本
6. 端子台（変圧器の代用），3P ・・	1個
7. 端子台（タイムスイッチの代用），4P ・・・	1個
8. 端子台（自動点滅器の代用），3P ・・	1個
9. 露出形コンセント（カバーなし） ・・	1個
10. ジョイントボックス（アウトレットボックス 19mm 4箇所ノックアウト打抜き済み） ・・・・・・・・	1個
11. ゴムブッシング（19） ・・	4個
12. リングスリーブ（小） ・・・・・・・・・・・・・・・・・・・・・・・・・・・・・（予備品を含む）	3個
13. リングスリーブ（中） ・・・・・・・・・・・・・・・・・・・・・・・・・・・・・（予備品を含む）	3個
14. 差込形コネクタ（2本用） ・・	3個
15. 差込形コネクタ（3本用） ・・	1個
・ 受験番号札 ・・	1枚
・ ビニル袋 ・・	1枚

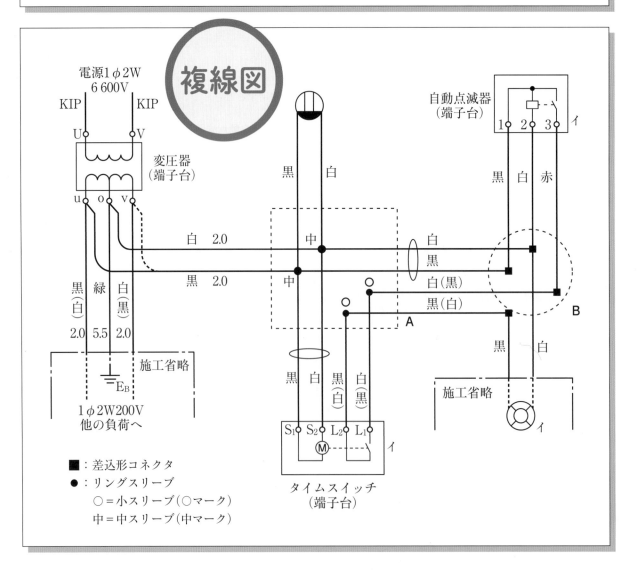

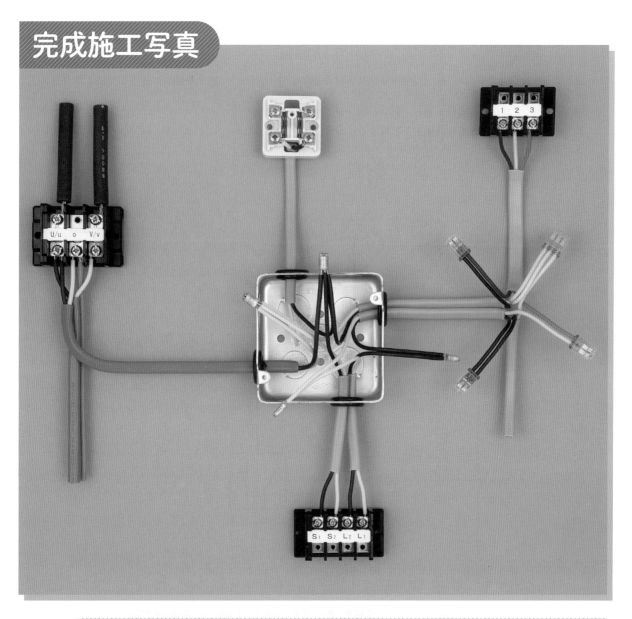

完成施工写真

チェックポイント

1. 変圧器一次側　• 2線：U，V端子
2. 変圧器二次側　• 1φ2W100Vの2線：u，o端子又はv，o端子
　　　　　　　　• 1φ2W200Vの2線：u，v端子
　　　　　　　　• B種接地工事の接地線：o端子
3. 2心ケーブル　• タイムスイッチの電源用電線
　　1本　　　　• ジョイントボックスAからVVF用ジョイントボックスBに至る自動点滅器
　　　　　　　　　の電源用電線
4. 電線色別　　• 接地線：緑
　　　　　　　　• 1φ2W100V　接地側電線：白，変圧器二次側からの非接地側電線：黒
　　　　　　　　• 自動点滅器　1端子：黒，2端子：白，3端子：赤
　　　　　　　　• タイムスイッチ　S_1端子：黒，S_2端子：白
　　　　　　　　• ランプレセプタクルの受金ねじ部の端子：白
5. 電線接続　　• リングスリーブの圧着接続
　　　　　　　　　1.6mm×2＝小スリーブ（○マーク）
　　　　　　　　　2.0mm×1＋1.6mm×3＝中スリーブ（中マーク）

● 候補問題 No.10

図1に示す配線工事を与えられた全ての材料（予備品を除く）を使用し，**＜施工条件＞**に従って完成させなさい。
なお，

1. VT，VCB補助接点及び表示灯は端子台で代用する。
2. ――・―― で示した部分は施工を省略する。
3. 電線接続箇所のテープ巻きや絶縁キャップによる絶縁処理は省略する。
4. ジョイントボックス（アウトレットボックス）の接地工事は省略する。
5. 作品は保護板（板紙）に取り付けないものとする。

試験時間
60分

図1．配線図

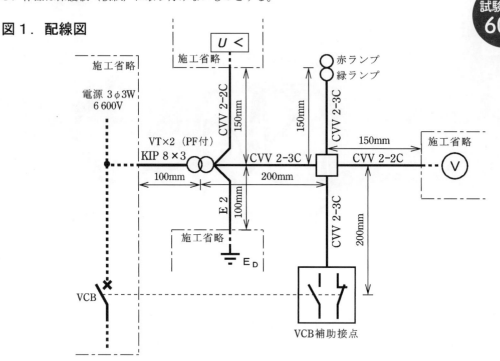

（注）図記号は，原則として JIS C 0617-1〜13及び JIS C 0303:2000に準拠して示してある。
また，作業に直接関係のない部分等は，省略又は簡略化してある。

図2．VT，VCB補助接点及び表示灯代用の端子台説明図

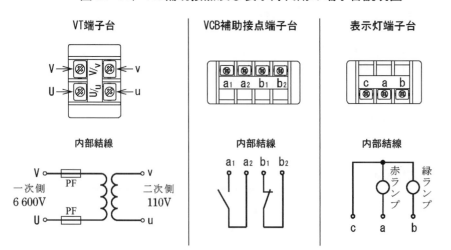

図3．VT結線図

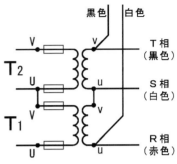

（接地線の表示は省略してある）

図4．VCB開閉表示灯回路の展開接続図

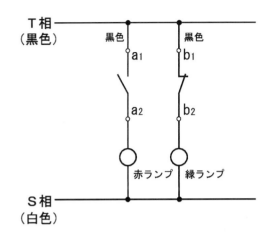

＜ 施工条件 ＞

1．配線及び器具の配置は，**図1**に従って行うこと。

2．VT，VCB補助接点及び表示灯代用の端子台は，**図2**に従って使用すること。

3．VT代用の端子台の結線及び配置は，**図3**に従い，かつ，次のように行うこと。
　①**接地線は，**VT（T₁）の**v端子**に結線する。
　②VT代用の端子台の二次側端子の**わたり線は，**より線2mm²（**白色**）を使用する。
　③不足電圧継電器に至る配線は，VT（T₁）の**u端子**及びVT（T₂）の**v端子**に結線する。

4．VCB開閉表示灯回路の接続は，**図4**に従って行うこと。

5．**電圧計は，T相とR相間に接続すること。**

6．電線の色別（ケーブルの場合は絶縁被覆の色）は，次によること。
　①接地線は，**緑色**を使用する。
　②接地側電線は，すべて**白色**を使用する。
　③ VTの二次側からジョイントボックスに至る配線は，R相に**赤色**，S相に**白色**，T相に**黒色**を使用する。

7．ジョイントボックスを経由する電線は，すべて接続箇所を設け，リングスリーブによる接続とすること。

8．ジョイントボックスは，**打抜き済みの穴だけをすべて使用すること。**

材 料		
1. 高圧絶縁電線（KIP），8mm²，長さ約 500mm ・・・・・・・・・・・・・・・・・・・・・・・・・・・	1本	
2. 制御用ビニル絶縁ビニルシースケーブル，2mm²，3 心，長さ約 1200mm ・・・・・・・・・・・・・	1本	
3. 制御用ビニル絶縁ビニルシースケーブル，2mm²，2 心，長さ約 500mm ・・・・・・・・・・	1本	
4. 600V ビニル絶縁電線，2mm²，緑色，長さ約 200mm ・・・・・・・・・・・・・・・・・・・	1本	
5. 端子台（VT の代用），2P ・・・・・・・・・・・・・・・・・・・・・・・・・・・・・・・・・・・・・・・	2個	
6. 端子台（VCB 補助接点の代用），4P ・・・・・・・・・・・・・・・・・・・・・・・・・・・・・・・	1個	
7. 端子台（表示灯の代用），3P ・・・・・・・・・・・・・・・・・・・・・・・・・・・・・・・・・・・・・	1個	
8. ジョイントボックス（アウトレットボックス 19mm 4箇所ノックアウト打抜き済み）・・・・・・・・・	1個	
9. ゴムブッシング（19）・・・	4個	
10. リングスリーブ（小）・・・・・・・・・・・・・・・・・・・・・・・・・・・・・・・（予備品を含む）	7個	
・ 受験番号札 ・・	1枚	
・ ビニル袋 ・・・	1枚	

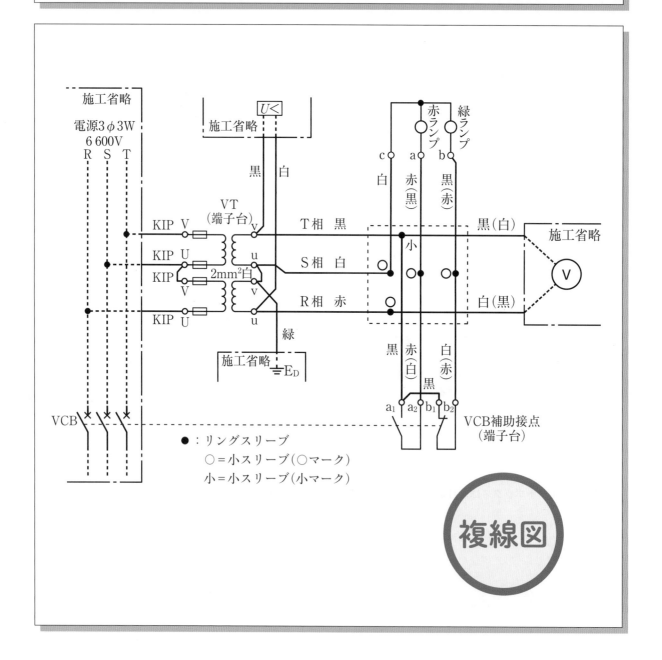

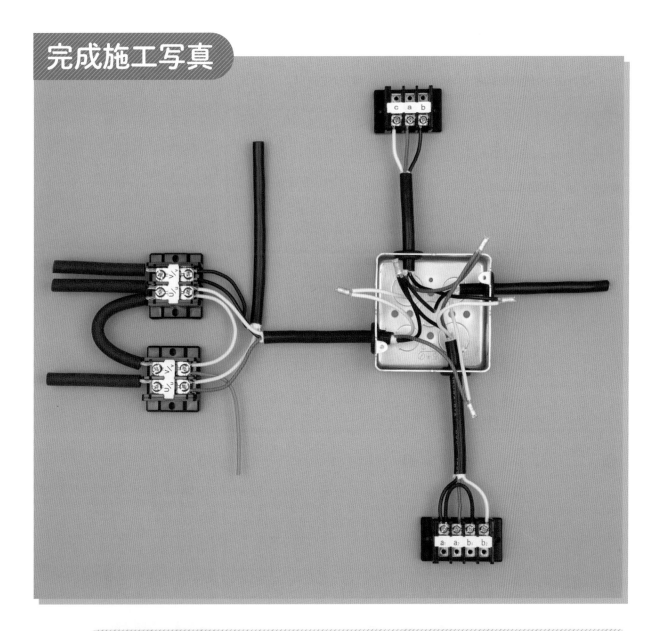

チェックポイント

1．VT の一次側	・3線：VT(T_1)のU端子，VT(T_2)のU，V端子	
	・わたり線：VT(T_1)のV端子～VT(T_2)のU端子	
2．VT の二次側	・VT ～ジョイントボックスの3線：VT(T_1)のu端子，VT(T_2)のu，v端子	
	・わたり線：VT(T_1)のv端子～VT(T_2)のu端子	
	・UVR の2線：VT(T_1)のu端子，VT(T_2)のv端子	
	・D種接地工事の接地線：VT(T_1)のv端子	
3．電圧計	・T相とR相間	
4．電線色別	・接地線：緑	
	・接地側電線：白	
	・VT 二次側～ジョイントボックス　R相：赤，S相：白，T相：黒	
	・VT わたり線：白	
	・VCB 補助接点及び表示灯：図4．VCB 開閉表示灯回路の展開接続図による	
5．電線接続	・リングスリーブの圧着マーク	
	$2\,mm^2 \times 2 = ○$	
	$2\,mm^2 \times 3 = 小$	

課題の配線図（単線図）

解答（複線図）

解答（完成施工写真）

❶
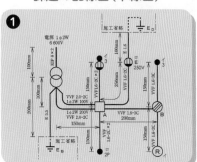
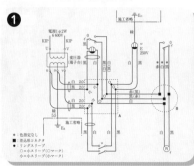
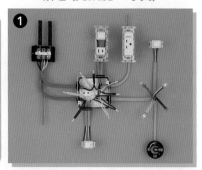

❷
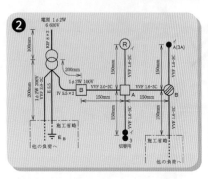
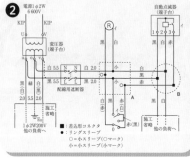
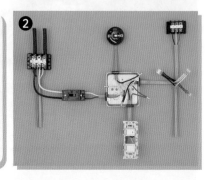

❸
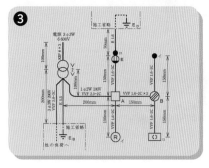
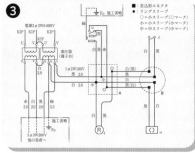
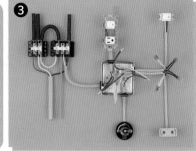

❹
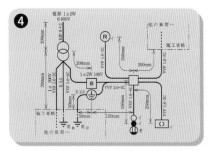
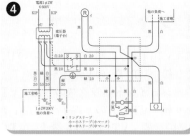
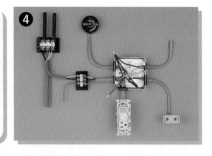

❺
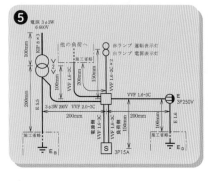
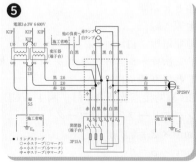
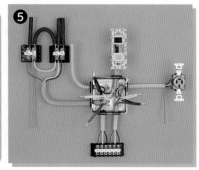

課題の配線図（単線図）	解答（複線図）	解答（完成施工写真）

⑥

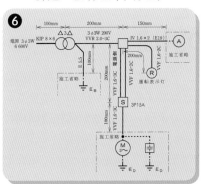

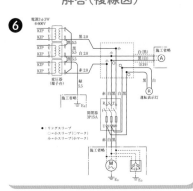

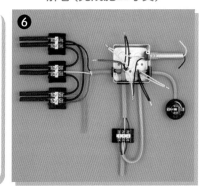

⑦

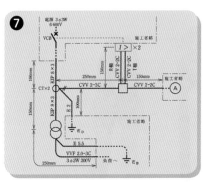

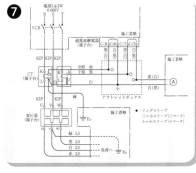

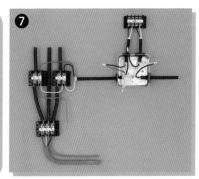

⑧

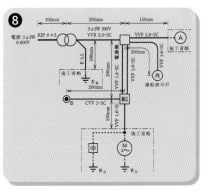

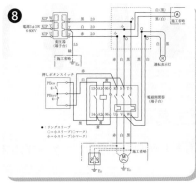

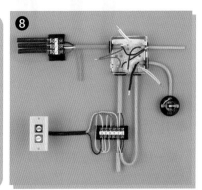

⑨

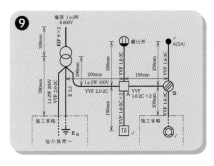

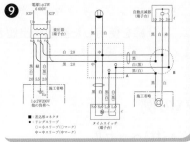

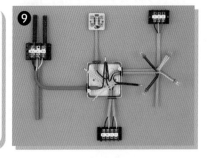

⑩

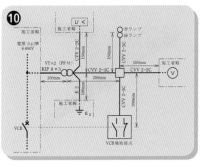

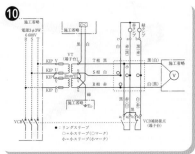

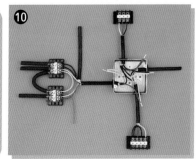

技能試験に必要な「作業用工具」と
ケーブル・器具等「練習用器材」の調達

　技能試験は，持参した作業用工具により配線図で与えられた問題を，支給される材料で一定時間内に完成させる方法で行われます．したがって，当日受験者は作業用工具を持参する（貸し借りは禁止されている）ことになり，前もって用意する必要があります．また，受験前の準備としては，試験時間内に完成することが絶対の条件になりますので，実技の練習をすることが必須となります．

　ここでは，「作業用工具」及び電線・ケーブルや配線器具などの「練習用器材」の調達について紹介します．

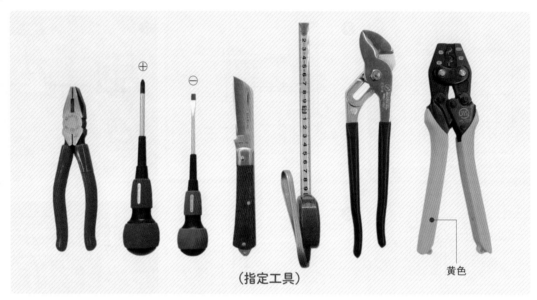

（指定工具）

黄色

●指定工具以外の便利な工具

　第一種電気工事士技能試験で，あると便利な工具は，「**ケーブルストリッパ**」と「**より線用ワイヤストリッパ**」です．

　ケーブルストリッパは，電工ナイフの代わりにVVFケーブルのシースと単線の絶縁被覆を，短時間できれいにはぎ取ることができます．また，ランプレセプタクル等の輪づくりを容易に行うことができます．第一種電気工事士技能試験では，**より線を使用した課題**が出題されます．ケーブルストリッパでは，より線を容易には取ることはできません．より線用ワイヤストリッパは，より線の絶縁被覆を極めて短時間ではぎ取ることができます．

●より線用ワイヤストリッパの例

●(株)ツノダ　　　　　　　　●(株)ベッセル　　　　　　　　●ホーザン(株)

ワイヤーストリッパー　　　　ワイヤーストリッパー　　　　ワイヤーストリッパー
より線用　TWS-D　　　　　　3000C（より線用）　　　　　　P-90-C

● ケーブルストリッパの例

● ホーザン(株)

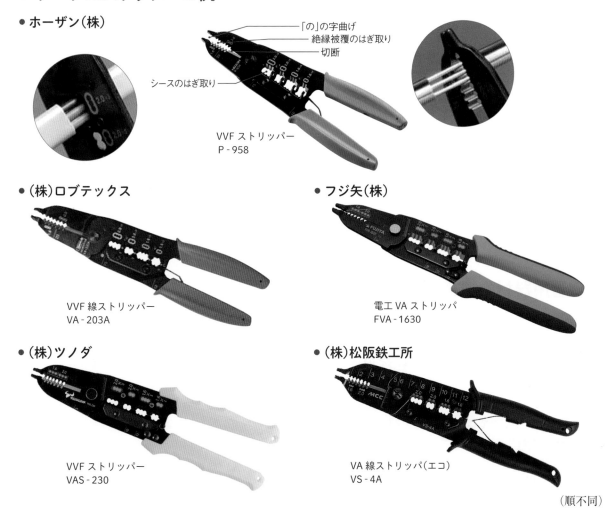

「の」の字曲げ
絶縁被覆のはぎ取り
切断
シースのはぎ取り

VVF ストリッパー
P - 958

● (株)ロブテックス

VVF 線ストリッパー
VA - 203A

● フジ矢(株)

電工 VA ストリッパ
FVA - 1630

● (株)ツノダ

VVF ストリッパー
VAS - 230

● (株)松阪鉄工所

VA 線ストリッパ(エコ)
VS - 4A

(順不同)

● 技能試験工具セットの例

● ホーザン(株)：DK-28

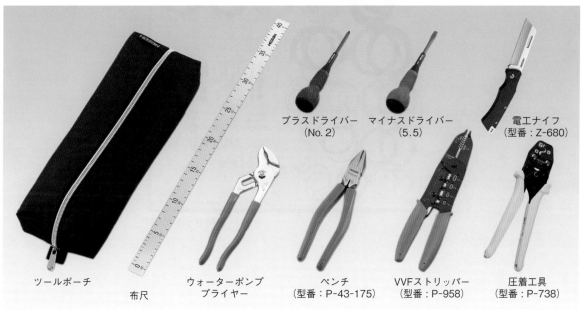

ツールポーチ

布尺

ウォーターポンプ
プライヤー

プラスドライバー
(No. 2)

マイナスドライバー
(5.5)

ペンチ
(型番：P-43-175)

VVFストリッパー
(型番：P-958)

電工ナイフ
(型番：Z-680)

圧着工具
(型番：P-738)

―問い合わせ先―

- ●(株)ツノダ　　　〒959-0215　新潟県燕市吉田下中野1535-5
電話：0256-92-5715　https://www.tsunoda-japan.com/

- ●フジ矢(株)　　　〒578-0922　大阪府東大阪市松原2-6-32
電話：072-963-0851　https://www.fujiya-kk.com/

- ●(株)ベッセル　　〒537-0001　大阪府大阪市東成区深江北2-17-25
電話：06-6976-7771　https://www.vessel.co.jp/

- ●ホーザン(株)　　〒556-0021　大阪市浪速区幸町1-2-12
電話：06-6567-3111　https://www.hozan.co.jp/

- ●(株)松阪鉄工所　〒514-0817　三重県津市高茶屋小森町1814
電話：059-234-4159　https://www.mcccorp.co.jp/

- ●(株)ロブテックス　〒579-8053　大阪府東大阪市四条町12-8
電話：072-980-1111　https://www.lobtex.co.jp/

● 練習用器材の調達

　技能試験は文字通り技能を問う試験であり，時間内に完成させる技能のスピードも要求されますから，公表問題に沿っての練習は欠かせません．そのために練習用の器材を調達しなければなりません．技能試験対策講習会等に参加する場合は，その講習会に必要な器材は用意されているのが一般的なので問題ありません．

　ホームセンターや電気店で調達するのもひとつの方法ですが，インターネットなどで検索しても調達できますので，ここではその一部を紹介します．

■(株)オーム社

〒101-8460
東京都千代田区神田錦町3-1
電話：03-3233-0643
https://www.ohmsha.co.jp/

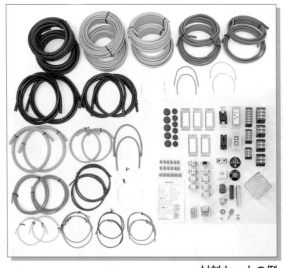

材料セットの例

一般財団法人 電気技術者試験センター 問い合わせ先一覧

●試験全般及び受験申込に関する問い合わせ

【電話】

TEL：03-3552-7691 ／ FAX：03-3552-7847

午前9時から午後5時15分まで（土・日・祝日を除く）

【電子メール】

info@shiken.or.jp

※メールでの問い合わせの場合は，必ず名前と日中連絡ができる電話番号の明記が必要（電話での回答の場合があるため）．また，すでに受験申込みをしている場合，固有番号，受験番号も明記すること．

●その他の問い合わせ

【電話】

TEL：03-3552-7651 ／ FAX：03-3552-7838

午前9時から正午まで，午後1時から午後5時15分まで（土・日・祝日を除く）

- 本書の内容に関する質問は，オーム社ホームページの「サポート」から，「お問合せ」の「書籍に関するお問合せ」をご参照いただくか，または書状にてオーム社編集局宛にお願いします．お受けできる質問は本書で紹介した内容に限らせていただきます．なお，電話での質問にはお答えできませんので，あらかじめご了承ください．
- 万一，落丁・乱丁の場合は，送料当社負担でお取替えいたします．当社販売課宛にお送りください．
- 本書の一部の複写複製を希望される場合は，本書扉裏を参照してください．

JCOPY ＜出版者著作権管理機構 委託出版物＞

2024年版
第一種電気工事士技能試験 公表問題の合格解答

2024年4月20日　　第1版第1刷発行

編　　集　オーム社
発 行 者　村上和夫
発 行 所　株式会社 オーム社
　　　　　郵便番号　101-8460
　　　　　東京都千代田区神田錦町3-1
　　　　　電話　03(3233)0641(代表)
　　　　　URL　https://www.ohmsha.co.jp/

© オーム社 2024

組版　アトリエ渋谷　印刷・製本　三美印刷
ISBN978-4-274-23180-3　Printed in Japan

本書の感想募集 https://www.ohmsha.co.jp/kansou/

本書をお読みになった感想を上記サイトまでお寄せください．
お寄せいただいた方には，抽選でプレゼントを差し上げます．

本書掲載の予想問題をそのまま、練習できる！

2024年版 第一種電気工事士技能試験 オーム社 材料セットのご案内

当社では，第一種電気工事士技能試験の受験テキストに即した練習用の材料セットをご提供しています．試験に必要な作業工具をはじめ，電線・ケーブルや配線器具など各種セットをご用意して，練習用の材料調達でお困りの受験者の皆様へ，当社ホームページでご注文を受け付けております．

各セットはオーム社ホームページからご注文いただけます．

https://www.ohmsha.co.jp/denkou-set/d1.htm

※ホームページでは，各セットの内容詳細もご確認いただけます．

※通常受注後，土・日・祝日を除く3〜5営業日程度で発送します（繁忙期はさらに日数がかかる場合がございます）．
※本体価格（税別）は変更する場合があります．　※配送料はサービスさせていただきます．
※受注後のキャンセルはお受け致しかねます．　　　　　　お問い合わせ先　E-Mail：chokuhan@ohmsha.co.jp

2024年版　第一種電気工事士技能試験　オーム社 材料セット

セット名		定価【税込】	商品コード
2回練習用★1	★1 器具+ケーブル（全10問を2回練習できる量）のセット	38,500円（本体35,000円＋税10%）	015I012-0
2回練習用★1＋工具（ホーザンDK-28）		55,000円（本体50,000円＋税10%）	015I013-0
2回練習用★1＋工具（ツノダTS-E01S）		50,050円（本体45,500円＋税10%）	015I014-0
1回練習用★2	★2 器具+ケーブル（全10問を1回練習できる量）のセット	33,000円（本体30,000円＋税10%）	015I015-0
1回練習用★2＋工具（ホーザンDK-28）		49,500円（本体45,000円＋税10%）	015I016-0
1回練習用★2＋工具（ツノダTS-E01S）		44,550円（本体40,500円＋税10%）	015I017-0
ケーブル単体（2回分）		25,300円（本体23,000円＋税10%）	015I018-0
ケーブル単体（1回分）		18,150円（本体16,500円＋税10%）	015I019-0
器具単体		19,250円（本体17,500円＋税10%）	015I020-0
工具（MWS-C&ME-60）		12,100円（本体11,000円＋税10%）	015I021-0
工具（ホーザンDK-28）		18,700円（本体17,000円＋税10%）	015I010-0
工具（ツノダTS-E01S）		13,750円（本体12,500円＋税10%）	015I011-0

［ FAQ ］

Q 1回練習用と2回練習用では，どちらがお勧めですか？

A 練習回数が多いほど合格率は上がる傾向があります．特に独学の方は2回練習用をお勧めします．

Q アウトレットボックスの打ち抜きは必要ですか？

A 打ち抜き済みのため，すぐに練習を開始できます．

Q 器具は問題ごとに用意されていますか？

A 器具は再利用することを念頭においた個数，ケーブルは10問を回数分練習できる分量で提供しています．

Q 器具は本書で使用している製品と同じですか？

A 基本的には本書と合致した器具をご用意しています．仕入れ状況により，一部一覧表と異なるメーカーの製品を使用する場合もあります．施工方法は変わりませんのでそのままお使いいただけます．

Q リングスリーブと差込形コネクタの予備は付属されていますか？

A リングスリーブの予備は付属しています．差込形コネクタは再利用してください．

Q 「工具セット」の違いは何ですか？

A いずれのメーカーも，試験で使用する指定工具とケーブルストリッパーがセットになっています．工具の詳細はメーカーのHP等でご確認ください．